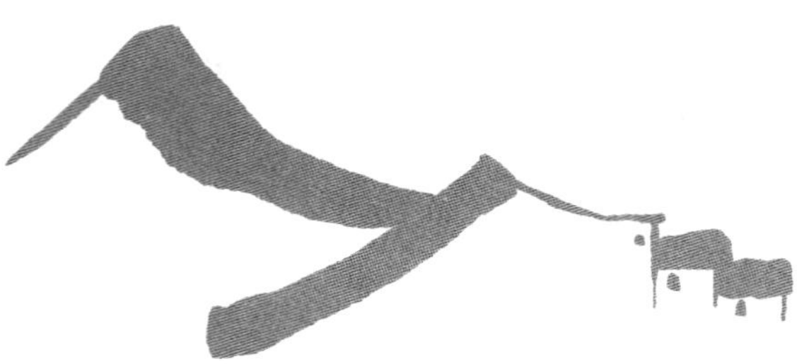

国家出版基金项目
NATIONAL PUBLICATION FOUNDATION

国家社科基金重大项目
"十四五"国家重点图书出版规划项目

中国乡村伦理研究丛书

王露璐 总主编

中国乡村生态伦理

张月昕 著

南京师范大学出版社

图书在版编目(CIP)数据

中国乡村生态伦理 / 张月昕著. —南京：南京师范大学出版社，2023.9

(中国乡村伦理研究丛书/王露璐总主编)

ISBN 978-7-5651-5667-0

Ⅰ. ①中… Ⅱ. ①张… Ⅲ. ①乡村-生态伦理学-研究-中国 Ⅳ. ①B82-058

中国国家版本馆 CIP 数据核字(2023)第 006595 号

中国乡村生态伦理

ZHONGGUO XIANGCUN SHENGTAI LUNLI

总 主 编	王露璐
著　　者	张月昕
丛书策划	徐　蕾　崔　兰
责任编辑	董蕙敏
出版发行	南京师范大学出版社
地　　址	江苏省南京市玄武区后宰门西村 9 号(邮编：210016)
电　　话	(025)83598919(总编办)　83598412(营销部)　83371351(编辑部)
网　　址	http://press.njnu.edu.cn
电子信箱	nspzbb@njnu.edu.cn
印　　刷	上海雅昌艺术印刷有限公司
开　　本	700 毫米×1000 毫米　1/16
印　　张	22.25
插　　页	8
字　　数	345 千
版　　次	2023 年 9 月第 1 版
印　　次	2023 年 9 月第 1 次印刷
书　　号	ISBN 978-7-5651-5667-0
定　　价	98.00 元

出 版 人　张　鹏

总　序

乡村是中国社会的基础，从一定意义上说，20 世纪的中国研究始终贯穿着对中国乡村社会和乡村经济发展的关注。乡村也是中国伦理文化孕育的根基。因此，尽管这一时期学者们对中国乡村的研究大多是从社会学、人类学、经济学角度进行的，但他们在研究的过程中也开始认识到中国乡村社会独特的伦理文化对其经济和社会发展所产生的重大影响。

20 世纪上半叶，一些国外学者和机构在中国不同区域进行了一些农村调查和农民研究，国内一些知识分子也开始意识到，要想改变国家内忧外患的现状，首先必须改变国人的观念，这就需要从占中国绝大多数人口的乡村做起。他们纷纷走向乡村，从农民运动、乡村建设及乡村教育等方面入手，对我国乡村伦理进行理论探究和实践改造。其中具有代表性的是李大钊和毛泽东等进行的农民运动研究和实践、梁漱溟的乡村建设理论和实践、晏阳初的平民教育理论和实践以及费孝通和陶行知等学者的相关研究。20 世纪中期至 80 年代，一批学者相继在国外出版了关于中国乡村研究的成果。20 世纪 90 年代后，尽管西方学术界的乡村研究因乡村的萎缩及"农民的终结"（孟德拉斯语）而呈趋冷之势，但有关中国农村和农民问题的研究仍然是国内学术界的研究热点，一些学者开始尝试从村落文化、社会心理等新的视角来透视乡村社会的发展。

总体上看，乡村研究在整个 20 世纪始终是我国学界的中心课题，社会学、经济学、人类学、历史学等学科对乡村问题给予了大量的学术关注，也吸引了众多国外学者的关注和探讨。比较而言,伦理视角下的乡村研究无论从深度和广度上说都显得相当薄弱,几近阙如。从一定意义上说,在整个20世纪,乡村似乎成了我国伦理学研究中“被遗忘的角落”。以至于从一定程度上说,在众多学科纷纷走进“乡土”的时候,与中国乡村社会本应有着最密切学术关联的伦理学却选择了一条离弃“乡土”的“现代化之路”。

自21世纪起,我国乡村伦理研究进入快速发展的阶段。大体而言,中国乡村伦理研究的进展和成就主要体现在两个方面。一是研究内容不断丰富,研究成果逐渐显现。在不同历史时期,我国乡村伦理的研究有着不同的侧重点。民国时期学者们针对当时中国内忧外患、积贫积弱的国情,将乡村研究的重点放在了农民运动、乡村建设以及乡村教育上。新中国成立后,尤其是改革开放以来,我国乡村面貌焕然一新,农村经济、政治、文化等都发生了巨大变化,与此同时,乡村伦理关系和道德规范也出现很多新的问题。在这一背景下,学者们开始更多地关注乡村经济伦理、政治伦理、文化伦理、法律伦理以及日常道德生活。一些学者还对国外乡村伦理和农村道德建设问题进行了研究。从研究涉及的内容、深度和成果的数量上看,21世纪以来中国乡村伦理都进入了一个快速发展的新时期。二是研究队伍趋于多元,研究方法不断完善。从当前乡村伦理研究队伍来看,研究人员主要包括以下两个部分:一是高等院校及各类科研院所中从事伦理学、经济学、政治学、社会学、历史学等研究的学者;二是从事一线实践的乡村工作者。前者大多拥有比较深厚的理论素养,后者则能够从长期的实际工作中积累大量一手资料。研究队伍的多元必然带动研究方法的不断完善。近年来的乡村伦理研究不再是单单从某一学科切入,跨学科的研究方法越来越受到重视。学者们从自身学科特色出发,在研究过程中融合其他学科的研究方法,从而以更加全面的角度来分析、解决问题。不过,总体来看,有关中国乡村伦理的研究尚处于起步状态,关于中国乡村伦理的研究在研究领域的拓展、理论体系的构建、研究成果的系统化及实证研究的规范性等方面有待进一步发展并取得突破。

自2004年起,我开始聚焦于伦理视角下的中国乡村研究,并在2008年出版了第一部专著《乡土伦理——一种跨学科视野中的“地方性道德知识”探究》

(人民出版社,2008 年版)。在该书中,我以苏南这一独特的区域为典型,管窥中国乡村社会独特的伦理关系和道德生活样式。借用费孝通先生对中国社会的“乡土性”概括,我将这种具有“乡土”特色的中国乡村伦理称为“乡土伦理”。在研究和写作过程中,我也日渐感受到中国乡村在市场经济和全球化背景下发生的巨大变化,并在一种强烈的学术兴奋感驱使下确定了自己的后续研究——将视线转向更加广阔的空间,探究转型期的中国乡村伦理问题。2011 年,我以“社会转型期的中国乡村伦理问题研究”为选题,申报国家社会科学基金重点项目并获得立项。这一课题的重点放在转型期中国乡村伦理的“问题”及这些问题的解决路径的探究上,立足于对“什么问题”“问题何以产生”“问题如何解决”的思考和分析,讨论转型期中国乡村伦理关系和道德生活变化中若干值得关注的重点问题,如:乡村伦理共同体的式微与重建、农民行为选择的伦理冲突与化解、乡村分配伦理问题、乡村人际信任问题、乡村道德权威问题、乡村礼治秩序和法治秩序的关系问题、城乡公平问题等。作为课题的结项成果,2016 年,我出版了《新乡土伦理——社会转型期的中国乡村伦理问题研究》(人民出版社,2016 年版)。在上述问题的研究和写作中,我也萌生了一个更加宏大的研究计划:系统、全面地研究中国乡村伦理的传统特色、历史变迁和现代转型,深入探讨中国乡村伦理的历史传统和当代问题,构建具有中国特色的乡村伦理学理论体系。2015 年,我以“中国乡村伦理研究”为题申报国家社科基金重大项目并获得立项。

在项目申报和研究中,我们一以贯之的基本思路是,以“中国乡村伦理”为研究对象,全面考察中国乡村社会的伦理关系、道德原则、道德规范及其在经济发展、社会治理、生态保护及日常生活中的体现,阐释中国乡村社会发展中的伦理变迁及道德在其中的重要作用。在研究思路上,我们以“中国乡村伦理的历史传统与现代建构”为总体问题,通过对中国乡村伦理的系统研究,并以乡村家庭伦理、经济伦理、生态伦理、治理伦理为重点,概括中国乡村伦理的传统特色、历史变迁和现代转型,厘清中国传统乡村伦理与现代乡村伦理的关系,把握中国乡村伦理发展的历史脉络和一般规律。在此基础上,探讨中国乡村伦理的理论和实践特质,构建既传承中国传统乡村伦理又契合当代市场经济发展要求的现代乡村伦理观念和道德规范，重塑能够促进乡村发展并回应农民诉求的乡村伦理秩序。

在课题研究的具体框架和安排上，总课题以史论结合的方式，分析中国乡村伦理发展的基本规律，同时，课题以乡村家庭关系、经济发展、生态保护及乡村治理中的伦理问题为研究重点，并与此相对应，设置了中国乡村家庭伦理、中国乡村经济伦理、中国乡村生态伦理和中国乡村治理伦理四个子课题。四个子课题研究，既是总课题研究中的四个基本方面，又始终贯彻着总课题研究的基本理路。同时，中国乡村社会的家庭关系、经济发展、生态保护和社会治理不可分割且有着密切的内在关系，这也使四个子课题的研究有着内在的逻辑关联。中国传统乡村社会的生产、生活方式，使其家庭伦理、经济伦理、生态伦理和治理伦理呈现出典型的“乡土”特色，并相互间产生密切关系。伴随着转型期乡村工业化、城市化和农民市民化、流动性的加强，传统的乡村生产、生活方式发生了巨大变化，乡村家庭结构、关系、功能的变化，乡村分配模式的改变和农民经济价值观的变化，乡村生态环境与经济发展之间的冲突，乡村秩序维系方式的改变，既是生产、生活方式变化的结果，又相互之间产生密切的关联和紧张，既带来一定的冲突与矛盾，又由此产生推动乡村发展的某种张力。因此，四个子课题在设置上的分离，并不意味着在研究中可以截然分开。相反，无论是在总论的写作还是四个子课题的研究成果中，这种内在逻辑关系都是始终强调并希望得以反映的。

课题立项以后，课题组主要从三个方面开展工作：

一是开展田野调查工作。走进乡村，贴近农民，是本课题获取真实数据和资料并据此了解和分析当前中国乡村伦理状况的基本路径，也是培养青年学者和学生的问题意识和分析能力的重要方法。2017 年 7 月—2018 年 8 月，课题组先后对湖南郴州西岭村、湖北黄冈赵家湾村、甘肃定西辘辘村、江西抚州下聂村、江苏无锡华宏村、山东济宁王杰村、广东湛江林屋村等七个典型村庄先后进行了田野调查，共收回有效问卷 805 份，并与 74 位村民进行了深度访谈。七个村庄位于我国不同区域，具备一定的典型意义。其中，江苏无锡华宏村为 2007 年首访和 2017 年再访，具有个案对比价值。田野调查分为问卷调查的定量研究和深度访谈的定性研究两个部分。问卷调查按照系统抽样方式,根据抽样比例抽取样本,采用面对面问卷访问方式,回收问卷指定专人录入并复核后,使用SPSS统计分析软件进行分析。深度访谈以半结构式的访谈方式进行,所有访谈均现场录音后整理为文字材料。参与课题调研的年轻学者和博士、硕士研究生大部分是第一次走进基层村庄,并从事规范的田野调查工作。课题组成员不仅通过田野工作获取了大量鲜活的数据和案例,更在实践中碰撞出大量的思想火花,提升了学术研究的问题意识和探究能力。正是由于课题田野调查工作的重要性,课题研究中在原有四个子课题的基础上增设了子课题"中国乡村伦理实证研究"。

二是凝聚伦理学、社会学、政治学等多学科的研究力量,吸引一批青年学者(博士、博士生)从事中国乡村伦理研究,形成一支高水平、有层次的中国乡村伦理的研究队伍,打造中国乡村伦理研究的最高学术平台。课题组与教育部人文社会科学百所重点研究基地中国人民大学伦理学与道德建设研究中心合作成立"乡村道德与文化振兴研究所",整合校内外研究力量建立的"乡村文化振兴研究中心"获批江苏省高校哲学社会科学重点研究基地。总体上看,课题组顺利达到了通过项目研究加强团队建设的目标,形成了高水平、有特色的研究平台和研究队伍。

三是产出了一系列的研究成果。包括《中国乡村伦理的历史传统与现代建构》《中国乡村家庭伦理》《中国乡村经济伦理》《中国乡村生态伦理》《中国乡村治理伦理》《中国乡村道德调查(上、下)》在内的六部七卷本《中国乡村伦理研究丛书》,正是本课题产生的标志性成果。以上六部各有侧重又有内在逻辑关系的研究成果,初步形成较为系统的中国乡村伦理理论体系,并通过系列研究成果的展现弥补当前伦理学领域关于中国乡村伦理研究的不足。此外,在研究过程中,课题组成员公开发表系列论文60余篇,其中多篇被《新华文摘》《中国社会科学文摘》转载,并形成总课题调研报告一份、子课题调研报告四份。

在课题研究中,我们尝试并初步在以下几个方面实现了一定的突破与创新:

一是伦理学的学科视角及研究方法的创新。尽管国内乡村问题的研究成果十分丰富，但是，伦理视角下的乡村研究相对薄弱，在某些领域和具体问题上，伦理学还处于“尚未进入”或“准备进入”的前理论状态。本课题试图从伦理学的学科视角对中国乡村伦理的传统特色、历史变迁、现实问题及现代乡村伦理的构建做出系统、全面的理论阐释和分析。本课题的研究以伦理学作为基本研究视角，同时以跨学科的多维视角透视和基于道德生活史的基本立场，将传统伦理学“自上而下”的、从理论出发的严密逻辑推演和论证与“自下而上”的道德社会学研究方法相结合。该成果对中国乡村伦理的现状、问题及原因的分析将基于对若干典型村庄田野调查的一手资料基础之上，从而使成果具有较高的真实性和可信度。

二是初步形成中国乡村伦理研究的理论体系，打造体现“中国特色”的伦理学研究之“中国话语”。课题研究力图通过对中国乡村伦理全面、系统和深入的研究，全面地概括中国乡村伦理的传统特色、历史变迁和现代转型，深化对中国乡村伦理的传统、发展、嬗变和转型的研究，从而初步形成一个比较全面系统的中国乡村伦理研究体系。因此，从学术思想的理论层面上说，作为课题研究成果的本丛书具有一定的开创性价值，能够打造体现“中国特色”的伦理学研究的“中国话语”。

三是在建构具有中国特色的现代乡村道德规范体系和伦理秩序上提出具有实践操作价值的对策思路。乡村是中国社会的基础，也是中国伦理文化的重要源泉。探究并努力建构具有中国特色的现代乡村道德规范体系和伦理秩序，是实施乡村振兴战略的题中应有之义，也是一项具有国家战略意义的宏伟工程。本丛书在中国乡村伦理的现代建构问题上提出总体思路，并着力在乡村家庭关系、经济发展、生态保护及乡村治理等方面提出具有实践操作性的对策，以更好地体现中国伦理学学科建设面向实践、服务社会的基本路向。

当然，在研究中，我们也遇到了一些困难和问题。一是学术资源梳理和整合工作的繁杂。课题的研究内容时间跨度大，涉及领域和问题多，关于中国乡村研究的文献资料散见于社会学、政治学、民俗学、历史学、经济学、伦理学等学科领域，因此，全面掌握、细致梳理、正确使用和有效整合相关学术资源，一直是课题研究中一个技术操作性的难点。二是田野调查的个案选择和样本配合。中国乡村伦理研究应选择地处不同区域的多个不同规模、类型的村庄开展田野调查，并在此基础上进行比较研究。但是，考虑到实地调查工作在时间、人员、精力等各方面的可行性，课题研究只能选择具有代表性的典型村庄为研究个案。同时，在选择个案后的田野调查实施过程中，也遇到了包括抽样操作、样本配合、访谈语言等技术性困难。三是现代乡村伦理建构的实践操作性。实现中国乡村伦理的现代转型，建构具有中国特色的现代乡村伦理，关键在于在“历史之根”与“现代之源”、“地方性知识”与“普适性价值”两对冲突中找到平衡点。然而，由于中国不同地区乡村在地理位置、生产方式、经济水平、文化传统、基层治理等方面存在的差异性，无论是乡村伦理的“历史之根”与“现代之源”的成功嫁接，还是“地方性知识”与“普适性价值”的有效整合，在实践操作层面都存在着诸多困难。

鉴于此，作为国家社科基金重大项目结项成果的七卷本《中国乡村伦理研究丛书》，与其说是课题的完成，毋宁说是我们在课题研究进行到预定时间时的一个阶段性总结。2020 年 12 月底，课题组向国家哲学社会科学规划办公室提交了结项材料，并于 2021 年 3 月接受会议鉴定，2021 年 5 月顺利结项。结项后，课题组根据专家意见对书稿内容再次进行了修改，并提交南京师范大学出版社申报国家出版基金项目。在此，特别感谢南京师范大学出版社张志刚社长、徐蕾总编辑和崔兰主任在申报国家出版基金过程中付出的心血。坦率地说，没有他们的策划、运作和不断联络、催促，此套七卷本丛书难以成功入选国家出版基金项目，也不会这么快呈现在专家和读者面前。

丛书是重大项目课题组全体成员的集体智慧结晶和成果，衷心感谢子课题负责人和主要成员们。五年来，我们共同分享了田野工作的辛苦与忙碌、研究写作的紧张与焦虑、成果完成的喜悦和快乐，感谢他们宽容我“黄世仁”般的不断催促和逼迫，感谢所有人“杨白劳”似的辛苦与努力。我也要特别感谢田野工作中的所有问卷样本和访谈对象，感谢协助我们完成田野工作的当地联系人和村干部。我记得辘辘村村委会办公室对面山头上那片麦田的风吹麦浪，记得村主任儿媳妇挺着大肚子给我们做的手擀面；我记得 40℃高温的下聂村，记得大伙伴和小伙伴全体“湿身”却依然投入地坚持工作的样子；我记得十年后再访华宏村时的相同与不同，记得小伙伴被熟悉的面孔认出时的激动；我记得王杰村每一户村民门口堆成小山等待着被以几毛钱一斤的价钱收走的蒜头，记得一位受访大爷送了几粒蒜头给我并拉着我的手说：“不值钱，但我挑了几个最好的给你”……每一次田野工作，我都觉得他们给了我们很多，问卷的数据、访谈的资料、思想的火花，以及无数感动的瞬间。有时，我甚至困惑，我们的研究成果又能带给他们什么呢？但无论如何，我会永远记得，我们会一直努力！

王露璐

2022 年 6 月 7 日于南师茶苑

目　录

导　论

工业文明时代，人们在物质生活水平提高的同时，也饱受着环境污染、生态破坏、资源匮乏之苦。其中乡村生态环境问题即是现代工业发展所带来的突出问题。生态文明新时代，人与自然和谐融洽、共生共荣成为社会发展的新趋势，而这一发展趋势中不可或缺的是在乡村建设优美的生态环境。乡村生态文明建设呼唤着乡村生态伦理建设，弥补和纠正因乡村生态伦理缺失而导致的种种破坏环境的不良行为，满足人们对于优美环境、美好生活的向往和追求，把一个美丽、整洁、文明的乡村呈现在人们的面前。从这个意义上说，乡村生态伦理研究既是克服现代性侵袭乡村生态环境、推动乡村经济可持续发展的需要，也是适应建设美丽中国和美丽乡村的需要。

一、中国乡村生态伦理研究何以必要

自人类进入 20 世纪以来，日益严重的生态危机不仅在城市，而且也在乡村展开，并影响着人类的生存与发展。在雷切尔·卡逊所写的《寂静的春天》中，揭露的生态污染首先是在农业上大量使用杀虫剂，导致大量的植物、鸟类和牲畜生病和死亡，结果造成春天没有鸟儿的歌唱。在人们深入反思环境污染所导致的各种恶果的过程中，生态伦理学应协调人与自然关系、规范人对自然的道德行为、确定人对生态环境道德责任的需要而产生，并迅速发展成为一门显学。在国际社会对生态伦理学如火如荼地开展研究和讨论之后，中国生态伦理学也迅速展开并加以建设，经过众多学者几十年的理论研究和实践应用，取得了显著的研究成果，并形成了中国特色的环境伦理研究。但是我们也必须看到，目前中国生态伦理研究更多局限于一般理论建构和一般实践应用研究，忽视了生态危机在城市和乡村的差别，以及环境保护在城市和乡村的各自特点。中国地域广阔，人口众多，城市和乡村不仅在生产和生活方面，而且在自然环境方面差别也非常显著。就此意义而言，随着中国生态伦理学研究的深入，生态伦理学研究对象必然出现分化，生成城市生态伦理学和乡村生态伦理学。现阶段，中国在国家发展层面提出了乡村振兴战略，足可见乡村对中国发展具有举足轻重的作用与地位。乡村振兴尽管涉及方方面面，但乡村生态伦理建设是其不可或缺的内容。习近平总书记提出的“绿水青山就是金山银山”理论，已经将保护乡村自然生态环境提高到了重要层面。中国乡村生态伦理研究起步较晚，系统性理论研究基本处于空白状态，与中国乡村振兴战略完全不同步，甚至落后于中国乡村振兴战略。因此，加快中国乡村生态伦理研究步伐势在必行。中国乡村生态伦理建设是中国生态伦理建设的重要组成部分，也是中国生态文明建设的应有之义。中国乡村生态伦理研究的缺失，不仅造成乡村生态环境问题无法得到有效解决，也造成城市污染源向乡村转移并使乡村生态环境逐步恶化却无法得到有效治理。在此背景下，深入研究中国乡村生态伦理问题，构建中国乡村生态伦理规范和美德，形成爱护乡土自然环境的价值观念和行为方式，以伦理的方式、道德的力量保护乡村自然环境，促进乡村经济生态化发展，达成“绿水青山就是金山银山”之目的，就成为摆在中国学术界面前的一项重要课题。

从实践层面讲，加强乡村生态伦理研究也迫在眉睫。在漫长的历史长河中，中国乡村传统农业生产方式和传统生活方式本身是生态化的，农民的生产活动是恰如马克思所言的“多半是靠与自然交换，而不是靠与社会交往”①。传统农业文明时代的乡村基本上不存在系统性的人与自然的紧张关系，即使有某些自然环境的破坏，也仅仅局限于较小范围，并不构成对人的整个生存环境的破坏和威胁。但是，随着中国工业现代化的不断推进，现代性的急速快车驶

① 《马克思恩格斯选集》第1卷，人民出版社1995年版，第677页。

入了传统的乡村，市场经济和现代科技的喧嚣打破了乡村的宁静。在工业文明理念的主导下，乡村被裹挟进现代性的车轮中，虽然纵向上取得了很大的进步，乡村经济得到迅速发展，生产效率不断提高，农民从繁重的劳动负担中解脱出来，社会文明也取得进一步普及，但横向上与城市的差距越拉越大，乡土自然资源和生态环境均遭到较大侵袭和破坏，个别乡村甚至呈现苍凉孤寂之势。作为现代工业文明与传统农业文明断裂的标志，现代性和工业化打破了乡村“天人合一”的生产方式和生活模式，造成了对乡村生态环境和乡村文明的严重影响。

乡村环境污染和破坏问题日益严重。现阶段，我国乡村局部生态环境虽有所改善，但整体生态环境却不容乐观，自然生态环境质量下降的趋势没有得到根本的扭转。来自农业生产污染、乡村生活垃圾污染以及工矿企业污染、城市生活垃圾污染等，已远远超出乡村环境能力所能承受的范围，构成了乡村生态环境日益严峻的问题。乡村自然生态环境遭到污染和破坏，是中国东部、中部和西部经济发达抑或经济落后地区的乡村普遍面临的困境。在乡村自然生态环境遭到污染和破坏的同时，城市也未能独善其身。由于客观因素的影响，城市大量的生产资料和生活资料需要乡村提供。实际上，乡村始终是人类生存的基本环境之一，乡村源源不断地为城市供应基本生活用品。正如马克思所说：“农业劳动是其他一切劳动得以独立存在的自然基础和前提。”①如果乡村生态环境受到破坏，将直接影响到城乡居民的生存条件。长期以来，乡村一直是我国国民经济的重要基础，为城乡居民的生产和生活提供各种食物和原材料。乡村生态环境遭到破坏，导致耕地土壤质量下降，农产品受到污染，“米袋子”“菜篮子”“水缸子”变得日益敏感，吃上放心的食物、喝上干净的饮水和吸上清新的空气有可能成为人们的奢望。这不仅阻碍着乡村振兴目标的实现，也对乡村经济社会可持续发展乃至包括城市在内的整个国民经济健康发展造成负面影响。本质上讲，乡村环境污染、生态危机是人们摒弃以“天人合一”传统理念对待自然、对待生态、对待环境而采取的非伦理方式所导致的结果。

乡村经济发展不可持续问题日渐突出。生态文明的乡村是以经济发展可

① 《马克思恩格斯全集》第 33 卷，人民出版社 2004 年版，第 27 页。

持续为根本要求和实现路径的。从现实情况看，乡村在现代化进程中始终面临着“经济发展不足”和“经济发展不当”两个问题的困扰，这也是乡村经济发展不可持续的重要表现。乡村“经济发展不足”是乡村经济社会发展过程中没有充分调动自身的优势和潜力，发展状况相比于工业文明主导的城市明显落后，表现为农业发展的质量和效益不高、农业生态功能挖掘不深、农业发展成果分享不足、农村发展以及国际市场开拓和资源利用不充分、农民的生活水平明显低于城市居民的生活水平等。乡村“经济发展不当”是乡村经济发展过程中采取了不适应自身实际的工业化发展模式，以破坏生态环境、掠夺自然资源为方式发展经济，造成了乡村生态环境的严重污染和破坏。乡村面临的“经济发展不足”和“经济发展不当”的困境，看起来是“绿水青山”与“金山银山”剑拔弩张状况在乡村的现实表现，实质上是在工业文明发展逻辑下经济发展与环境保护二律背反的乡土显现。实践证明，乡村不把生态可持续视为比经济可持续更为基础、更为关键的因素，不以“可持续”的价值理念约束人们的思想和行为，必将带来乡村经济发展不可持续问题。

乡风文明衰落问题不容忽视。农业文明时代，中国乡村有着良好的传统习俗和文明风尚，人们始终遵循和践行着“天人合一”的自然法则和价值理念。但不可否认的是，传统农业文明时代的“天人合一”思想，不过是人们无意识的自发观念，并不是人们有意识的主动、自觉观念。当现代性进入乡村之后，面对工业化、城镇化浪潮的冲击，乡村传统的“天人合一”思想受到严重影响，使中国乡村社会的生产和生活方式得到极大改变。这一进程也导致了乡村伦理关系和农民精神风貌的巨大变迁。其中乡风文明衰落的种种现象尤为明显。诸如农民精神文化生活比较缺乏，部分地区“黄、赌、毒”泛滥；乡村文化生态遭到影响，人文环境、田园风光、乡情乡愁消失殆尽；封建迷信沉渣泛起，大操大办、厚葬薄养、人情攀比等陈规陋习盛行；一些乡村垃圾遍地，污水泛滥，村容村貌不堪入目，人居环境问题突出，环境污染触目惊心。美丽宜居乡村是以乡风文明、文化兴盛、村容整洁、治理有效为基本特征和实践诉求的。乡风文明衰落和乡村文化凋敝的现象，严重影响与制约着美丽乡村建设和乡村振兴实现。

上述三个问题的出现，都源自乡村生态伦理的严重缺失。加强乡村生态伦理研究，从道德上明确对待自然环境的善与恶问题，形成人与自然和谐相处的道德规范、道德品质与道德责任，为不设生态伦理防护的乡村环境构筑保护盾牌，已成为当务之急。

从历史的角度讲，缺少生态伦理守护的乡村需要生态伦理建设。中国乡村自古虽有“天人合一”的理念，但是不自觉的“天人合一”理念无法形成自觉的乡村生态伦理。几千年来，中国农民日复一日地进行着繁重的农业劳动。农民为了获得持续的农业收成，对农业生态系统可再生能力非常重视，无意间形成了朴素的生态伦理观。这种生态伦理观的核心便是“天人合一”理念，它要求做人做事顺乎自然规律，达到人与自然和谐共生的境界。中国古代劳动人民受儒家和道家思想的影响，始终不自觉地以“天人合一”的法则进行生产和生活，“天人合一”的朴素生态伦理观为农民构建了一种天、地、人三者之间平衡与循环的关系。乡村“天人合一”的理念在农业生产中的实际体现，就是传统农业中的生态循环系统。正如1909年美国土壤学家富兰克林对中国、日本和韩国的传统农业进行了考察后所著的《四千年农夫：中国、朝鲜和日本的永续农业》一书中所言，东亚传统农业在有限的土地上养活了众多人口，土壤肥力却未丢失，他们的许多做法接近于自然的状态。① 然而，中国传统农业社会之所以形成“天人合一”的朴素生态伦理观，完全是因为生产力水平低下而人们被动地依赖自然、顺从自然、屈从自然，其实质不过是一种不自觉的生态伦理观，并不是出于主动、自觉地尊重自然、爱护自然、保护自然而形成的生态伦理准则。在中国传统的农业社会，由于生产力水平十分落后，人们从事农业生产只能“靠天吃饭”，讲究“不违农时”和“因地制宜”。农民作为大自然的一个小小的组成部分只能被动地依附于大自然的节律，大自然的风调雨顺或雨打风吹，庄稼地的五谷丰登或颗粒无收，所有这一切对弱小的农民来说束手无策，唯有被动接受，在畏惧自然与依赖自然中谋求自身的生存。正如汉斯·萨克塞所说：“那时的自然不是人类平静、和谐的伙伴，而是庞大的、严厉的、危险的对立面；它不是人类的朋友，它是狂暴的，是人的敌人。”②由此可见，势单孱

① ［美］富兰克林·H.金：《四千年农夫：中国、朝鲜和日本的永续农业》，程存旺、石嫣译，东方出版社2011年版。

② ［德］汉斯·萨克塞：《生态哲学》，文韬、佩云译，东方出版社1991年版，第1-2页。

弱的农民就是在与强大的自然界打交道的过程中，通过对天、地、人的不断审视，不自觉地把“天人合一”的理念勾勒了出来。千百年来，“天人合一”的理念被农民以朴素的方式书写在广袤的田野大地上。正如恩格斯所言：“人们自觉地或不自觉地，归根到底总是从他们阶级地位所依据的实际关系中——从他们进行生产和交换的经济关系中，获得自己的伦理观念。”①

中国传统乡村形成的“天人合一”理念，农民在农业生产中表现出的依赖自然、顺从自然的行为，并不能说明乡村就有成熟的生态伦理。传统乡村虽然一直讲究“不违农时”和“因地制宜”，但那不过是古代传统社会形成的不自觉的朴素伦理思想，并不是明确而自觉的生态伦理理念和伦理规范。“我国传统生态伦理思想是农业社会的狭隘的生产方式的产物，是有限的实践活动的产物，没有、也不可能达到理论化和系统化的程度。”②道德的产生无法脱离社会关系，而种种的社会关系又是纷繁复杂的，仅有朴素和无意识的道德感悟是无法将道德从社会意识中提取出来的。道德离不开人的理性，伦理应是人的有意识的活动，而人的无意识的行为不能算是真正的道德与伦理。“一切道德概念都完全先天地在理性中有其位置与起源……它们的尊严正在于其起源的这种纯粹性，使它们能够充当我们的最高实践原则。”③传统乡村看上去的生态和谐并不能说明乡村拥有真正的生态伦理，农民现实中表现出来的环保行为也并不能说明农民具备生态道德。而乡村真正的、明确的生态伦理实际上是缺失的，这种缺失使得千百年来乡村环境始终处于生态伦理的“真空地带”，一旦外力侵入乡村环境时，这块不设防备的“桃花源”就经不起任何风吹雨打。

从现实的角度讲，化解现代性对乡村生态环境的破坏需要乡村生态伦理。随着人类社会生产力的发展，特别是工业文明的出现，大量的工业技术广泛应用于农业生产之中。“科学终于也将大规模地、像在工业中一样彻底地应用于农业。”④“在农业领域内，就消灭旧社会的堡垒——‘农民’，并代之以雇佣工人来说，大工业起了最革命的作用。……最墨守成规和最不合理的经营，被科学

① 《马克思恩格斯选集》第3卷，人民出版社1995年版，第326页。
② 傅华：《生态伦理学探究》，华夏出版社2002年版，第66页。
③ 李秋零主编：《康德著作全集》第4卷，中国人民大学出版社2005年版，第418页。
④ 《马克思恩格斯文集》第10卷，人民出版社2009年版，第226页。

在工艺上的自觉应用代替了。”[①]传统农业逐渐表现为工业化农业，农业生产逐渐改变“低消耗、低投入、低产出”的自然经济循环状态，转变为现代农业。我国乡村生态环境之所以一改传统农业时期“天人合一”的生态平衡状况，最重要的就是因为现代性侵袭了没有生态伦理防护的乡村环境。这其中，工业生产方式是影响乡村自然环境的重要原因，具体来讲，就是在农业生产中大量使用以化肥、农药、地膜等为代表的工业化生产技术手段。应当讲，采用这些生产技术手段确实对农业的增产、增收、增效起到了促进作用。在马克思看来，人类改造自然的能力增强后，农业科学技术也会随之提高，这使得农业劳动生产率也随之提高。但是，工业化的生产技术手段在大大提高农业生产效率的同时，也造成了一系列的生态环境问题。早在19世纪，马克思和恩格斯就已经观察到现代性对农业土地的破坏。“资本主义农业的任何进步，都不仅是掠夺劳动者的技巧的进步，而且是掠夺土地的技巧的进步。在一定时期内提高土地肥力的任何进步，同时也是破坏土地肥力持久源泉的进步。”[②]恩格斯在《反杜林论》中指出，“蒸汽力的资本主义应用就同时破坏了自己的运行条件。蒸汽机的第一需要和大工业中差不多一切生产部门的主要需要，就是比较干净的水。但是工厂城市把所有的水都变成臭气熏天的污水。因此，虽然向城市集中是资本主义生产的基本条件，但是每个工业资本家又总是力图离开资本主义生产所必然造成的大城市，而迁移到农村地区去经营”[③]。在现代性侵袭乡村生态环境过程中，资本逻辑是导致乡村生态环境遭到破坏的重要原因。在社会主义市场经济条件下，增值、增效的资本法则有时也会绑架人们的认知与行为，进而影响着农业生态文明建设和乡村经济社会发展。在利益的驱使下，农民借助于工业技术手段，让农业生产的每一个环节都具有了工业化农业的特征。当来势汹汹的现代性闯入乡村这片净土时，即使乡村搭乘了现代性的快车，大踏步迈向现代化，也使乡村无力应对现代社会的新挑战、新问题，特别是当传统的以乡规民约为代表的乡村伦理日渐衰落而新的乡村伦理和道德体系尚未建立起来之时，原本就缺乏生态伦理保护的乡村，只能是茫然无策、

① 《马克思恩格斯文集》第5卷，人民出版社2009年版，第578页。
② 《马克思恩格斯文集》第5卷，人民出版社2009年版，第579-580页。
③ 《马克思恩格斯文集》第9卷，人民出版社2009年版，第312-313页。

任由摆布，其自然面貌和生态环境遭到破坏就成为必然。因而，为乡村构筑生态伦理盾牌，让乡村自然生态环境拥有伦理的防护，就成为实现乡村振兴、建设美丽中国所亟待解决的问题。“面对工业经济和现代技术造成的新形势和乡村的新特点，需要倡导一种新的伦理观念即环境伦理观念，来规范工业经济和现代技术在乡村的使用，确保在提高乡村现代化程度的情况下，乡村自然环境和乡村农产品在伦理道德层面也能得到保护。”①乡村是中国血脉传承和传统文化的根基。在这片古老的土地上，一代一代的中国人创造了悠久的历史和灿烂的文明。然而，冠以现代性的各种要素却使原本美丽的乡土遭到严重污染，原本纯净的水源变得污浊不堪，原本安全的农产品变得让人们不再放心……“乡村环境伦理建设是保全人类生存的底线，是防范肆意毁坏作为人类生存条件之自然环境的屏障，是生产出安全可靠食品的武器。”②为解决乡村环境问题，也为解决威胁人类生存的生态危机，需要对乡村生态环境加以道德的有力约束，构建伦理的规约之盾。“建设美丽乡村，必须系统思考和遵循美丽乡村之法，拓展新时代的伦理容量，重构农业和乡村耦合共生的伦理基础。”③为规范和约束乡村反生态的生产和生活行为，引导乡村走上生态化发展的道路，构建新时代美丽乡村，亟须构建符合新时代特色的中国乡村生态伦理。

二、中国乡村生态伦理研究的现实动因

党的十九大吹响了乡村振兴的号角。新时代，旨在推动绿色生产和绿色生活方式的生态文明建设，赋予了乡村以新的时代契机。乡村可以凭借得天独厚的生态优势，以绿色发展为引领，在亲近自然、顺应自然、保护自然的基础上，大力发展生态经济，实现环境保护与经济发展的协调统一，书写出新时代美丽乡村的新篇章。乡村振兴应当是生态式的振兴。生态文明是继原始文明、农业文明、工业文明之后人类文明发展到一定阶段的社会新形态，是实现

① 曹孟勤：《对中国乡村环境伦理建设的哲学思考》，《中州学刊》2017 年第 6 期。

② 曹孟勤：《对中国乡村环境伦理建设的哲学思考》，《中州学刊》2017 年第 6 期。

③ 李建军、任继周：《美丽乡村建设的伦理基础和新道德》，《兰州大学学报》（社会科学版）2018 年第 4 期。

人与自然和谐共生的新要求。建设生态文明,涉及生产方式、生活方式和价值观念的深刻变革,关系人民福祉,关系中华民族永续发展,关系中国特色社会主义千秋基业。生态文明建设新时代,是美丽中国建设新时代,也是美丽乡村建设新时代。美丽中国建设应从美丽乡村建设起航。

生态文明时代,要求人与自然和谐相处,在亲近自然、顺应自然、合乎规律地改造自然的基础上,实现人的需求的满足和自然界的可持续利用与发展。乡村的生态优势即在于人与自然互动的同时,既可以满足城乡人民群众对生态生产方式和生态生活方式的需要,又能够让自然界绚丽多彩、美丽动人。在生态文明的历史机遇下,广大乡村必将激发工业时代下被漠视、被抑制的生态潜力,秉持"尊重自然、顺应自然、保护自然"的生态理念,依托清新、自然、绿色的生态环境,厚植旅游、养老、宜居的生态优势,促进生态效益、经济效益和社会效益的有机统一,推动"绿水青山"转变为"金山银山",形成人与自然和谐相处、协调发展的崭新格局。借助生态文明的时代契机,美丽乡村建设在书写新的历史篇章的同时,需要乡村生态伦理建设的保驾护航。乡村生态文明建设离不开乡村生态伦理建设,乡村生态伦理建设是乡村生态文明建设的伦理保障。

人们日益增长的美好生活需要,为乡村生态伦理建设提供了现实条件。具有农耕文化特质的广袤乡村,在我国经济社会发展中占有举足轻重的地位。生态文明时代的到来,让古老的乡村大地焕发出新的生机与活力。长期以来,人们普遍认为农业仅仅具有生产功能,只是发挥为人们提供食物、为工业提供原材料的基础作用。然而,生态文明的历史浪潮让农业的自然调节、生态涵养、环境保护、观光休闲、文化体验等功能越来越凸显,越来越受到社会大众的认可和接纳,也愈发成为农业生产价值的更大组成部分。目前,人民群众日益增长的美好生活需要,特别是日益增长的美好生态生活的需要,对"乡土、乡音、乡愁、乡情"的热切眷恋,对宁静、和谐、美丽的绿水青山的向往和追求,为乡村生态伦理建设提供了难得的时代机遇和现实条件。日本学者祖田修以日本为例,对高速经济增长时期工业化过程中的农业的功能性进行了梳理(见表1),他指出,随着经济的增长,农业—农村的功能就愈发多样化,尤其是生态功能会日益凸显。

表 1　经济社会变迁与农业的功能①

时段	1946 年—1955 年	1956 年—1965 年	1966 年—1975 年	1976 年—1985 年	1986 年—
主要趋势	复苏期	高速增长前期，工业扩张，城市膨胀	高速增长后期，环境问题多发	低速增长时期，城市和区域开发问题多发	成熟期，信息化贸易和国际问题多发；国际交流增多
农业—农村的功能和多样、重叠性	生存层次的经济功能	生活层次的经济功能；生存层次的经济功能	生态环境保护；生活层次的经济功能；生存层次的经济功能	社会、文化功能；生态环境保护；生活层次的经济功能；生存层次的经济功能	综合功能；社会、文化功能；生态环境保护；生活层次的经济功能；生存层次的经济功能

2001 年，日本学术会议特别委员会向日本政府提交了一份研究报告，强调农林牧渔具有粮食安全保障、环境和生物多样性保护、洪涝防治以及社会文化传播等多方面的价值，其生态功能更应在经济社会发展中受到重视。如表 2 归纳所示：

表 2　农林渔业的多重功能②

农业—农村	森林—山村	渔业—渔村
提供安全和安心的食物	确保生物多样性	提供水产品
有利于水循环，防止洪涝，确保河川流量，涵养地下水	减轻地球温室效应	维持和保护海洋环境
消除和减轻环境压力，净化水质，调节气温，分解有机性废弃物	避免或减轻水土流失	循环性自然生态系统的维持和保全
形成次生自然，确保生物多样性	涵养水源，净化水质，调节水量	湿地、海藻、沙滩松树等生态系统的保全
保护遗传资源	净化大气	开发和提供疗养、交流、教育的场所
绿色空间、原风景、景观的形成	散步，森林浴，游乐场所	延续传统文化
延续传统文化，提供疗养和体验性学习场所	延续传统文化，木材、食物供应	监视海域，保护国民的生命财产安全

① 资料来源：[日]祖田修：《农学原论》，张玉林等译，中国人民大学出版社 2003 年版，第 44 页。
② 日本学术会议特别委员会：《农林水产业的多重功能》，农林统计协会 2006 年版，第 11 页。

2007年中央一号文件强调:“农业不仅具有食品保障功能,而且具有原料供给、就业增收、生态保护、观光休闲、文化传承等功能。建设现代农业,必须注重开发农业的多种功能,向农业的广度和深度进军,促进农业结构不断优化升级。”同时强调:“开发农业多种功能,健全法制现代农业的产业体系。”党的十九大审时度势,根据经济社会发展过程中出现的新机遇,明确提出发展乡村振兴战略,为谱写“三农”新篇章提供了重要抓手。2018年中央一号文件《关于实施乡村振兴战略的意见》,提出实施乡村振兴战略的总体要求和重大政策举措,强调要以绿色发展引领乡村振兴。新时代是生态文明的时代,生态文明的历史机遇给予了乡村以新的希望,呼唤乡村以崭新的面貌满足人们对美好生活的向往。以绿色发展引领乡村振兴对于乡村乃至整个中国来讲,都大有裨益。正如梁漱溟先生所说:“乡村建设,实非建设乡村,而意在整个中国社会之建设。”①

40余年来,我国经济社会迅速发展,目前已到了城市带动乡村、工业反哺农业的发展阶段,这为农业和农村经济社会进一步发展创造了良好条件。根据国家统计局2017年国民经济和社会发展统计公报,2017年,我国人均GDP达到59 660元,城镇化率达到58.52%,农业增加值占国内生产总值的比重下降到7.9%,全国财政一般公共预算收入达到168 630元。在这种情况下,国家财政支出具备了向农业和农村地区作出更多、更大倾斜的条件,各种资源有条件将更多地投资于农村和农业地区。经济增长会带动人们的消费结构发生变化。“据不完全统计,2015年全国休闲农业和乡村旅游接待游客超过22亿人次,营业收入超过4 400亿元,从业人员790万,其中农村从业人员630万,带动550万户农民受益。此外,从大城市到小城市再到乡村异地养老的现象越来越普遍。近年来,城市老年人结伙搭伴或者投亲靠友到农村养老,已经成为一种潮流。在城市越来越人满为患、物价高启、喧闹嘈杂的背景下,全国各地涌现的气候宜人、舒适安逸的乡村‘健康养护中心’,将越来越受到老年人的喜爱。”②

应指出的是,开展中国乡村生态伦理研究,需要从中国古代生态伦理思想

① 梁漱溟:《乡村建设理论》,商务印书馆2015年版,第22页。
② 李培林:《我国“特殊逆城镇化”现象正大量产生》,《北京日报》2017年4月10日。

和西方现代生态伦理理论中吸取营养，同时，中国作为社会主义国家，在借鉴西方生态伦理研究成果时，更需要汲取马克思主义的科学智慧和理论力量，以马克思主义生态文明思想指导中国乡村生态伦理研究。“人类但凡遇到重大社会困境和问题时，都自然地叩问马克思。”①马克思、恩格斯以及之后的经典作家们都高度重视农业问题和生态问题，他们的著述中蕴含着丰富而深刻的生态农业思想，这为今天解决中国农村生态危机和实现乡村振兴提供了科学的理论指导。早在19世纪，马克思和恩格斯就指出，乡村土地的使用关乎人类的道德状况。“土地是我们的一切，是我们生存的首要条件；出卖土地，就是走向自我出卖的最后一步；这无论过去或直至今日都是那样不道德。”②马克思和恩格斯站在道德的制高点上审视土地问题，从伦理的角度强调为了人类的生存和确证自身的高尚，人们必须善待农村土地。马克思还强调从现实出发探讨道德问题，注重用道德的手段解决现实生活中的利益矛盾。在进行乡村生态伦理研究中，马克思主义始终是我们分析认识和研究解决实际问题的锐利思想武器。

三、中国乡村生态伦理研究的意义

第一，有利于增强农民的道德素养。长期以来，人们一直把乡村生态文明建设、乡村环境保护看作是政府部门以及农业部门、环保部门的事情，对于农民及其他主体在其中的重要作用认识不足。实际上，影响乃至破坏乡村环境的重要推手之一，是来自在乡村生产与生活的农民及其他主体。没有人的文明就没有整个社会的文明，没有人的现代化就无法实现社会整体的现代化。同样，没有农民及其他主体生态素质的提高，也就没有乡村生态文明的实现。推动乡村生态文明建设，必须以增强农民生态道德为根本，大力提高农民的生态素质和生态觉悟。乡村生态伦理将农民与乡村自然环境的关系纳入伦理范畴，立足于农民价值观念、思想意识、行为方式的调整，着眼于农民道德观念、道德水准、文明素养和精神风尚的提高，引导农民明确自身在保护自然生态环

① 任平：《当代视野中的马克思》，江苏人民出版社2003年版，第283页。
② 《马克思恩格斯文集》第1卷，人民出版社2009年版，第70页。

境中的道德品质与道德责任，自觉将从事生态化生产、生活与消费活动视为道德之举，培养他们对自然生态系统的道德关怀，激励和规范农民的道德行为。乡村生态伦理研究对于建设乡村生态文明、增强农民的道德素养具有重要的伦理保障作用。

第二，有利于促进乡村生态环境保护。改革开放以来，我国乡村经济社会得到了快速发展，取得了前所未有的成绩。然而面对现代性的冲击，相比于城市来讲，许多乡村在工业化面前尽显疲态，特别是生态环境恶化的趋势日益严重。良好的生态环境是乡村经济社会可持续发展的重要前提，是实现乡村振兴战略的基础条件和客观需要。振兴乡村必须以有良好的生态环境为支撑。乡村振兴总要求中，“产业兴旺、生态宜居、乡风文明、治理有效、生活富裕”是相辅相成、互为支撑的，其中生态宜居至关重要。如果没有良好的生态，产业很难兴旺，生活富裕就会打折扣，同时也不符合乡风文明和治理有效的发展要求。可以说，乡村生态环境恶化问题若得不到及时有效的解决，就会动摇乡村振兴的基础，进而影响社会主义现代化强国目标的实现。当前，改善乡村生态环境状况，推动乡村可持续发展的实现，关键是要为这片原本不设生态伦理防护的乡村田野构筑保护的盾牌，把乡村人与自然关系纳入伦理的范畴，用乡村生态伦理启迪农民的生态觉悟，引导他们树立生态道德观念，改善农民与乡村自然的关系，以生态道德规范农民的生产生活和消费行为，以营造农民与自然和谐共生的新格局。

第三，有利于推动乡村经济可持续发展。生态文明的浪潮赋予了乡村以新的生机和希望，呼吁着乡村走不同于城市工业化发展道路的生态优先、绿色发展道路，以生态、绿色的乡土特色为引领，实现乡村经济的可持续发展。乡村经济可持续发展需要乡村生态伦理建设。乡村生态伦理是关于农民与自然协调发展的道德学说，涵盖农民生产、生活和消费的一系列道德标准、伦理原则、价值观念与行为规范，以实现农民与乡村自然环境的共生共荣为价值旨归。新时代，实现乡村绿色发展，应改变乡村不符合生态时代要求的生产方式、生活方式和消费方式，把乡村各主体的活动纳入乡村生态系统可承受的范围之内，尊重和善待乡村自然，树立人与自然和谐共生的理念。一方面，乡村生态伦理能够向乡村主体传播生态自然观和生态价值观，有助于加深乡村主体对实现乡村经济可持续发展重要性、紧迫性的认识。另一方面，乡村生态伦理作为一种价值取向、行为准则和规道德范，具有内在控制功能和外在激励功能。内在控制功能主要依靠根植于农民心中的道德信念，通过非强制的观念和舆论的形式，运用道德的规范原则来约束、调节和规范乡村主体认识自然和改造自然的活动，以控制乡村主体对乡村环境的破坏行为，调节人与自然的矛盾，保障人与乡村自然的和谐共生。外在激励功能主要通过鼓励乡村主体内化生态道德以达成美好生活目标的方式，激励农民以道德的方式对待乡村生态环境，实现乡村环境优美和乡村绿色发展。不言而喻，乡村生态伦理对于推动和促进乡村经济可持续发展具有重要作用。

第四，有利于补充和完善中国生态伦理研究。目前，中国生态伦理研究偏重于理论方面的研究，对于占有国土过半面积的乡村和占有人口总数近半的农民的研究明显不足，导致生态伦理研究与我国当前生态文明建设的实际情况相互脱节，生态伦理研究的理论成果无法适应生态环境保护的实际需要。开展乡村生态伦理研究，加强根植于乡土实际的生态伦理建设，引导农民增强保护生态环境的道德品质与道德责任，激励保护乡村生态环境的良好之举，纠正破坏乡村生态环境的不良行为，不仅对于促进乡村生态环境保护意义重大，而且对于整个中国生态伦理研究也是一个必要的补充。而且，乡村生态伦理研究也是对整个生态伦理研究的有益完善。生态伦理研究以人赋予自然的“内在价值”为概念，讲述人要尊重自然、爱护自然、保护自然的道理，进而推论出人对自然讲道德的应然性。与生态伦理研究相比，乡村生态伦理研究更强调自然环境本身即是人守护的对象，人要获得生产资料和生活资料就必须热爱自然、珍惜资源、保护生态、善待环境，这种价值取向、道德准则和行为诉求，对于提高人的生态觉悟、文明素养和精神境界具有积极的促进作用。另外，乡村生态伦理研究是生态伦理学界由宏观研究向微观研究的转向，有助于从微观主体层面上确立建设生态文明的动力机制。乡村生态伦理研究既与生态伦理研究相互影响、相互渗透，又具有相对独立的研究视角，研究取向上更加深入，更加贴近乡村的生产生活，更加贴近农民的具体实际。乡村生态伦理研究有助于从乡村社会的微观个体——农民出发，建立农民与自然环境的和谐共生关系，促进乡村生态环境实际问题的解决。

四、中国乡村生态伦理研究的现状

（一）中国生态伦理学研究综述

生态伦理学在中国经历了新中国成立初期的萌芽，度过了20世纪80年代的探索，再经过20世纪90年代的大论战，直至在21世纪得以迅速发展，呈现出百家争鸣般的精彩纷呈之势。

1. 走进还是走出“人类中心主义”的论战

1994年，余谋昌教授发表了《走出人类中心主义》的论文，随即引发了关于“人类中心主义”和“非人类中心主义”的学术争论。他首先提出，当今时代迫切需要走出人类中心主义。人类中心主义虽然取得了一定的成就，但这种成功是局部的。由于这种价值观的“反自然”性质导致了严重的不良后果，它从根本上损害了人类的目标，使人类陷入了严重的困境。① 随后，以余谋昌、叶平为代表的学者组成非人类中心主义一派，以自然拥有内在价值为核心观点对于自己的学说展开辩护，主张把道德的关怀扩展到自然界。而以刘福森、章建刚为代表组成人类中心主义一派，他们指出非人类中心论存在理论与逻辑上的弱点和缺陷，主张走进人类中心主义。刘福森认为，当我们谈论自然的价值时，我们指的是自然对人类生存的意义，自然的价值是由人衡量的。章建刚认为，环境伦理学首要解决的问题不是人与自然之间的伦理关系或道德规范，而是面对生态、能源和环境的全面危机时的人与人的伦理关系与道德规范。②

2. 中国生态伦理学快速发展阶段

以走进还是走出“人类中心主义”的论战为契机，中国生态伦理学得到了较快发展。这一时期有大量国外学术研究成果的中文翻译版问世。吕瑞兰和李长生翻译了蕾切尔·卡逊（Rachel Carson）的《寂静的春天》（1997）、孟祥森和钱永祥翻译了彼特·辛格（Peter Singer）的《动物解放》（1999）、李曦翻译了汤姆·瑞根（Tom Regan）的《动物权利研究》、杨通进翻译了霍尔姆斯·罗尔

① 余谋昌：《走出人类中心主义》，《自然辩证法研究》1994年第7期。
② 章建刚：《环境伦理学中一种“人类中心主义”的观点》，《哲学研究》1997年第11期。

斯顿(Holmes Rolston)的《环境伦理学》(2000)、吴国盛和柯映红翻译了罗宾·柯林伍德(Collingwood, R. G.)的《自然的观念》(1990)、吴国盛翻译了卡洛琳·麦茜特(Carolyn Merchant)的《自然之死》(1999)等等。此外,也有一些学者纷纷翻译介绍了保尔·泰勒(Paul W. Tayor)、苏珊·福莱德(Susan L. Flader)、约翰·帕斯摩尔(John Passmore)、罗宾·阿提费尔德(Robin Attfield)、阿伦·奈斯(Arne Naess)、乔治·塞欣斯(Geoge Sessions)等学者的文章与著作。

1994年,中国环境伦理学会的成立促使生态伦理学的研究更加系统化、规范化,其研究成果对于中国环保政策法规制定、维护环境健康起到了积极的作用。此时,伴随着国外著述翻译以及国内环境伦理学教材的陆续推出,中国的生态伦理学进入全面快速发展阶段,出现了一些极具学术价值的著作。雷毅①系统地剖析了深层生态学的产生、理论结构、思想渊源,阐述了深层生态学对生态实践的影响,以及来自各方面的批评,并对深层生态学的合理性和缺陷作了客观的评价。佘正荣②阐述了"天人合一"观的生态文化底蕴、中国生态伦理传统的现代阐释、西方对中国生态伦理传统的评价、中国与西方生态伦理观的比较。何怀宏③探索了国内外各种生态伦理思想和精神资源的历史和现实,阐述了生态哲学理论的出现形式和内容等。学者们也在不断探究和反思中西方的环境伦理思想。卢风和刘湘溶④从多角度、多视野探讨用环境伦理学来克服现代发展观的局限,对环境伦理与价值观、马克思主义与环境伦理、环境伦理与生态经济等进行论述。曾建平⑤基于自然哲学,同时兼涉本体论和认识论的视角,把生态伦理看成是解读人与自然关系的新范式,通过对西方生态伦理思想的演进历程、现实缘由、学理背景、逻辑框架、未来走向等方面的整体考察,揭示和阐明西方生态伦理思想产生和发展的必要性和必然性,并对其中某些观念或学说作出了公允、深刻的评价。

---

① 雷毅:《深层生态学思想研究》,清华大学出版社2001年版。
② 佘正荣:《中国生态伦理传统的诠释与重建》,人民出版社2002年版。
③ 何怀宏:《生态伦理:精神资源与哲学基础》,河北大学出版社2002年版。
④ 卢风、刘湘溶:《现代发展观与环境伦理》,河北大学出版社2004年版。
⑤ 曾建平:《自然之思:西方生态伦理思想探究》,中国社会科学出版社2004年版。

3. 当代中国生态伦理学的精彩纷呈

经过近 40 年的发展，中国生态伦理学在探索生态伦理基础理论和梳理中西方生态伦理思想、从不同视角深化与拓展中国生态伦理学研究方面获得了突出的成绩，相关著作、论文和译著等科研成果呈现出精彩纷呈的态势。总结我国当代环境伦理学的研究维度，主要有如下几种：

从人性角度探寻生态伦理的新思路。曹孟勤教授从人性的角度对生态伦理研究进行了拓展。他在《人性与自然：生态伦理哲学基础反思》中，通过厘清人类中心主义和非人类中心主义的种种争论，分析指出生态危机的实质是人性危机，人性危机的主要表现是人被欲望所奴役，拯救生态危机必须首先将人从欲望的枷锁中解放出来。他指出，人性是生态伦理的哲学基础，人性只有与自然（非自然而然）相结合，实现人与自然界的本质统一，生态伦理才能成为关爱自然界的人性的自我展现，成为对人之为人的担保。真实的人类自我是人与自然界完成了的本质统一，人与自然界从本质上说是一个不可分割的整体。[①] 曹孟勤教授提出"人向自然生成"的命题。人向自然的生成是以生态劳动为中介的，在"物质变换"的劳动过程中人的本质进入到自然界，自然界的本质进入到人自身，从而完成自然的人化和人的自然化。人向自然生成之后，一方面为生态伦理提供了形而上学的基础，凸显了生态伦理的新内涵——人与自然界的权利与义务的交换；另一方面确保人在自然世界面前获得了真正的自由，即由征服自然的自由走向与自然和谐共生的生态自由，最终担保人们能够合乎人性的，即合乎真善美的方式进行改造自然界的实践活动。[②]

生命共同体视角下生态哲学的深化。生态伦理学对传统伦理学的超越在于人的道德义务的对象不仅包括在人类社会共同体中的成员，也包含非人类共同体中的成员。对此，佘正荣指出，综观现今诸多生态伦理观的基础范畴，其理论前提的基本预设，都存在着思维方式上以本质主义的普遍性取消复杂整体包含的差异性、论证材料上自然科学与人文社会科学相分割、逻辑推论上将"实然"与"应然"关系简单化的缺陷，这就难以从理论上合理地确证人类应该对谁承担生态义务以及承担何种生态义务。生命共同体范畴则不存在这些

① 曹孟勤：《人性与自然：生态伦理哲学基础反思》，南京师范大学出版社 2004 年版。
② 曹孟勤：《人向自然的生成》，上海三联书店 2012 年版。

严重缺陷。他通过分析生命共同体范畴相对于利奥波德提出的“生物共同体”范畴的优越之处，认为前者理应替代后者。①

从环境正义维度拓展生态伦理学研究。环境正义的分析与研究自20世纪80年代以来，受到许多学者和团体的强烈关注。王韬洋梳理了休谟的有条件正义之“道德心理学”以及从康德到黑格尔的无条件正义之“道德心理学”这两种分析正义缘起的路径，以此作为思考环境正义的理论基础。她根据对“在哪些人中间进行分配”“分配什么”和“如何分配”三个问题的回答，将“作为分配正义的环境正义”分解为环境正义的共同体、环境正义的分配对象和环境正义的分配原则三个层面。就正义共同体而言，她指出了全球环境正义理论和代际环境正义理论的可能性与局限性。②

从环境美德角度展开的生态伦理学新转向。环境美德伦理被一些学者认为是生态伦理学的新转向。陈翠芳提出“从德性理解环境伦理学”，她指出，人的环境行为和态度的影响具有滞后性和间接性使得环境伦理规范的效力被削弱，稳定而内在的德性可以弥补这一缺陷，也可以保证现有环境伦理规范的实行。德性的实践品行、人与人的关系和人与自然的关系的统一性决定了在环境伦理学中德性的现实性。立足于德性观察和理解问题，有利于生态伦理学的建构，也有助于实现生态伦理学的最终目标。③

对生态文明展开深度的哲学思考。面对工业文明造成的人与人和人与自然的危机，超越工业文明、迈进生态文明成为人们的普遍追求。那么对生态文明进行哲学思考和哲学层面上的合理性论证就进入了环境伦理学部分学者的视野。徐海红指出，从现实层面来看，渔猎文明、农业文明和工业文明都存在人对人的野蛮、人对自然的野蛮和人对自身的野蛮，而生态文明不仅担保着人与自然关系的文明，同样也担保着人与人关系的文明，生态文明的本质在于人与人的文明和人与自然文明的统一。所以生态文明并不仅仅是一种新文明，还是一种真文明，不能把生态文明和渔猎文明、农业文明、工业文明等量齐观，

① 佘正荣：《生命共同体：生态伦理学的基础范畴》，《南京林业大学学报》(人文社会科学版)2006年第1期。

② 王韬洋：《环境正义的双重维度：分配与承认》，华东师范大学出版社2015年版。

③ 陈翠芳：《从德性理解环境伦理学》，《武汉大学学报》(哲学社会科学版)2005年第1期。

否则就会贬低生态文明的价值，抹杀生态文明带来的革命性变革[①]。杨通进论证了生态的主体基础是生态公民。他认为生态文明时代，科学技术不再是人类征服自然的工具，而是修复生态系统、实现人与自然协调发展的助手。生态文明的有机自然世界观凸显作为整体之自然的内在价值，强调自然是文明的基础；生态文明的伦理体系凸显关怀、责任与和谐价值，倡导理性消费与绿色生活方式。而这样一种全新范式的文明不会自发地产生，它需要生态公民的自觉追求和积极参与。[②]

（二）国外生态伦理学研究综述

长期以来，西方生态伦理学研究领域的核心是人类中心主义和非人类中心主义的争论。人类中心主义生态伦理主张，生态伦理的出发点和归宿点应当是人类的利益，保护自然环境完全是为了维护和满足人类利益，捍卫生态伦理的价值是实现人类价值的基础和前提。逐渐形成了以莫迪为代表的"现代人类中心主义"、以帕斯摩尔为代表的"开明的人类中心主义"、以诺顿为代表的"弱式的人类中心主义"、以什科连科为代表的"现代社会实践的人类中心主义"等不同派别。非人类中心主义生态伦理否认人在自然界中占据着至高无上的统治地位，如果刻意拔高人在自然界中的地位，这就是人类的狂妄自大和狭隘的物种利己主义。逐渐形成了以彼得·辛格和汤姆·雷根为代表的动物解放论与动物权利论、以阿尔贝特·施韦泽为代表的生物中心主义（生命平等主义）、以奥尔多·利奥波德和以霍尔姆斯·罗尔斯顿为代表的生态中心主义、以阿伦·奈斯为代表的深生态学等不同理论流派。

1. 人类中心主义生态伦理观

人类中心主义生态伦理主张，人类利益是生态伦理的出发点和归宿点，保护自然环境完全是为了维护人类利益和满足人类利益，捍卫生态伦理的价值是实现人类价值的基础和前提。人类中心主义的生态伦理观主要有以下几个形态：

以莫迪为代表的"现代人类中心主义"。莫迪是美国植物学家，他的人类

---

① 徐海红：《生态文明的历史定位——论生态文明是人类真文明》，《道德与文明》2011 年第 2 期。

② 杨通进：《生态公民：生态文明的主体基础》，《光明日报》2008 年 11 月 11 日。

中心主义思想集中阐发在《一种现代的人类中心主义》一文中，他认为，人类评价自身的利益高于其他非人类，这是自然而然的事情；人具有特殊的文化、知识积累和创造能力，能认识到对自然的间接责任；完善人类中心主义，有必要揭示非人类生物的内在价值；信仰人类的潜力①。莫迪认为，生态危机实质上是文化危机，即当人类具有的那些决定我们开发自然的能力的知识，超过了我们所有的如何用来服务于我们自己生存和生活质量改善的知识时，就发生了生态危机。人类对未来的可预测性和认知能力的无限性，决定了人类能够主动摆脱生态危机的现实性和可能性②。

帕斯摩尔的“开明的人类中心主义”。澳大利亚哲学家帕斯摩尔是“开明的人类中心主义”的代表人物，他在 1974 年出版了《人类对自然应负的职责》一书，阐释了他的核心观点。他在承认和尊重自然界内在价值的同时，主张人的价值高于自然界的价值。人类之所以对环境问题和生态问题负有道德责任，主要是基于对人类的生存与发展以及子孙后代的利益的考虑。帕斯摩尔虽然不认为人是自然界进化的唯一和最高的目的，但认为人类是自然的管理者，通过对自然的管理能够使之向着有利于人类的方向演进。③

诺顿的“弱式的人类中心主义”。美国哲学家诺顿在《环境伦理学与弱式的人类中心主义》《为什么有保护自然界的变动性》等文中，阐述了一种弱式的人类中心主义。他认为，仅从感性意愿出发，满足人的眼前利益和需要的价值理论，称为强化的人类中心主义；而从某些感性意愿出发，但经过理性评价后满足人类利益和需要的价值理论，称为弱化的人类中心主义。前者以人的感性意愿为价值尺度，感觉决定行动，需要就是命令；后者认为感性的意愿不具有价值参照系的意义，除非它有世界观层次的理论观念的支持。因此，理性的意愿有两个要素：一是感性的意愿；二是对感性意愿过滤的评价体系。④ 诺顿追求为环境伦理学提供一个内在一致的理性基础，他所构建的弱化人类中心主义基于理性意愿之上，在调解人与自然关系时，不但承认自然具有人类需要

---

① W. H. Murdy, Anthropocentrism: A Modern version. Science, 1975, pp. 1168-1175.

② W. H. Murdy, Anthropocentrism: A Modern version. Science, 1975, pp. 1168-1175.

③ John Passmore, Man's Responsibility for Nature, London: Duck worth, 1974.

④ Bryan G. Norton, Environmental Ethics and Weak Anthropocentrism, Environmental Ethics, Vol. 6, No. 2, 1984.

的价值，而且认为自然具有转换价值。所谓自然客体有转换价值(transformative value)，是相对于人类需要的价值转换而言的，指自然事物提供了检验和改变感性意愿的价值，而不仅仅是对感性意愿的满足和检验。①

以什科连科为代表的“现代社会实践的人类中心主义”。苏联哲学家什科连科在《哲学·生态学·宇航学》一书中认为，认识和考虑人——环境系统的一切环节和组成部分，归根结底是保证人类最良好的生存和发展。人类为了保护自己在自然环境中的前进运动、进步和扩展，必须抵制日益增长的自然界的反抗。地球空间和资源的局限性将迫使人类开发宇宙和天体以寻找适宜生产和生活的地点②。什科连科主张人类中心主义应当不仅在社会实践的水平上而且在价值观的水平上保持下去。作为现代社会实践的人类中心主义，不仅是地球中心主义的而且是宇宙中心主义的，它可以成为并且正在成为人为了人的利益而开发宇宙空间的方针。③

2. 非人类中心主义生态伦理观

非人类中心主义是多年来对人类中心主义反思和批判的结果。非人类中心主义经历了动物权利论、生物中心主义、生态中心主义以及深生态学等不同的理论形态。

动物权利论。动物权利论开始于动物解放运动的呼吁。基督教以及近代哲学和自然科学的发展大大增加了人类“至尊”的豪情，藐视动物的权利，把动物存在的理由视为服务于人类。笛卡尔认为动物没有心灵、没有感觉，因而不可能受到伤害，不会感到痛苦。而人是有心灵和意识的，人类是“大自然的主人和拥有者”。一段时间，笛卡尔主义得到人们的拥护。到了20世纪70年代，彼得·辛格首次提出“动物解放运动”，呼吁人们从道德上关怀动物，发出了反对笛卡尔主义的声音。动物权利论认为人类应该把道德应用的范围扩展到所有动物，尊重动物生存和发展的权利。动物权利论可分为功利主义和义务论两种类型。辛格是功利主义的动物权利论的代表，美国哲学家汤姆·雷

---

① Bryan G. Norton, Environmental Ethics and Nonhuman Rights. Environmental Ethics, 1982, pp. 18-21.

② [苏]IO. A. 什科连科：《哲学·生态学·宇航学》，范习新译，辽宁人民出版社1988年版。

③ 傅华：《生态伦理学探究》，华夏出版社2002年版，第15页。

根是义务论的动物权利论的代表。[①] 辛格坚持把功利原则和平等原则应用到动物身上。动物和人一样，是有感觉的存在物，因而人和动物的利益同等重要。雷根指出我们对待动物的方式是错误的，其根本性错误在于我们的制度，即允许我们把动物当作我们的资源来看待的制度。因而，动物和人一样也是生命的体验主体，内在价值同等地属于所有的“生命的体验主体”，他们都拥有获得尊重的平等权利。

生物中心主义（生命平等主义）。生物中心主义突破了动物解放论与动物权利论的局限，把道德关怀的视野投向所有的动物和植物，引发了一场伦理思想的变革。在倡导生物中心论的思想家中，施韦泽“敬畏生命”的伦理学和泰勒的环境伦理学在理论创立和发展中作出了突出的贡献[②]。“敬畏生命”和“尊重自然”的伦理学的基本观点是：一切生命都有生命意志，他们都能感觉到生命的存在并要求保存和发展自己的生命，这是有机体的内在价值，是有机体的“善”。因此，我们应该爱并尊敬一切生命，保持生命，促进生命，尊重生命的内在价值，使生命达到最高度的发展。这样的伦理观把人类的生命和动植物的生命一视同仁，主张通过降低人类和一切有意识的生命对植物性资源的需求，来赢得动物和植物生存条件的改善。

生态中心主义。生态中心主义是一种把道德关怀的范围从人类扩展到生态系统的伦理学说。[③] 受现代生态学关注共同体、生态系统和整体视角的启发，生态中心主义不仅把伦理学的视野从人扩展到更宽的大自然，还使道德共同体的范围延伸到人之外的其他非人类存在物。在当代西方，生态中心主义者从不同角度来阐释生态中心主义。利奥波德是生态中心主义的开创者之一，他的大地伦理学把生态系统理解为一个共同体，强调共同体在重要性上总是高于包括人的有机个体。罗尔斯顿的自然价值论环境伦理学从传统的价值论伦理学出发确立生态系统的内在价值，从而为建构生态中心主义提供了哲学前提。

深生态学。深生态学是当代西方环境主义思潮中最具革命性和挑战性的

---

① 朱贻庭：《伦理学大辞典》，上海辞书出版社 2011 年版，第 158 页。
② 朱贻庭：《伦理学大辞典》，上海辞书出版社 2011 年版，第 157 页。
③ 朱贻庭：《伦理学大辞典》，上海辞书出版社 2011 年版，第 157 页。

生态哲学。按照奈斯的说法，所谓深生态学是相对于浅生态学的认识理念，是对其的突破和创新。深生态学强调科学技术与哲学、伦理、政治等学科的综合，探讨怎样的生产方式、生活方式、价值理念等有益于改善人与自然的关系，克服当前的生态危机。相比于浅生态学，深生态学更加强调人在自然界的平等位置、自然界的内在价值、主张人与自然的和谐相处。与浅生态学主张靠技术来解决生态危机不同，深生态学坚持从社会政治、经济、消费方式生活方式和社会运行机制等方面寻求解决生态危机的途径，从而突破了浅生态学物质富足目的的局限，把人类的“自我实现”作为深层意义上的目标。

3. 当代国外生态伦理学的新进展

卡普拉的有机系统生态主义。弗里特乔夫·卡普拉是当代美国著名的粒子物理学家、系统理论家和生态哲学家。除了在物理学和系统理论方面的研究外，自1970年起至今50余年，卡普拉一直从事研究当代科学对生态哲学和社会现实问题的影响，其间他出版了《物理学之“道”：现代物理学与东方神秘主义》《转折点——科学·社会·兴起中的新文化》《非凡的智慧》《被隐秘的联系》等著作。他以诸多前沿科学理论和东方的哲学思维作为理论背景，对笛卡尔与牛顿的机械世界观进行了客观的批判，提出了旧范式的转换，形成了广义系统论和有机系统生态主义思想，并以广义系统论的思维方式结合生态哲学宇宙论对全球面临的生态危机提出种种新的见解。他认为，旧世界的范式作用正在慢慢减退，世界发生的各种居高不下的生态问题呼吁着新范式的建立。卡普拉通过对笛卡尔与牛顿的机械论范式的批判来建立他的生态新范式，即突破相互分离局部的世界观，走向一种全局、整体的世界观。他强调万物互相作用组成有机整体，心物不分离的动态的新宇宙观，创建一个和谐的新世界。卡普拉热切地呼吁：科学家们不必为接受整体性观点而感到为难，不要怕这是不科学的。现代物理学显示出，整体性观念不仅是科学的，而且是与最先进的物理学的实在相对论是一致的。①

布克金的生态有机主义。默里·布克金是美国著名社会生态学学者，社会生态学研究的创始人，著有《我们的人造环境》《后稀缺无政府主义》《社会生

① [美]弗·卡普拉：《转折点——科学·社会·兴起中的新文化》，冯禹等编译，中国人民大学出版社1989年版。

态学》等。他认为必须创造一种新的文化，建设一个新的生态文明社会。[①] 今天人类所面对的生态危机其实是更紧迫的社会危机，生态问题的实质在于社会的问题，植根于现代文明等级制度秩序之中，植根于资本主义的市场经济之中。是人与人之间关系的不平等导致了人与自然关系的不平等，导致了人对自然的支配。要消除生态危机问题，必须首先解构人与人不平等的社会，废除阶层制，建构一种无政府主义、人与人平等的生态社会。

克利考特的生态伦理主义。贝尔德·克利考特是美国当代生态伦理主义的重要代表，被西方学术界公认为是利奥波德大地伦理学的当代诠释者，在《捍卫大地伦理》《超越大地伦理》等著作中形成了独特的伦理整体主义观念。我们要建立一种怎样的生态伦理才是完全合理的？克利考特给出的答案是"环境伦理"，即"伦理整体主义"。大地伦理或者环境伦理是最具创造性的、引起注意的、可以行得通的选择项。[②] 他把科学作为其理论的核心部分，从达尔文进化论的角度表明我们只是大自然的一部分，人类发展至今是和地球上千万的其他生命形式系统进化的结果，人与自然有着密不可分且多种多样的联系。生态学则从本体论角度强化这种联系，没有任何有机体是无根的孤立原子，所有的生命形式整合成一个相互影响、依存的关系，他们都是生命系统的一部分。克利考特认为"环境伦理"只是把传统的"社会伦理"的关怀对象扩大到"自然界中非人类的个体"，即自然界整体。他认为自然有其内在价值，提出以自然的内在价值为核心的生态自然主义对于生态哲学的完整性是必不可少的。

（三）农业伦理学研究综述

进入21世纪以来，我国农业发展面临着一系列重大挑战，如破解城乡二元社会结构和缩小城乡差距问题、农业环境污染治理与生态修复问题、粮食与食品安全保障问题、农业技术风险防控问题、农村"空心化"问题等。解决好"三农"问题，着力实施乡村振兴战略，是现阶段我国农业面临的重要任务。上

---

① [美]默里·布克金、郇庆治、卢文娟：《走向一种生态社会》，《马克思主义与现实》2007年第5期。

② JB. Callicott, Animal Liberation: A Triangular Affair, Environmental Ethics, 1980, p. 398.

述问题的提出，不仅需要自然科学的研究，也需要从跨学科综合研究的角度出发，进行深入的哲学伦理思考和价值规范引领，以促进农业的健康可持续发展。由此，呼唤农业伦理学的兴起和发展。

以任继周院士为代表的一大批有识之士，在对中国农业领域上述问题进行长期观察、深入思考和系统分析的基础上，从哲学认识和伦理关怀的高度，深入思考中国农业现代化和结构转型中的深层问题，开展跨学科、综合性交叉研究，积极探索中国农业伦理之道、寻求农业可持续发展之途。任继周院士以90岁的高龄致力于推动“农业伦理学”科学研究，他在多年的科学研究与教学实践过程中深深体会到我国农业科学研究和生产经营中的“哲学或伦理学”的缺位，而这一缺位严重阻碍了我国农业研究的提升和深化。任继周先生认为，从事农业科学研究，单靠生态系统科学难以理解，最终要上升到哲学、伦理学的高度，才能从整体、根本上去洞见农业发展和研究过程中的一些根本问题。多年来，任继周先生致力于农业伦理学的研究。他与历史专家合作，编著了《中国农业系统发展史》一书，探讨我国农业发展的历史背景，以增加社会大众对农业的宏观认识。此后，任先生收集了有关我国农业伦理学的历史资料，编纂了《中国农业伦理学史料汇编》，以加深学术界对于一些中国农业伦理的基础知识的认识。自任继周先生首创以来，农业伦理学从2014年开始进入快速发展时期。学者们从经济、政治、家庭、文化、生态等多角度切入农业伦理研究，让伦理视角下的农业、农村、农民相关研究成果日渐丰富，其中乡村经济伦理、乡村家庭伦理、乡村治理伦理和乡村生产伦理等方面研究已经初具规模并日渐形成自身的研究特色。

1. 乡村经济伦理研究

王露璐教授分析了中国传统乡村经济伦理的“乡土特色”。她指出，中国传统的农民由于自给自足的生产方式和相对封闭的生活方式，使得农民的生存和发展离不开土地，农民对土地具有浓厚的依恋情节，这就必然会产生“日出而起，日落而息”的生产伦理，形成了勤勉重农的价值观。她还从乡村中差序格局基础之上的熟人社会角度分析了“人情”是村民日常交往的人生哲学，进而指出正是由于乡村熟人社会的特征，使得人们依靠村规民约来维持乡村秩序，靠礼治保障乡村运行。但是1840年以来的社会变革对乡土社会产生了巨大的影响，农民的价值观念和生活方式都随之产生了变化，逐渐形成了现代市场的观念。她分析了马克思主义经典作家与韦伯的不同研究视角，认为他们为我们提供了把握中国乡村经济发展与伦理道德之互动关系的基本思路，这为中国乡村经济伦理研究提供了思路，这将有助于建设社会主义新农村。① 李明建对乡村经济伦理的转型与发展进行了研究。他认为传统乡村经济伦理的基本特征是：务本重农、勤勉耕作；信任熟人、互帮互助；勤俭节约、量入为出，然而传统乡村经济伦理面临着现代的三个方面转型：农民以物质利益为先的勤劳致富、注重公平交易的等价交换和适度超前消费的享受生活。② 李志祥分析了现代化进程中我国农民的经济理性的扩张和困境，进而指出我国农民一方面要努力跟上现代化的步伐，积极倡导尊重契约规则的市场经济理性和追求量化计算的现代科技理性，另一方面要积极规避现代化的陷阱，对此作者提出应当一方面大力弘扬有助于缓解“见物不见人”问题的血缘亲情理性；另一方面又要遏制过度掠夺自然倾向的地缘生态理性。③

2. 乡村家庭伦理研究

黄滨从历史学的视角探讨了近代中国乡村社会的家庭伦理生活，得出了传统家庭伦理依然在西方文化传入中国时对农民的家庭生活有着积极的良性作用的结论。④ 张佩国收集了近代江南乡村族产的史料，指出家族的财产分配也逃不出“差序格局”的家庭伦理影响。⑤ 李桂梅研究了中国传统家庭伦理的现代转向，揭示了现代新型的婚姻家庭伦理。张翠莲和李桂梅进一步讨论了当代家庭伦理的制度化建设。她们认为，当前传统乡村家庭伦理的运行制度体系和组织体系已经开始解体，伦理的权威地位遭受挑战，家庭伦理面临失守危险，而现实又亟须确立新的家庭伦理规则。在此关键时刻，伦理制度化就成为当前重塑乡村家庭伦理的必由之路。而当代乡村家庭伦理制度化的主要实施途径是：制定符合现代家庭伦理精神的婚姻家庭制度；完善乡村家庭伦理规范的制度体系；培育乡村自治组织团体。⑥

---

① 王露璐：《中国乡村经济伦理之历史考辨与价值理解》，《道德与文明》2007 年第 6 期。
② 李明建：《乡村经济伦理的转型与发展》，《道德与文明》2017 年第 5 期。
③ 李志祥：《现代化进程中我国农民经济理性的扩张、困境与出路》，《伦理学研究》2017 年第 3 期。
④ 黄滨：《近代中国乡村社会的家庭伦理生活》，《伦理学研究》2009 年第 3 期。
⑤ 张佩国：《近代江南乡村的族产分配与家庭伦理》，《江苏社会科学》2002 年第 2 期。
⑥ 张翠莲、李桂梅：《试论当代乡村家庭伦理制度化建设》，《道德与文明》2017 年第 5 期。

3. 乡村治理伦理研究

陈荣卓、祁中山指出乡村治理要实现三个转变：乡村治理价值理念需要实现从“汲取”到“服务”的转变；乡村治理主体伦理需要强化从“管制”到“共治”的互动；乡村治理关系伦理需要实现从“动员”到“回应”的重构。① 张燕从乡村治理的视角探究了传统乡村伦理文化的式微与转型。她指出，优秀传统乡土伦理依然对农业、农村和农民有着巨大作用，对此应该以科学的态度对待传统乡村伦理文化。② 刘昂、王露璐认为，在乡村治理的目标建构及实践中，应当以保障农民生存要求的“安全第一”原则作为底线伦理，以公平正义作为当前乡村治理最为迫切的现实要求，并以满足农民对美好生活的向往作为乡村治理的价值旨归。③

4. 乡村生产伦理研究

任继周院士等对农业生产中的“时”与“地”的重要元素进行了深刻的伦理认知，指出农业生产应当合“时宜”和“地宜”。④ 齐文涛认为农业生产应当践行守候与照料的伦理义务。⑤ 严火其对东西方传统农业伦理思想进行了比较研究。⑥ 李建军对现代农业生产进行了反思，提出虽然现代农业实现了高产出和高效率的发展奇迹，但是农业生产如果缺失伦理关怀就会让现代人类产生健康和环境的社会问题，因此我们亟须认真思考农业的内在价值和伦理诉求，重构现代农业发展新道德。⑦ 方锡良对中国传统的“农本”思想进行了深入分析并指出了其对构建当今时代的新型“农本”具有重要现代价值。⑧

经过多年探索和实践，学者们逐渐对如何把握乡村伦理这一应用伦理学的新分支形成了清晰的研究方法。首先，应坚持唯物史观的基本立场，从中国乡村的现实生产和生活方式中把握中国乡村伦理的基本特征和发展规律。其

---

① 陈荣卓、祁中山：《乡村治理伦理的审视与现代转型》，《哲学研究》2015 年第 5 期。

② 张燕：《传统乡村伦理文化的式微与转型——基于乡村治理的视角》，《伦理学研究》2017 年第 3 期。

③ 刘昂、王露璐：《乡村治理目标的伦理缺失与理性重建》，《伦理学研究》2018 年第 2 期。

④ 任继周：《“时”的农业伦理学诠释》，《兰州大学学报》（社会科学版）2016 年第 4 期。任继周、方锡良、胥刚、林慧龙：《“地”的农业伦理学诠释》，《兰州大学学报》（社会科学版）2017 年第 6 期。

⑤ 齐文涛：《“守候与照料”的农业伦理观》，《伦理学研究》2015 年第 1 期。

⑥ 严火其：《东西方传统农业伦理思想初探》，《伦理学研究》2015 年第 1 期。

⑦ 李建军：《关于现代农业发展的伦理反思》，《兰州大学学报》（社会科学版）2016 年第 5 期。

⑧ 方锡良：《中国传统“农本”思想及其现代思考》，《兰州大学学报》（社会科学版）2016 年第 4 期。

次，采取道德叙事学的方法，秉持“村庄进入”与“主体贴近”的思路，通过定性研究与定量研究相结合的方法揭示村庄的伦理道德内涵及变迁。再次，选取多个村庄作为田野调查个案，处理好个别探究与中国乡村伦理的整体把握之间的关系。最后，采用跨学科研究范式，广泛吸收伦理学、社会学、经济学、政治学、人类学、民俗学等研究成果，同时注重凸显伦理学的基本理论视角。

（四）中国乡村生态伦理研究综述

目前，学术界对乡村生态伦理或者乡村环境伦理的研究比较少，主要集中在乡村生态伦理对于建设乡村的重要性、增强农民的生态道德观念及生态伦理意识、加强乡村生态伦理建设等讨论上。此外，关于生态伦理学的实践研究也不多，针对乡村生态伦理的研究就更为稀缺。中国乡村生态伦理建设是中国环境伦理建设的重要组成部分，也是中国生态文明建设的题中应有之义。中国乡村生态伦理研究的极度缺失，不仅不利于中国环境伦理建设，也不利于中国生态文明建设，更不利于乡村生态文明建设。

在著作方面，李繁荣系统分析了马克思和恩格斯、列宁等人的生态哲学思想，指出马克思主义生态哲学对于我国当前的农业发展具有重要的指导意义，一方面在于它的内容具有前瞻性，另一方面在于我国目前迫切需要可持续发展的农业发展模式，这种发展模式有别于“资本逻辑”主导的发展方式，所以应以马克思主义农业生态哲学思想为指导。① 谢丽华研究了乡村生态伦理对社会主义新农村建设的重要作用。她认为，为建设社会主义新农村、实现农村可持续发展，仅仅靠行政、法律、技术和经济等手段是不够的，还必须要加强生态伦理建设，重视人与自然关系的改善，倡导人与自然和谐发展的观念。② 史军、吴琰从伦理角度分析了乡村的生态优势。乡村可以平衡人与自然的关系，能够做到人和自然在本质上的相通，顺应自然规律，达到人与自然的和谐。从伦理层面审视田园，乡村世界里不仅有农业经济和优美的环境，而且还有道德、审美以及某种意义上的形而上的优越性，它比城市和商业力量要更优越。乡村旅游可以培养人们诸多美德并让人们回归本真的自我，减轻在现代工业社

① 李繁荣：《马克思主义农业生态思想及其当代价值研究》，中国社会科学出版社 2014 年版。
② 谢丽华：《农村伦理的理论与现实》，中国农业出版社 2010 年版。

会中的异化。[①] 郭琰从环境正义的理论视角对中国农村环境保护问题进行了系统研究，有针对性地提出实现城乡环境保护一体化、形成公正合理的全球环境治理机制以及走人与自然的可持续发展道路才是解决中国农村环境保护问题的根本出路。[②]

在论文方面，曹孟勤针对中国乡村在现代化进程中受到工业生产方式冲击的现实困境，提出要为这片不曾设防的净土建设环境伦理。曹孟勤教授认为，为了适应逆城市化的发展趋势和人们回归自然的要求，为乡村自然环境筑起道德屏障成为一种时代的必然。[③] 仰和芝分析了生态伦理建设在新农村建设中的重要性，阐述了新农村生态伦理建设以马克思主义的自然观和科学发展观为指导，同时合理吸收我国古代的生态伦理思想，也同时批判借鉴西方现代生态伦理思想，提出了新农村生态伦理建设的主要原则应当是可持续发展原则、公正原则和实践原则。[④] 王露璐针对中国乡村环境伦理建设的价值取向指出，中国乡村生态伦理的研究与建设必须转变人们的价值取向，树立一种“美丽乡村的生态生活优越于城市生活，生态经济价值高于工业经济价值”的理念，从而吸引更多的人投身于美丽乡村建设，致力于生态化的农业经济运作。[⑤] 张月昕对当前农民逃离乡村的现象进行了伦理探析。他认为，农民放弃山清水秀的乡村纷纷涌向城市的内在原因，在于农民以自豪感为核心的本体性价值满足和以成就感为核心的社会性价值满足发生了严重缺失，造成的结果是农村生态文明建设主体不能为作为农民感到自豪，不能为作为农民而拥有较高的社会地位和道德尊严。他提出，解决这一问题的出路是，应转变“农民落后”的伦理观念，提高农民的社会地位和物质财富收入。当农村生态文明建设的主体获得较高的本体性价值满足和社会性价值满足之后，就不会再逃离家园且热衷于农村生态文明建设。[⑥]

工业文明的技术渗透进传统农村是全世界工业化必经的过程。但是，因

---

① 史军、吴琰：《低碳旅游的伦理研究》，科学出版社 2016 年版。
② 郭琰：《中国农村环境保护的正义之维》，人民出版社 2015 年版。
③ 曹孟勤：《对中国乡村环境伦理建设的哲学思考》，《中州学刊》2017 年第 6 期。
④ 仰和芝：《社会主义新农村生态伦理建设思考》，《江西社会科学》2008 年第 10 期。
⑤ 王露璐：《中国乡村伦理研究论纲》，《湖南师范大学社会科学学报》2017 年第 3 期。
⑥ 张月昕：《农村生态文明建设主体的价值满足缺失及伦理对策》，《伦理学研究》2017 年第 3 期。

为欧美国家人口以及农村人口相对较少，所以国外农村生态伦理方面的研究较为欠缺。美国女作家蕾切尔·卡逊在《寂静的春天》中提出，农业是直接与自然打交道的产业，其生产方式对自然环境有重要影响，尤其是化肥、农药的不合理使用会对环境质量造成严重损害。① 学者巴里·康芒纳提出，农业发展方式的弊端带来了严重的自然环境后果。② 加勒特·哈丁通过研究公有地的悲剧指出，个体农民的农业生产方式与整个自然环境的质量有着密切的关系。个人利益的暂时性维护是对其长期价值的损害，也是对集体生活权和社会发展权的剥夺。工业文明在与农业文明的碰撞过程中，农业文明难免会受到侵袭，特别是自然生态环境在工业车轮下出现恶化是在所难免的。大多数国外学者关注到了农村的生态环境问题，但是没有从伦理的角度去研究农村的生态问题。

（五）目前乡村生态伦理研究存在的问题

目前，学术界对乡村生态伦理研究存在着研究目标不够明确、农民主体地位缺失、理论研究“应然”落实不到“实然”、城乡正义探讨不足等问题。

1. 乡村生态伦理研究目标不够明确

面对乡村生态环境的困境，应从乡土现实的生产生活实际出发探寻问题的根源，并寻求解决问题之策。“人们为了能够‘创造历史’，必须能够生活。但是为了生活，首先就需要吃喝住穿以及其他一些东西。因此第一个历史活动就是生产满足这些需要的资料，即生产物质生活本身。”③从现实出发考察农民，农业生产是农民最为基本的活动。而“生命的生产——无论是自己生命的生产（通过劳动）或他人生命的生产（通过生育）——立即表现为双重关系：一方面是自然关系，另一方面是社会关系”④。农民的生产亦表现出农民与乡村环境之间的自然关系和农民与农民之间的社会关系。农民与乡村环境之间的自然关系体现为乡村生态环境的好坏，农民与农民之间的社会关系在现代社会中最为根本的现实表现为经济交往关系是否紧密。因此，中国乡村生态文

① ［美］蕾切尔·卡逊：《寂静的春天》，吕瑞兰译，科学出版社 1979 年版。
② ［美］康芒纳：《封闭圈：自然、人和技术》，侯文蕙译，甘肃科学技术出版社 1990 年版。
③ 《马克思恩格斯选集》第 1 卷，人民出版社 1995 年版，第 79 页。
④ 《马克思恩格斯选集》第 1 卷，人民出版社 1995 年版，第 80 页。

明的核心问题是乡村经济发展与环境保护之间的协调发展，中国乡村生态伦理研究的最终目的应是解决乡村生产的经济效益与生态效益的内在矛盾，促进乡村经济的生态转型发展，实现人与自然之间的物质变换，在提升农民的物质生活水平的同时，促进农民过上生态生活。因此，解决乡村生态文明建设和乡村经济发展的矛盾是乡村生态伦理研究最为核心的关注点。

生态伦理问题与经济发展问题有着密切的联系，生态伦理是经济可持续发展不可或缺的支撑力量，不能离开生态伦理来空谈经济发展的具体环境，也不能离开经济发展的具体环境来空谈生态伦理。研究乡村生态伦理，就应研究乡村经济问题。当前，中国乡村普遍面临着“经济发展不足”和“经济发展不当”的问题。乡村经济发展不足，是指乡村经济较城市相比发展落后，农民的生活水平低于城市居民的生活水平；乡村经济发展不当，是指乡村以破坏自然环境的方式发展经济，造成乡村环境污染加剧。目前，学术界对于中国乡村生态伦理的研究，或者认为乡村应以经济发展为主，环境保护为辅；或者认为应以环境保护为主，经济发展为辅；或者认为应借助于经济发展推动环境保护。这些研究显然没有触及乡村生态伦理研究的本质问题，故而无法从根本上解决目前乡村生态文明建设遇到的实际问题。乡村生态文明建设应兼顾生态效益和经济效益，同时也不能忽视工业化农业生产方式和生活方式所带来的高效率和高产出的优势。就此而言，符合时代发展要求的乡村生态伦理研究目标应当是：以乡村生态文明建设为引领，推动乡村经济由现代工业化经济向生态化经济转型，解决乡村经济发展不足和经济发展不当的问题，推动乡村经济可持续发展，实现乡村生态经济发展与自然环境保护相统一。

为解决乡村经济发展不足和经济发展不当的问题，需要同时兼顾生态效益和经济效益。目前，乡村之所以出现经济发展不足的问题，是因为乡村没有找到自身发展经济的生态优势，囿于工业文明的逻辑之中，对于经济增长和社会进步只是基于工业时代的思维范式内，没有意识到生态时代的来临需要生态逻辑，也没有认识到生态文明所赋予乡村的发展机遇。乡村之所以出现经济发展不当的问题，是因为乡村在经济发展的过程中，首先考虑的是经济效益，忽视或者弱化生态效益，进而形成了只顾经济增长而忽视环境保护、造成乡村环境被破坏的问题。习近平总书记强调“绿水青山就是金山银山”，彰显了生态时代的生态逻辑，即生态文明建设与经济发展不是二元割裂的矛盾对立，而是内在的、有机的统一关系。乡村相比城市具有贴近自然、感受绿色、回归本真、远离尘嚣的生态优势。应以乡村生态文明建设为引领，促进乡村经济的生态转型发展，实现农民与乡村生态环境之间的和谐物质变换，在提升农民的物质生活水平的同时，促进农民的生产方式、生活方式和消费方式生态化。

2. 乡村生态伦理对于农民主体地位的探讨缺失

"在社会中进行生产的个人，——因而，这些个人的一定社会性质的生产，当然是出发点。"①在马克思主义的视野内，无论是理论研究还是实践活动，都是为了人，忘记了人就丢失了根本。因此，生态伦理建设也应当紧紧围绕着身处于自然环境之中的人来进行，即身处于乡村中的主体——农民来进行。然而，在目前关于乡村生态文明建设主体的探讨中，学术界普遍存在着政府主导、农民参与的现象。究其根本原因，在于对农民主体地位和作用的认识还不够到位。目前的实际情况是，政府在乡村生态文明建设中往往扮演了主要角色，农民只是被动地接受教育、接受指令。这也导致一些农民认为，乡村建设不过是政府的事、集体的事，与己关系不大，从而养成了"等、靠、要"的思想。

农民是乡村最重要的成员，农民占据了中国人口的大多数。乡村生态文明建设离不开农民的积极参与，中国的现代化建设离不开农民群众的辛勤劳动，乡村振兴同样需要"调动农民这个主体的积极性，要保障农民的合法权益，保障农民的经济利益"②。农民是农村生态文明建设的主体。乡村生态伦理需要牢固确立农民的主体地位，充分尊重农民的意愿，从乡村现实情况出发，从农民最为关心的实际问题入手，充分调动他们振兴乡村、建设生态文明的积极性、主动性和自觉性，探索出改善农民生产生活条件的生态化之路，满足农民对于美好生活的追求，增强农民建设乡村生态文明的内生主体力量。

3. 乡村生态伦理研究"应然"落实不到"实然"

在我国生态伦理学研究中，学者们关心最多的是生态伦理的哲学基础、价值观念、生态道德规范、生态正义或环境正义等问题的理论研究，但对于"生态

① 《马克思恩格斯文集》第8卷，人民出版社2009年版，第5页。
② 《乡村振兴的实质是发挥好农村应有的功能》，《经济日报》2019年1月5日。

伦理学的研究主要是应用性的研究，是直接为实践服务的”[①]相关认识普遍不足。目前，我国生态伦理学对于解决实际问题的应用性研究还比较欠缺，这导致了生态伦理学或环境伦理学作为一门伦理学的应用学科主要偏重于理论的探讨，无法解决中国生态环境方面存在的现实问题。中国乡村生态伦理研究同样存在着“实然”的理论落实不到“应然”现实的问题。作为生态伦理学走向乡土实践的伦理研究，中国乡村生态伦理不能仅仅停留在纯粹形而上学价值观念的探究中，而应具有更强的现实性与应用性。

乡村具有特定的自然景观和社会经济条件，乡村生态伦理的研究最应当落实于乡村的物质生产和发展乡村经济的实处，即通过大力发展乡村生态生产方式、生态生活方式和生态消费方式，促使乡民自觉地投入到建设生态文明和维护青山绿水之中，进而彰显乡村生态伦理的存在价值和存在功能。中国乡村生态伦理研究应着眼于乡村发生的生态环境问题，直面乡村经济发展和环境保护的矛盾，并对解决这一矛盾提出有针对性的意见和措施，促进中国乡村以生态效益、绿色发展为引领，大力发展生态农业、生态工业和生态服务业等生态产业，通过构建生态生产伦理、生态生活伦理和生态消费伦理创建农村生态文明，不断满足农民日益增长的物质和生态环境需要。就此而论，中国乡村生态伦理应寓于中国乡村生态经济发展和社会进步的现实之中，寓于解决乡村发展困境路径机制的生成和完善之中。只有促进农民生态意识、生态精神、生态责任和生态自觉的增强，推动中国乡村生态道德规范的建构，才能实现乡村经济向生态经济的转型。通过构建乡村生态伦理，促进农民树立正确的生态价值取向和顺应自然、尊重自然、保护自然的生态意识，提升农民的生态道德觉悟，摒弃以经济效益优先的观念，自觉遵循人与自然和谐共生的生态原则，使生态伦理内化于心、外化于行，形成保护生态环境的社会新常态和社会新风尚。

4. 乡村生态伦理对于城乡正义探讨不足

目前，建设乡村生态文明遇到的困境，主要来自两个方面：一方面是乡村生态环境遭到破坏，严重影响了农业发展和农民的生产生活；另一方面是乡村

① 傅华：《生态伦理学探究》，华夏出版社 2002 年版，第 136 页。

人口，尤其是青壮年农民大量流入城市，造成乡村生态文明建设主体流失。造成乡村生态文明困境的深层根源，在于人们“歧农”的思想认识，即歧视农业、贬低农村、看不起农民的错误观念。在这一背景下，人们往往认为乡村地位不如城市地位，乡村生活不如城市生活，农业经济不如工业经济。现代性让城市成了时代的宠儿，并让乡村成了城市的附庸，乡村逐渐被边缘化。正如马克思指出，“现代的历史是乡村城市化，而不像在古代那样，是城市乡村化”①。受这一价值观念的影响，我国农村经济和农民生活长期得不到改善，城市以掠夺和侵害乡村来实现自身的发展，乡村成为城市发展的附属物。多年来，我国城乡之间的“剪刀差”，即工农业产品交换时，工业品价格高于价值，农产品价格低于价值所出现的现象，恰好证明了这一点。就此而论，乡村所面临的环境问题和社会问题不仅仅是乡村自身的问题，更是城市发展的问题，正是城乡在发展过程中的非正义问题，造成了目前乡村生态环境的困境。研究乡村生态伦理，解决乡村生态文明建设问题，应对城乡正义问题进行研究。而学术界在探讨乡村生态环境问题时，大多只是就乡村谈论乡村，没有从城乡发展的大背景下认识乡村生态环境问题，不能不说这是一大缺憾。

对于城乡正义问题，根本问题是要应当摆正乡村与城市的关系。公平合理的城乡发展方式应当是在公平正义的前提下，城市和乡村有着明确的分工，能够实现人与自然之间以及城乡之间的协调发展和有效互动的共生共荣。自工业文明以来，城市长期处于时代的聚光灯之下，一直扮演着引领时代潮流的角色。然而随着生态文明时代的呼啸而至，乡村的生态优势使乡村成了生态时代潮流的引领者。因此在城乡关系问题上，城市不能忽视乡村的生态环境优势，城市的发展不应侵犯乡村生态环境。乡村以其生态优势为依托进行生态文明建设可以促进城乡和谐、融合发展。乡村生态文明建设能够促进乡村经济的可持续发展和农民地位的不断提升，有助于缓解城乡之间的“剪刀差”，让乡村与城市共同发展进步，实现乡村与城市的相互融合、协调发展。在公平正义的城乡关系指导下，城乡融合发展是城市与乡村各得其所应得的正义的发展。城市可以充分展示其工业文明的成果，而乡村也能够成为生态文明的乐园。在城乡公平正义的融合之中，城市与乡村可以保持各自的优势又能够

① 《马克思恩格斯文集》第8卷，人民出版社2009年版，第131页。

保持密切的交流与合作，城乡社会将发展为“把城市和农村生活方式的优点结合起来，避免二者的片面性和缺点”①的合作共同体。此外，对于城乡正义的探讨还要破除“乡村不如城市”的价值取向。不可否认，这种价值观念反映了农业社会向工业社会转变的现实性。但是随着工业社会破坏污染自然环境弊端的显现，重城市生活、轻乡村生活的价值取向受到人们的反思和批判。尤其是发达国家的逆城市化运动的兴起，与自然环境亲密接触的美丽乡村成为人们青睐、向往的地方，乡村生活成为社会生活的一大发展趋势。据此，中国乡村生态伦理应转变人们的价值观念，树立美丽乡村的生态生活优越于城市生活、生态经济价值高于工业经济价值的价值观念。

五、中国乡村生态伦理研究的创新点

（一）乡村生态伦理既规范农民行为，也引领乡村经济可持续发展

一般认为，伦理对人的行为起规范和约束作用。乡村生态伦理对涉及乡村自然环境的行为具有规范和约束作用，不仅如此，它还对乡村经济社会可持续发展具有积极的引领和促进作用。人们对美好生活的向往是道德建设的根本目的。农民对于美好生活的向往是乡村生态伦理研究的根本所在。乡村生态伦理研究需要围绕有利于农民综合素质提高与全面发展、有利于农民物质财富的增加和社会地位的提升、有利于激发农民建设美丽家园的积极性和自觉性来进行。也就是说，作为激发农民投身生态文明建设积极性、主动性和自觉性的加速器以及推动农村绿色发展的新动能，乡村生态伦理研究应充分秉持“绿水青山就是金山银山”的理念，并将这一理念转化为生态伦理的基本内涵，积极发挥生态道德资本的价值作用，全面提高农民的生态道德自觉性，形成良好的乡村生态道德新风尚。

（二）农民是乡村生态伦理的主体，农民以成为农民而感到自豪

传统观点认为，农村相比于城市是贫穷落后的，农村生活不如城市生活；

① 《马克思恩格斯文集》第1卷，人民出版社2009年版，第686页。

农民相比于市民是鄙俗低下的，农民轻视自己的农民身份，因而纷纷逃离乡村、涌向城市。应当看到，借助乡村生态文明建设和乡村生态伦理建设，乡村具有城市不可比拟的生态优势。工业文明时代被否定的农业、农村和农民，可以凭借生态文明的浪潮得以复兴，扭转在工业文明逻辑下的贫穷局面和落后地位。在生态文明的视域下，以生态效益、绿色发展为引领，乡村的生态优势凸显农民的发展壮大优势，农民借助生态文明的历史机遇，通过实现农业增效、农村增绿、农民增收，在增加物质财富收入的同时，享有较高的社会尊严和地位，让农民以成为农民而感到自豪。农民的本体性价值和社会性价值得到了满足，他们就会安心于乡村的生产和生活，全身心地投入到乡村生态文明建设之中。基于生态文明范式的价值取向，与城市相比，乡村的生产方式、生活方式与消费方式更加生态化，农民的生态观念和生态行为更加自觉化，农民也不再是贫穷落后的代名词，而是具有比市民更高社会地位和道德尊严以及更多物质财富的新型农民。

（三）将乡村生产的经济效益优先转变为生态效益优先

现代性对乡土的侵袭，造成了乡村社会生产经济效益和生态效益的矛盾对立，也造成了“乡村经济发展不足”和“乡村经济发展不当”的突出问题。那么，在如何促进乡村经济发展与环境保护相一致的问题上，目前的研究大多局限于工业逻辑的思维之下，要么认为生存高于生态，乡村社会生产的经济效益应当优于生态效益；要么认为乡村社会生产的经济效益和生态效益都很重要，两者不可偏废。这种停留在工业逻辑思维范式下的研究，不能根本上解决乡村“绿水青山”与“金山银山”之间剑拔弩张的矛盾。习近平总书记指出：绿水青山就是金山银山，这充分说明“绿水青山”就是先进生产力。在生态文明的视域下，乡村应将生产的工业逻辑转变为生态逻辑，将生产的经济效益优先转变为生态效益优先，以生态效益、绿色发展为引领，着力解决“乡村经济发展不足”和“乡村经济发展不当”的问题，促进乡村经济效益和生态效益相统一，实现乡村中农民与自然的和谐共生。

第一章

中国乡村生态伦理建构

人类改造自然的活动反映着人与自然的关系，其中又蕴含着人与人的关系，表达出特定的伦理价值理念与价值关系。作为农民与自然关系矛盾冲突的结果，中国乡村环境恶化构成了对农民生存与发展的严重威胁，使人们不得不对以往的乡村中人与自然关系及其发展模式进行反思，形成对乡村中人与自然之间道德关系进行系统研究的中国乡村生态伦理。构建中国乡村生态伦理，在于明确农民对自然环境的道德责任，以生态道德规范乡村反生态的生产、生活和消费方式，引导乡村走生态化的发展道路，为乡村自然环境构筑生态伦理的保护盾牌。

第一节
中国乡村生态伦理界定

构建乡村生态伦理是加强生态文明建设和美丽乡村建设的内在要求，是提高农民生态自觉和生态素质的实际需要。开展中国乡村生态伦理研究，首先需要对乡村生态伦理作出界定，即认识乡村生态伦理内涵，明晰乡村生态伦理概念，把握乡村生态伦理内容，明确乡村生态伦理特征和原则，推动形成乡村中人与自然和谐共生的新格局。

一、中国乡村构成要素

乡村通常是指一种具有相对独立性的、特定的经济、社会和自然景观特点的地区综合体，主要以农业生产为主，人口和聚落密度比较低，社会结构较为简单，与城市有不同的生活方式和景观[①]。乡村是对应于城市的一个称谓，指

① 谭见安主编:《地理辞典》，化学工业出版社 2007 年版，第 622 页。

的是相对于城市化地区而言的非城市化地区。与乡村有关的另外一个概念是农村。农村是指城镇以外的广大地区，主要为农田、森林、水体等①，是从事农业生产为主的人聚居的地方。农村也是对应于城市的一个称谓，指的是以农业生产为主的地域，包括各种农场、林场、园艺和蔬菜生产区域等，亦指从事农业生产的农民聚集的地方。

乡村与农村的区别，主要体现在以下几点：一是概念含义上有区别。乡村是放在城乡关系中来看的，是一个行政性的地域概念，侧重于在政治文化、社会治理上使用。事实上，中国大多数乡村并不只有农业和农民，还有大量非农产业和非农人员。而农村是放在产业关系中来看的，是一个经济性的地域概念，侧重于在经济形态、产业结构上使用。比如，它与"农业""农民"共同构成了"三农"。二是使用流行上有区别。"乡村"一词的兴盛，缘于新时代文化繁荣和生态保护等因素的影响。"农村"一词的流行，则缘于过去国家工业化建设和以经济建设为工作重心等因素的影响。从这两个词的流行变换，我们也可窥见出中国经过 40 多年的改革开放，国家发展正由以经济建设为中心逐渐转变为实现包括政治稳定、文化发展、社会进步、生态良好在内的全面复兴上。三是情感归宿上有区别。近些年，物质上富起来的中国人更加注重精神上的"富裕"，文化自觉、文化自信以及生态意识、生态理念显著增强。那些带有"乡音、乡情、乡土、乡愁"浓浓气息的字眼，似乎总能撩动人们的神经，并迅速引起思想上、情感上的共鸣。基于以上几点，乡村生态伦理研究使用了"乡村"一词。

生态指生物的生存形态、生活环境、生理特性和习性。② 与生态相关的另外一个词是环境。环境是指"围绕某一中心事物的外部所有因素的集合"③。现在，在人们的实际生活中，"生态"与"环境"两个概念经常被相互借用，有时甚至作为同义语使用。其实，生态与环境既有区别又有联系。从区别上讲：最后，二者含义不同。生态是指一切生物的生存状态，以及它们之间和它与环境之间环环相扣的关系。环境则是相对于某一中心事物而言的。其次，二者偏

① 谭见安主编：《地理辞典》，化学工业出版社 2007 年版，第 423 页。
② 谭见安主编：《地理辞典》，化学工业出版社，2007 年版，第 495 页。
③ 谭见安主编：《地理辞典》，化学工业出版社 2007 年版，第 238 页。

重不同。生态偏重于生物与其周边环境的相互关系，而环境更强调以人类生存发展为中心的外部因素。最后，二者所指不同。在生态伦理学中，往往涉及生态、环境、自然等概念。如果指生物体与栖息地之间的关系与互动，一般用生态；如果指围绕着生物体的实物、状态与影响力的集合体，一般用环境。基于以上几点，乡村生态伦理研究使用了“生态”一词。

通过对“乡村”“生态”和“环境”含义的分析，我们可以认为，乡村生态环境是指与乡村中的人们密切相关、是人们赖以生存和发展的自然力量和物质条件的综合体。乡村生态环境由下列要素构成：

土地。土地是保障人类及一切生命体生存、繁衍的重要基石，被马克思誉为“一切生产和一切存在的源泉”①。土地是农民赖以生存的根本，是农民生产、生活、消费等一切活动最为重要的物质基础，也是农民的财富之母。土地不仅是农民生产与生活的重要载体，而且对整个乡村自然界生态系统的和谐、稳定与平衡起着至关重要的作用，是乡村社会赖以生存和发展的物质基础和客观条件。

农民。农民是指长时期从事农业生产的人。农民一词具有多维性，既是职业概念又是身份概念。从时间上看，不同的生产力要素结构决定不同时期农民的存在形态。从空间上看，不同的地理空间带来不同的资源环境等条件，使其生产力要素结构有所不同，进而使农民有所变化。从价值上看，不同的价值取向影响对农民的认识。从领域上看，可以从经济、文化、制度等不同的角度来定义农民。农民的特征在不同领域有着不同的表现。

农产品。农产品是指种植业、养殖业、林业、牧业、水产业等农业领域生产的各种植物、动物的初级产品，如小麦、玉米、稻子、高粱、花生以及各个地区土特产等，不包括经过加工的各类产品。农产品具有未经加工、价值低廉、容易变质、产量不易提高以及生产的地域性与消费的普遍性存在矛盾等特点。

乡村环境。乡村环境是指农民生产、生活区域内各种人为的或者天然的自然因素。包括水、土地、动物、植物、大气、设施、构筑物、道路等。农业生产的对象是有生命的动物、植物、微生物，这些生物要在一定的生态环境中生存与发展，它们都需要与自己的生存环境进行物质、能量与信息的交换。乡村环

① 《马克思恩格斯文集》第8卷，人民出版社2009年版，第31页。

境是农业生产劳动、农民日常生活和农村经济社会发展的重要基础。推动农村经济社会持续、健康发展，确保农民生产生活正常有序地进行，就要保护乡村环境。

乡村组织。农业生产是自然再生产与经济再生产的有机结合。具体而言，农业生产既受自然规律支配，又受社会规律制约。就社会规律而言，农业生产、交换、分配与消费等多种属人活动需要在一定的乡村组织中完成。乡村组织是指乡村中负责某些社会职能，执行一定社会任务而成立的活动群体。包括党政等政治组织，农村金融、商业和乡镇企业等经济组织，村委会、妇委会、共青团和村民小组等群众组织，以及文化馆、医院、学校、剧团和宗教团体等文化组织。

乡村文化。千百年来，广袤的中国乡土大地上产生了深深地扎根在农民生产生活中的悠久而又厚重的乡村文化，对中国乡村社会乃至中国传统社会都产生了广泛而深远的影响。乡村文化凝聚农民在生产活动实践中的价值取向和价值追求，它通过情感认同、社会舆论、内心信念等方式，以价值指引、村规民约、乡风民俗等为载体引导农民的思想观念，影响农民的行为习惯，以春风化雨般的“润物细无声”形塑着乡土伦理。

二、生态伦理概念

《中国大百科全书》解释伦理为“人与人之间的道德原则和规范。”①《中国大百科全书》解释道德为“一种社会意识形式，指以善恶评价的方式调整人与人、个人与社会之间相互关系的标准、原则和规范的总和，也指那些与此相应的行为、活动”②。伦理与道德的区别，主要体现在以下几点：第一，二者含义不同。伦理是从概念角度上对道德现象的哲学思考。它不仅包含着对人与人、人与社会和人与自然之间关系处理中的行为规范，而且也蕴含着依照一定原则来规范行为的道理。道德则是反映和调节一定社会的个人、他人、社会之利益关系，并表现为善恶对立的人们的行为、意识、规范、活动及关系的总和。第

① 《中国大百科全书》(哲学卷)，中国大百科全书出版社，1987 年版，第 515 页。
② 《中国大百科全书》(哲学卷)，中国大百科全书出版社 1987 年版，第 123 页。

二，二者取向不同。当代“伦理”的价值取向体现了西方文化的理性、科学、公共意志等属性，“道德”的价值取向更多地体现了东方文化的情性、人文、个人修养等色彩。第三，二者侧重不同。伦理侧重于客体性，是处理人与人之间的相互关系以及处理这些关系的客观原则，强调客观的他律关系，讲求一种秩序，更具客观、外在、社会性意味。道德侧重于主体性，更多地用于个人，更注重主观的个体自律，强调个人处事和修养的法则，更含主观、内在、个体性意味。基于以上几点，乡村生态伦理研究使用了“伦理”一词。

伦理学是关于道德的起源、发展、人的行为准则和人与人之间的义务的学说，强调的是人与人之间的道德关系。所谓“善”只存在于人与人之间。然而，随着西方自然环境保护运动的蓬勃发展，兴起了对自然环境讲道德的生态伦理学，将“善”的边界扩展至人与自然关系。生态伦理是指人类处理自身与自然生态环境关系所形成的道德规范，或伦理关系及其调节原则。生态伦理着重研究人与自然的道德关系。可以说，人类自然生态活动中那些涉及道德伦理的方面都形成了生态伦理的实际内容，比如维护生态系统的平衡与稳定、保持生物多样性、保护自然资源和生态环境、确立保护自然生态环境的道德品质与道德责任以及指导影响自然环境与生态平衡的活动等。生态伦理是人类伦理思维发展的新的阶段，确立生态伦理观念是人类伦理学史上的一次思想飞跃。生态伦理倡导对自然界的责任感和道义感，赋予自然界以爱的关注，以一系列的价值准则和基本规范，构建人与自然和谐共生的关系。生态伦理指出了人与人关系背后的人与自然的关系，要求规范和约束人类的行为，以道德伦理来调节人与自然之间的关系，学会尊重自然生态环境、善待自然生态环境，从而实现了由人际伦理、社会伦理向生态伦理这一思维上的转向。

需要注意的是，生态伦理是“人为自身立法”。生态伦理不仅仅是外在于人的普遍规范，也同时是人为自身提出的道德原则，是“他律”与“自律”的统一。如果生态伦理仅仅重视对人的行为加以限制和规约，即只是“他律”的要求，这固然能够为人提供在面对自然环境时什么该做、什么不该做的道德准则，也能够对人破坏自然的行为加以一定的约束，但它却是让人被动无奈地保护环境的做法，并不是真正对生态道德的尊崇与服从。人对于外在于自身的生态伦理的不服气，在现实中的表现就是人们在实际行动中无法自觉地遵循生态伦理规范。康德认为，道德必须是出于人为自身立法，是人的自由意志为人自身的行为制定普遍法则。人为自己确立道德法则才能担保人自愿执行道德规范，即是说，人所执行的道德法应当是自己给自己量身定制的伦理原则，如此人的道德行为才能够具有主动性与自觉性。因此，生态伦理的本质不仅仅是对人在自然面前的诸多行为设置种种界限，也不完全是出于对保护自然环境、关爱自然万物而强迫人所应承担的道德规范，更为主要的是，生态伦理应是与自然环境互为对象性存在的人，为自身的意志和行为制定的道德法则，是人在保护生态环境、与自然和谐共生的过程中实现关爱自然界之人性的必然要求。生态伦理在倡导“人应当对自然以仁爱”“人应当对自然讲道德”时要将被动的“要我环保”转变成为人自觉的“我要环保”，让人能够主动、自觉地承担生态道德责任，履行生态道德义务，而不是被动无奈地接受生态伦理。可见，生态伦理不是“人为自然立法”和“自然为人立法”，而应该是“人为自身立法”，这样才能确保人可以自觉自愿地对自然界讲道德，真正实现人与自然的共生共荣。

三、中国乡村生态伦理内涵

所谓中国乡村生态伦理，是以中国乡村中的人与自然关系为对象，研究人对乡村生态环境的道德规范与道德责任。明确“中国乡村生态伦理”的内涵，需要把握以下几点：

把握以中国乡村中的人与自然的关系为对象。中国乡村生态伦理研究的是乡村中的人与自然之间的道德关系，而非乡村社会内部人与人之间的道德关系。乡村中的人与社会的关系折射着乡村中的人与自然的关系，乡村中的人与自然的关系也折射着乡村中的人与社会的关系。由乡村中的人对待自然的态度和行为所决定的乡村中的人与自然的关系，之所以具有道德意义，亦即伦理关系，归根到底，是因为这一关系最终会对乡村中的人所处的社会现实生活产生影响，触及农民主体的利益。

把握乡村人对乡村自然的道德品质与责任。乡村自然环境是农民赖以生存和发展的物质基础和前提条件。自然界的完整性和稳定性，既包括自然环境的和谐美丽以及生物物种的生存与发展，也包括乡村人的生存与发展。农民应与自然保持和谐，不应为利益所驱使破坏自然界，也不应盲目地“开发利用”自然界。秉持开发利用自然的人道主义原则，要求农民不仅要以人道主义对待自身，也要以人道主义对待自然界，其中包括人道地对待自然资源、生态环境和各种动植物。损害自然环境就是损害农民自身，爱护自然环境就是爱护农民自身，拯救自然环境就是拯救农民自身。

把握协调乡村人与自然和谐共生。乡村中人与自然具有内在统一性，具体表现在：乡村自然环境表现为乡村中主体的对象性存在物，自然环境是人的无机身体。在乡村中，人与自然的关系不是单纯的改造和被改造、征服和被征服的关系，而是与自然融为一体、和谐相处、互动共生的关系。人以自然为本，就是人以自身为本；人对自然的敬畏，就是为了更好地实现乡村中人的自身利益；人保护自然生态，就是保护人自己，保护子孙后代的家园，保护整个乡村生态系统的完整性、稳定性和完美性。乡村中的人与自然之间是一个普遍联系的有机系统，是息息相通、命脉相系、融为一体的生命共同体。人与自然共生互帮，需求互补，在爱人与爱物中达到乡村人与自然的和睦相处、同生共在。

中国乡村生态伦理是中国乡村特征与生态伦理内涵特征的有机结合。作为调整和解决农民与自然关系行为准则和道德规范的乡村生态伦理，体现了农耕文明乡村的厚重底蕴。乡村是世代农民生产和生活的聚集地，承载着中华民族传统文化的精粹，体现着独特鲜明的农村特色，凝结着历史的记忆，反映着文明的进步，已成为一个地区乃至国家经济社会现代化程度的重要标志。千百年来，中国农民形成了共同的价值取向和宝贵的精神财富，构成了中华优秀传统农耕文化的内核，就是“天人合一”，这体现出亲近自然、尊敬自然、顺应自然的理念以及对农业节令与时序的把握和利用。同时，中国乡村生态伦理还体现了生态伦理关于人与自然生态系统关系中的道德关系。生态伦理主张把道德关怀扩展到人之外的各种非人存在物，反映人与自然、人与人之间最本质、最普遍的道德关系，体现一定的社会整体对人们的道德要求。秉持生态道德的信念并用以指导和制约人们的行为，是一种全新的伦理价值观。立足于广袤肥沃大地的乡村生态伦理，要形成体现农民保护生态环境的道德要求的基本道德规范，既要“突出中国乡村特征”，即把乡村丰厚底蕴、传统智慧、优秀文化、道德理念等一切精华保留和继承下来，并使之发扬光大；也要“体现生态伦理内涵特征”，即吸收生态伦理中一切合理的伦理原则、伦理要求、伦理理念、伦理追求为乡村生态伦理所用，把关爱的对象扩展到乡村自然界，促使农民道德地对待自然界，促进乡村生态伦理研究深入开展。乡村生态伦理是融民族特色、理论特色、实践特色、时代特色于一体的生态伦理，不仅体现了中国乡村特征，还根据生态伦理内涵要求赋予其鲜明的中国乡村特色，它们相互影响、相互作用、相互融合。

中国乡村生态伦理是人类中心主义与非人类中心主义的统一。在对全球生态危机反思的过程中，人类中心主义和非人类中心主义这两种生态伦理观得以产生。人类中心主义主张，“人是万物的尺度”，自然界的主人是人，宇宙的“中心”是人，自然界存在的价值不过是充当人的手段和工具。非人类中心主义主张，自然的价值高于人的价值，为了保护自然不惜损害人的利益。这种观点使人降格为自然的奴仆。人类中心主义和非人类中心主义的主张都存在严重的不足。二者的“中心”尽管各异，但其理念是相同的。要么人是“中心”，自然被“边缘化”；要么自然是“中心”，人被“边缘化”。中国乡村生态伦理既不是人类中心主义，又不是非人类中心主义，是两种生态伦理观的统一。具体而言，中国乡村生态伦理在人与自然和谐统一价值观的基础上，既汲取自然具有内在价值的思想，承认自然不仅具有工具价值，也具有内在价值；又汲取人具有主体地位的思想，尊重和发挥农民的主体价值，以发展的观点解决乡村环境、经济等领域的问题，探索乡村新的发展道路，促进乡村中农民与自然、农民与农民之间的和谐共生、协调发展。

中国乡村生态伦理是农民价值和乡村自然环境价值的统一。我国是农业大国。作为农业生产活动的主体，农民是创造主体与价值主体的统一。创造主体是指农民通过实践创造，把需要的对象不断地创造出来。价值主体是指农民作为主体通过自身的实践活动使主体的价值目标对象化，使对象发生合目的性、合规律性的变化，从而使农民的主体力量得到确证。一般来讲，乡村自然环境具有三种价值：工具性价值，即“被用来当作实现某一目的的手段的事物”；内在价值，即“那些能在自身中发现价值而无须借助其他参考物的事物”，乡村自然环境中的生物、植被、土壤等都有其自身所固有的价值属性；系统价值，即价值的生产者具有创造有机个体生命、维护生命多样性的根本性能。一方面，中国乡村生态伦理体现了农民价值的要求，强调要发挥好农民主体性，在利用自然环境获取自然资源、满足自身利益的同时，也要尊重自然、保护自然，对自然负责；另一方面，体现了乡村自然环境价值的要求，强调要正确认识自然界的价值，把乡村自然环境置于农民生存与发展的物质基础和前提条件来对待。农民与乡村自然环境是一个有机的整体。农民要在自然环境之中求得生存与发展，就应与自然环境保持和谐，不应盲目地对自然进行"开发利用"，也不应为自身利益所驱使而对自然环境造成破坏。农民在生产实践中真正贯彻了"对自然负责"的原则，才是农民作为财富创造者的价值体现。

中国乡村生态伦理是农民对自然的权利与义务的统一。农民生活在大自然之中，作为大自然的一分子，拥有利用自然、改造自然、在自然中求得生存与发展的权利，其伦理价值在于对正当利益的保护。与自身所享有的权利相对应，农民也拥有保护自然的责任和义务，通过对自然赋予道德权利，实现自我利益的让渡和奉献，其伦理价值在于为人们共同利益的实现提供基础和保障。农民与自然是一个完整的统一体，二者构成了道德共同体的对象。农民对自然的权利与义务不是孤立的，而是相互联系、相互作用的，任何一方的实现，都要以对方为基础和前提；不存在没有权利的义务，也不存在不履行义务的权利。农民对自然的权利和义务的统一，需要农民在内心中具有强烈的理念认同，在思想上树立明确的主动意识，真正以内在的思想和理念指导自身实践，才能真正认识自然、尊重自然、保护自然，像对待生命一样对待生态环境，自觉维护自然界的完整性，防止过度开发利用自然，防止生态破坏、资源浪费等问题的出现，促进未来的可持续发展，真正以道德自律履行好自身所承担的责任。农民的生存与发展正是在自身对自然的权利和义务的对立统一中实现的。

四、中国乡村生态伦理的特征与原则

（一）乡村生态伦理的特征

作为当代农民最基本的生态价值取向和生态行为准则，中国乡村生态伦理在于提高农民的生态自觉，倡导人与自然和谐共生的价值理念，维护和促进乡村生态系统的完整和稳定，引导和激励农民以绿色发展为引领实现乡村振兴。它具有以下几个特征：

和谐共生性。生态伦理的本质是处理好人与自然之间的利益关系。人与自然和谐共生是超越与扬弃天人不分与天人二元对立之后的、符合生态文明的内在要求的生态理念。乡村生态伦理指引人与自然在乡土实践中和谐共生，它以维护人、自然、社会之间持续繁荣、和谐发展为原则，兼顾个人生态利益与集体生态利益、局部生态利益与整体生态利益、当前生态利益与长远生态利益的关系，顺应生态发展规律，合理开发利用乡村自然资源，把乡村改造自然的力度限制在自然生态平衡所允许的范围内，推动乡村粗放型发展方式和生活方式的转变，不断改善和优化乡村的人居环境，确保人与自然的和谐共生和永续发展。农民要想满足自身美好生活的需要，必须要与乡村生态环境共荣共存。自然界是对象性的人，人与自然是一个整体，二者不可分离。一旦割裂了人与自然的关系，就无法保证人的生存与发展，更让人的幸福生活变成无源之水、无本之木而化为泡影。“人与自然界是相互作用的：人类把自然界视为目的，自然界也将人类视为目的；人类怎样对待自然界，自然界就怎样对待人类。人类为自然界而存在，自然界也为人类而存在；如果人类片面追求自然界为人而存在，而自己却不为自然界而存在，结果是自然界也不为人类而存在。人类破坏自然界的存在，自然界就以生态危机的形式威胁人类的存在。在人与自然界的这种辩证关系中，人是主要的方面。人类对自然界的善与恶直接影响自然界对人类的善与恶，即自然界对人类的善恶完全依赖于人类对自然界的善恶。”①农民为了维持自身的生存与发展，需要以谦卑、恭敬的态度对待自然界，促使乡村自然生态环境的平衡与稳定，这样才能够保证乡村经济社会的可持续发展，农民的幸福美好生活也才能在与乡村自然环境的和谐共生中得以实现。

引领示范性。构建中国乡村生态伦理的根本宗旨是引导广大农民具有高尚的生态道德。道德具有引领示范、激励人向善的作用。道德可以通过外在于人的评价、舆论、风俗、习惯等，以及内在于人的心中的责任感、荣誉感、成就感等，形成一股激发人积极向上的精神力量。伦理道德不仅是对于现实生活

① 曹孟勤：《人性与自然：生态伦理哲学基础反思》，南京师范大学出版社 2004 年版，第 318 页。

中道德状况的反映，同时也体现应然规范的追求。因此，伦理道德蕴含着理想道德规范的成分，可以引导人们以恰当的方式达成美好生活目标。乡村生态伦理同样具有引领农民实现美好生活的特征。乡村生态伦理的引领示范性主要表现在：启迪农民的思想意识和道德观念，营造尊重自然、顺应自然、保护自然的良好氛围，促进乡村社会伦理道德的共同进步；引领农民的伦理行为和道德实践，倡导遵守生态伦理的基本价值准则和行为规范，自觉将生态伦理的价值认同体现在日常生活和社会交往中，积极转变发展方式和生活方式，倡导绿色、低碳、环保，崇尚自然、简朴、节约，做到节能低碳、节约资源、保护环境，形成与市场经济相适应、与传统美德相承接的新型生态化的发展方式和生活方式。

普遍约束性。由于自然资源和生态环境面临诸多的突出问题，具有严峻的现实紧迫性，乡村生态伦理不但要有激励和鞭策，而且要有规范和执行，带有普遍的约束力。中国乡村生态伦理就是要鲜明地规范和约束破坏乡村环境的行为，告诫乡村的主体在从事生产与建设中不能再掠夺性地开发自然资源，不能再以破坏自然生态环境为代价来发展乡村经济。乡村中的主体必须要遵循乡村生态伦理规范的要求，用理性控制自己的各种非理性的破坏环境的欲望和行为，有节制地开发和利用乡村的自然资源，履行作为乡村共同体中个体的生态道德职责。乡村中的农民作为感性的生命有机体，乡村自然环境是其赖以生存的物质基础和前提条件，这就决定了农民具有依附于乡村自然环境的特性。然而乡村自然资源和生活条件是有限的，不是取之不尽、用之不竭的，不能被农民自由地摄取。这就需要乡村生态伦理以道德的约束力来规范农民为获取财富所采取的占有形式与满足方式，避免因农民的感性欲望、利己之心而发生的伤害行为。

注重实践性。生态伦理学本质上是一门应用伦理学。它所主张的价值理念、道德境界、行为准则和伦理规范，正不断地渗透到社会政治、经济、科学技术和文化生活的各个领域。乡村生态伦理要求乡村以绿色、循环、低碳的生态理念推动经济发展，以可持续的发展方式开发、利用和保护土地、森林、河流、矿产以及其他自然资源，公正、平等地分配生态资源和社会资源。它要求农民增强环境意识和生态道德，树立科学的资源观、消费观、发展观，尊重生命和自然界，崇尚适度消费、绿色消费和公正消费，促进人与自然关系的协调。因此，乡村生态伦理不能是停留在书斋里的道德学说，而应从理论走向实践，逐渐渗透到乡村中人们的实际行动中。乡村生态伦理与乡村实践密切结合，就可以推动乡村生产方式、生活方式和消费方式的变革，成为改造农民的世界观、推动乡村实施可持续发展战略实践的积极力量。乡村生态伦理研究不应是脱离乡村社会现实的抽象性研究，而应从乡村现实中的农民和乡土社会的生产生活实际出发进行生态伦理建设。马克思和恩格斯创立的历史唯物主义认为，历史唯物主义的研究立场是从现实的人的实际活动和物质生产出发，而不是只存在于人们头脑之中的纯粹想象。历史唯物主义之所以坚持从现实出发而不是从观念出发，是因为人们的道德、思想、意识、精神等观念性的东西归根结底来源于人们的现实生活实际，“是直接与人们的物质活动，与人们的物质交往，与现实生活的语言交织在一起的”[①]。就乡村生态伦理来讲，农民的道德意识和价值观念也是基于农民的生产、生活与消费的日常实践，乡村生态伦理研究不能脱离农民的实践去空谈人与自然的道德关系，而应从乡村的生态系统和社会群体出发，紧紧扎根于农民乡土实践之中，着力解决乡村现实中的生态困境。从这一点来讲，乡村生态伦理研究并不是一个纯粹的理论问题，而是一个鲜活的实践问题。

社会利益优先性。工业文明时期，以工业逻辑为主导的发展方式，片面追求个体的经济效益，而置整体的生态效益和社会效益于不顾，给生态环境带来了严重的破坏，也给社会带来了不公正。生态文明是对于工业文明的扬弃，就必然是对工业文明注重局部和短期利益、忽视整体和长远利益的发展逻辑的扬弃。乡村生态伦理主张，农民个人利益的获取必须以满足乡村社会全体成员的需求为前提，也必须按照自然规律来能动地改造自然，在合理的范围内把握自身的行为尺度。乡村生态伦理的社会利益优先性主要表现在：在利益取向上，社会善价值（即有助于社会正常运行的价值）优先于个人善价值（即有助于个人追求的价值），生态系统价值优先于有机体价值；在利益取舍上，乡村整体利益优先于农民个人利益。我国是社会主义国家，集体主义原则是社会主义的核心道德原则，它要求社会成员在选择一种生活方式时必须考虑到其他社会成员以及国家社会和集体的利益，当个人利益和集体利益相冲突时应该

① 《马克思恩格斯文集》第1卷，人民出版社2009年版，第524页。

优先考虑集体利益。就乡村而言，在农民个人生态利益与社会集体生态利益发生冲突时，农民应优先满足社会和集体的利益。应当看到，我国正处于社会主义初级阶段，广大农民日益增长的生态需求和生态权益诉求受到乡村社会生产的种种制约，在一定程度上还不能充分满足所有农民的生态利益。农民个人生态利益的满足受到社会发展程度的限制。在乡村生态伦理建设中，必须讲究集体主义原则，讲究社会利益优先，要求农民在追求个人生态利益时应与乡村社会发展程度相适应，充分考虑到乡村社会和集体的承受能力。

（二）乡村生态伦理的基本原则

中国乡村生态伦理是对乡村生态道德现象的哲学思考，它不仅包含着对乡村人与自然、人与人之间关系处理中的行为规范，而且也蕴含着依照一定原则来规范行为的深刻道理。它具有以下几项原则：

农民主体原则。乡村是农民的乡村，乡村是农民的家园。在构建乡村生态伦理的过程中必须坚持农民主体地位，增强农民建设美丽乡村的内生主体力量。农民是建设乡村生态伦理以及相关具体事务最重要的利益相关者和建设者，乡村生态伦理的构建不能没有农民的参与，同时也离不开党组织和村干部的领导与管理。乡村生态伦理要求以农民为中心，激发广大农民群众建设美丽家园的自主性，使其参与到乡村振兴中来，共建美好家园，共享发展成果。乡村生态伦理必须要坚持从群众中来到群众中去，倾听农民们关于乡村生态文明和生态伦理建设的意见，从群众中汲取智慧与力量，引导群众在生态伦理建设中主动参与、管理和行动，尊重他们的话语权和发展能力，尊重农民意愿，发挥农民在乡村生态文明建设中的主体作用，调动广大农民的积极性、主动性、创造性，把农民对美好生活的向往、促进农民共同富裕作为出发点和落脚点，提升农民的获得感、满足感、幸福感。就人及其所处的社会来讲，人是最为重要的。社会的发展归根结底是为了人的发展，人始终是社会的主体。社会的发展只是实现人之发展的手段，满足人的需要、实现人的发展才是社会发展的根本目的。马克思始终把人的发展作为社会进步的根本遵循。在《〈黑格尔法哲学批判〉导言》中，马克思提出了“人是人的最高本质”①这一命题，其实质

① 《马克思恩格斯文集》第1卷，人民出版社2009年版，第18页。

就是指出，人是人类一切行为的最高原因和最高目的，是衡量一切事物的基本标准。在《政治经济学批判大纲》里，马克思论述了逻辑分析与历史考察之间的相互关系，并考察了社会进化规律，阐述了影响“现代化”进程的重要因素，包括科技在生产中的应用、时间的节约及其意义，但是落脚点还是在人的全面素质的提高。马克思、恩格斯还指出，人的全面发展对劳动生产力和整个社会的发展具有巨大的作用，并且在一定的条件下和一定的时期里是物质生产力能否进一步大发展的决定因素。他们还强调，人的完整与发展关系到物质生产力水平，“真正的财富就是所有个人的发达的生产力”①。社会发展需要生产力的发展，但是发展生产力只是手段，而满足人的需要、实现人的发展才是根本目的。在马克思的现代化视域中，社会现代化的终极目标是实现人的现代化和全面解放。现代化以作为社会主体的人与其自由发展相适应的社会制度和社会结构中，直接占有劳动成果并按照自己的利益和意志从事生产力的发展，主动、充分地发挥其创造现代社会的功能为目标。也就是说，马克思为我们构想和论述的现代化，是人的现代化，也只有实现了人的现代化才能有社会的现代化。就乡村而言，乡村建设、乡村发展、乡村振兴、乡村生态文明建设都应当以农民为主体。一旦失去了农民的主体地位，所有围绕乡村的事情都失去了实际意义。

保护自然原则。保护环境是生态伦理学中一项最重要的道德要求。在词源学上，保护就是照看、护卫，使保护对象不受伤害。保护环境就是要保护好地球维持生命的条件，使地球生物圈完整、健康、稳定，使它朝着人与自然互惠共生、协同进化的方向发展。地球只有一个，它属于全人类，属于我们的子孙后代。保护自然环境，就是保护我们人类自己。当前，自然环境问题已经日益严重影响到了人类的生存和发展。保护自然、拯救地球已经成为人类社会最普遍、最急迫的期盼，保护自然、拯救地球就是保护人类自己，就是保护人类未来的呼声，已经深入人们政治、经济、文化等生活的方方面面。在这样的历史背景下，从思想认识上更进一步加深对保护自然的认识，努力提高人们的环境保护意识，使保护生态、保护环境变成人们的自觉行动，是人类在新的时期保护自然、保护地球的首要任务之一。就乡村来讲，人是乡村生态共同体中的一

① 《马克思恩格斯文集》第8卷，人民出版社2009年版，第200页。

个成员，处于乡村生命大家庭之中，人在乡村中从事生产和生活就必须要向自然环境索取氧气、粮食、淡水、能源等维持生命的物质。保护乡村自然环境是所有乡村主体的道德责任和共同职责，必须牢固树立保护自然的理念，自觉增强环境保护意识，严守乡村生态保护红线，防止乱砍滥伐、毁林开荒、排放污水、乱倒垃圾等破坏自然环境现象，促进乡村中人与自然、人与人的和谐发展。

地域差异原则。乡村生态伦理研究面对的是一个复杂的对象，其中最为突出的一点是，中国不同地域的乡村具有很大的地区差异性。从地域上说，中国幅员辽阔，面积广大，既有平原乡村、山区乡村，又有水乡、牧乡；从发展水平上说，既有东部经济发达乡村，又有中部正在崛起的乡村，还有西部欠发达的乡村；从生产活动上说，既有农作物生产为主的乡村，又有农场化生产为主的乡村，还有乡镇工业为主的乡村；从人员构成上说，既有以汉族人口为主的乡村，又有少数民族人口聚集的乡村。因此，中国乡村生态伦理研究既要从普适性上关注农民的经济生产和社会生活，形成普遍的生态伦理规范，又要根据不同的特定对象，进行富有针对性的研究。比如，通过对乡村水资源污染、土壤资源污染、畜牧养殖污染、矿产资源破坏、森林资源乱砍滥伐等行为进行反思，因地制宜地制定生态伦理规范，做到具体问题具体分析。“不论研究何种矛盾的特殊性——各个物质运动形式的矛盾，各个运动形式在各个发展过程中的矛盾，各个发展过程的矛盾的各个方面，各个发展过程在其各个发展阶段上的矛盾以及各个发展阶段上的矛盾的各方面，研究所有这些矛盾的特性，都不能带主观随意性，都必须对它们实行具体的分析。离开具体的分析，就不能认识任何矛盾的特性。”①毛泽东同志关于矛盾特殊性的论述，对于我们把握乡村生态伦理的地域差异原则，具有重要的指导意义。我国面积广大、地域辽阔，乡村千姿百态、千差万别，我们在乡村生态伦理研究中应当充分考虑不同乡村之间的地域差异性，对于不同种类的乡村，特别是东部、中部、西部的乡村应当区别对待，进行具体分析，而不应一概而论。

可持续发展原则。可持续发展是对人类命运的终极关怀，寓意在于发展要有限度，既要满足当代人的需求，又不能对后代人满足其需求的能力构成危害的发展。可持续发展主要包括“三个可持续”：生态可持续，即维持健康、和

① 《毛泽东选集》第1卷，人民出版社1991年版，第317页。

谐的自然生态过程,保持自然资源的永续利用和良好的生态环境;经济可持续,即在保护自然资源和环境的前提下,保持经济的稳定增长;社会可持续,即满足社会的基本需要,保证同代人之间、代际之间在资源和收入上的公平分配。可以说,经济可持续发展是最重要的,生态可持续发展是在经济可持续发展中实现的。生态可持续发展又是经济与社会可持续发展的基础,生态与经济可持续发展为社会可持续发展提供保障。可持续发展的思想是在环境问题危及人们的生存和发展,传统的生产方式、生活方式、消费方式严重地制约了经济发展和社会进步的背景下产生的。现阶段,坚持走可持续发展道路,有利于推动经济增长方式由粗放型向集约型转变,使经济发展与人口、资源、环境相协调,促进生态效益、经济效益和社会效益相统一;有利于保持国民经济持续、稳定、健康发展,从物质资源推动型的发展转向非物质资源或科技知识推动型的发展,提高人民的生活水平和质量;有利于从注重眼前利益、局部利益的发展转向注重长期利益、整体利益的发展,节约资源,保护环境,实现经济和社会的良性循环。前些年,乡村经济采取以高速增长为主要目标的发展模式,一方面使生产力得到了很大的提高,社会物质财富也得到了增加,但另一方面也造成了自然资源的过度开发和消耗,污染物大量排放,导致资源短缺、环境污染和生态破坏。对此,乡村生态伦理应倡导加快经济发展模式的转变,走可持续发展的道路,推动形成节约资源和保护环境的空间格局、产业结构、生产方式、生活方式,推进资源全面节约和循环利用,这既是保护自然生态环境的客观要求,也是推动乡村经济持续、健康、稳定发展的实际需要。

简约适度原则。西方发达国家在20世纪70年代兴起了消费主义,其突出特点是不断地追求难于彻底满足的欲望。正如丹尼尔·贝尔所说:"资产阶级社会与众不同的特征是,它所要满足的不是需要,而是欲求,欲求超过了生理本能,进入心理层次,因而它是无限的要求。"①消费主义进入到现实生活中变成了享乐主义,把感官享受作为幸福的标准。"幸福就是消费更新和更好的商品,饮下音乐、电影、娱乐、性欲、酒和香烟。"②就乡村而言,大量盛行的消费

① [美]丹尼尔·贝尔:《资本主义文化矛盾》,赵一凡等译,生活·读书·新知三联书店1989年版,第68页。

② [美]弗洛姆:《健全的社会》,欧阳谦译,中国文联出版公司1988年版,第366页。

主义同样造成了乡村中人与环境以及人与人的对立，影响了乡村社会发展的可持续性。现阶段，确立适度简约的原则，对于保护自然生态环境，节约能源资源，促进乡村人与自然和谐共生，推动乡村经济社会健康发展具有重要意义。党的十九大报告指出：倡导简约适度、绿色低碳的生活方式，反对奢侈浪费和不合理消费。所谓简约，就是简单、不烦琐；所谓适度，就是适合要求的程度、适当。简约适度强调的是简洁明快、适合要求，这一生活理念一经与我国优秀传统文化中的崇尚节俭、反对浪费的生活理念相结合，就返本开新出一种极具生态文明要求、值得在新的时代背景下积极倡导的国民生活方式，形成契合建设美丽中国的生活态度和生活秩序。乡村简约适度的生活和消费伦理原则，同样契合于呼吸乡村清新空气、感受乡间节奏生活、享受鸡鸣犬吠乡土韵味的要求。在乡村的生产、生活和消费中，乡村生态伦理积极倡导乡村主体树立社会主义生态文明观，增强保护自然、保护生态、保护环境的理念，践行绿色消费，杜绝环境污染，推进资源全面节约和循环利用，反对奢侈浪费和不合理消费，共建天蓝、地绿、水清、空气好的美好家园，推动形成人与自然和谐发展的新格局。

农产品无害化原则。当前，在一些乡村地区，秸秆焚烧、养殖场的粪污乱排、农药化肥等过量施用等污染现象还比较普遍，农产品质量安全问题仍旧突出，严重影响了城乡居民的生产、生活和身体健康，农产品无害化处理已到了刻不容缓的地步。农产品无害化是指农业生产的农产品绿色、有机、纯天然，对人的身体健康无毒副作用。无公害农产品是实现绿色产品工程最基本的材料资源，也是保证农业生态环境和城乡居民生存环境的重要内容。乡村生态伦理要倡导乡村主体提高环保意识，增强环保责任，加强环境监督，维护公众合法环境权益，切实把农产品无害化放在突出位置，采取有效措施认真加以解决，不断改善群众的生存环境和提高生活质量，推动农业可持续发展。

第二节
中国乡村生态伦理的内容

乡村传统文明向乡村生态文明的转变，是以农民为根本的价值取向向以农民与自然和谐共生为根本的价值取向的转变，既是一场新的文明革命，又是一场涉及思想意识、价值理念、道德观念的变革。乡村生态伦理以研究乡村人与自然的伦理关系为基本问题，包含乡村经济可持续发展、乡村生态道德规范、乡村生态伦理的主体伦理、乡村生态伦理的制度建设、乡村生态伦理的文化建设五个方面。

一、乡村经济可持续发展

乡村经济发展与乡村环境保护问题以及乡村社会生产的经济效益与生态效益问题，是中国乡村生态伦理研究的重要问题。考察乡村经济发展应当拥有生态可持续的考量，这既是中国乡村经济发生现实困境的根源所在，也是乡村生态伦理研究的重要基础。当前，中国乡村经济发展不足与经济发展不当的现实困境，在于“绿水青山”与“金山银山”在乡村中存在着内在张力。乡村经济可持续发展，是指以绿色发展引领乡村产业振兴，在保护自然环境的前提下，把经济发展的净利益提高到最大限度。乡村经济可持续发展模式，实质上是现代生态经济发展模式，也是最合理的发展模式。它要求在自然环境圈、生物系统圈、经济社会圈等不同层次中达到自然生态与经济社会的相互和谐和可持续发展，使生产、生活、消费、流通都符合融合协调、可持续发展的要求，在产业发展上建立生态农业、生态工业和生态服务业，在自然资源和生态环境上建立保护自然环境、维护生态系统平衡与稳定的发展模式。

乡村生态伦理研究是要从生态哲学的角度，从根源上去观察和认识乡村生态文明建设与乡村经济发展之间的矛盾，找出两者的内在张力，推动乡村经济发展与环境保护、乡村社会生产的经济效益、社会效益与生态效益达到统一。现阶段，乡村走经济可持续发展之路，有利于促进经济增长方式由粗放型向集约型转变，推动从物质资源推动型的发展转向非物质资源或信息资源推动型的发展，实现生态效益、经济效益和社会效益相统一；有利于保持经济持续、稳定、健康发展，使经济发展与人口、资源、环境相协调，不断提高人民群众的生活水平；有利于保护自然环境，维持生态系统平衡，节约资源能源，提高资源利用效率，减少资源浪费。乡村的绿水青山是满足人们生态需要、发展经济的最大载体，也是乡村的最大优势。新时代，乡村的生态环境就是生产力，守住了绿水青山就守住了乡村的先进生产力。在乡村生态伦理的视域下，乡村的生态效益即经济效益，乡村社会生产以生态效益为引领可以真正实现经济效益、社会效益和生态效益的有机统一。

二、乡村生态道德规范

生态文明新时代，乡村生态道德规范主要有三个方面：

（一）明确乡村生态主体的道德责任

土地是农民赖以生存之根本。明确乡村生态主体的道德责任，也就是明确农民之于土地的责任。农民为了自身的生存与发展，需要尊重土地、养育土地、守护土地，看护好乡村的绿水青山，保持乡村自然生态系统的平衡与稳定，履行好作为乡村生态主体的道德责任。具体包括如下几点：

农民具有尊重土地的道德责任。土地是农民的"命根子"，是其生存权益最集中的体现。对于农民来讲，土地的生态价值不仅意味着环境价值，更意味着生存价值、发展价值。农民为了自身的生存，需要尊重脚下的土地，尊重土地的习性和自然规律，以谦卑和恭敬的态度对待生养自己的这块土地。

农民具有养育土地的道德责任。农民为了获取生产与生活的基本资料，为了自身的生息和繁衍，就要依赖于自己的"生命之根"。在耕作的过程中，农民将自己的辛勤劳动赋予田地，对田地倍加养育，田地将各种农产品回报于农民。农民对乡村田野大地、山川河流、花草树木这些生存之根的存在物加以养育，才能确保他们赖以生存和发展的家园得以维系。

农民具有守护土地的道德责任。作为以农业耕种活动为职业的农民，不仅需要生息繁衍的大地以及与千姿百态的动植物相伴等自然条件和生态环境，也需要天蓝、地沃、山绿、水清、环境美的生态环境，既确保土地保值增值，又提升自己的幸福感、愉悦感和满足感。为此，农民需要尽好守土之责，尊崇好、养育好、守护好脚下的土地，履行生态主体道德责任，防止土地肥力下降，做到守土有责、守土尽责。

（二）塑造农民的生态美德

农民在乡村的日常生活包含生产、生活和消费三个基本层面。因此塑造农民的生态美德，包括构建乡村生产生态伦理、生活生态伦理和乡村消费生态伦理三个维度，以此促进乡村生产方式、生活方式和消费方式的绿色转型。具体包括如下几点：

构建乡村生产生态伦理。生态生产是实现生产的生态化和产品的生态化。乡村生产生态伦理是以农民与自然的和谐发展为价值目标，以乡村经济可持续发展为价值取向，以践行绿色低碳循环的生态生产方式为价值追求，让良好的生态环境成为乡村经济社会发展的支撑点，体现了人本价值、经济价值与生态价值的统一。

树立乡村生活生态伦理。生态生活是一种健康、绿色、环保的生活行为，也是一种可持续、生态化的生活行为。乡村生活生态伦理确立“农民—社会—自然”生态系统协调发展的生活价值取向，寻求宁静生活，建设和谐生活，追求美丽生活，形成简约适度、绿色低碳的良好风气，使践行生态化的生活方式成为农民的自觉行动。

明确乡村消费生态伦理。生态消费是一种符合可持续发展要求的消费行为，亦是对人的消费行为的绿色化或生态化改造。乡村消费生态伦理倡导文明、节俭、科学的消费观念，提倡适度消费、公平消费、责任消费、合理消费、减量消费，反对过度消费、挥霍消费、攀比消费，促进形成“节约光荣，浪费可耻”的良好风尚。

（三）消除城乡生态非正义

乡村生态伦理建设与城乡发展关系密切。对乡村生态环境困境问题，在加强乡村环境保护的同时，也需要从正义的视角审视城乡关系。正义的本质是得其所应得。基于正义的视角，城乡在发展过程中出现的城市为了自身的发展而忽视、损害以至于剥夺乡村的现象，没有体现城乡发展的得其所应得之正义。可以讲，城市对于目前乡村的生态困境负有无法推卸的直接责任。构建中国乡村生态伦理，解决目前乡村生态环境问题，需要对城乡生态正义问题展开研究。现阶段，城市将污染源向乡村转移，造成城市发展以破坏乡村环境为代价的现象，实质上是城乡发展之间自然资源分配不公平的问题，而这种自然资源分配的不公平、不均衡，就是在破坏社会公平正义。生态文明新时代，乡村应以其生态优势实现生态式振兴，这不仅可以改善乡村社会民生，提升农民的社会地位与道德尊严，使其获得与市民相平等的对待，也意味着城乡之间生态非正义的解除。而以乡村生态伦理理念、市场经济观念和高科技手段武装起来的农民，将是传统、保守小农的终结者，成为生态文明时代和生态生产力的引领者。以城乡生态正义所指向的价值判断，新时代下的城乡融合发展道路，不应是消灭乡村的西方城市化发展道路，而应该是在公平正义的前提下，充分发扬乡村的生态优势，大力促进乡村生态振兴，实现城市与乡村均衡协调、有效互动、各具特色的共荣共生。

三、乡村生态伦理的主体伦理

乡村是农民的乡村，农民是乡村的主体，乡村的任何建设都应以农民为中心。然而，在蓬勃发展的农村生态文明建设中，却出现了农民纷纷逃离家乡的现象，这使农村生态文明建设因主体流失而面临困境。农民大量逃离乡村的背后，其根源在于农民最为根本的主体性价值满足缺失这一伦理问题，亦即农民“本体性价值满足”和“社会性价值满足”同时缺失的困境。只有满足农民的主体价值，让农民成为令人羡慕的职业，才能确保农民以极大的热情投身于乡村振兴和生态文明建设之中。为此，需要以生态伦理为依托，让农民能够以成为农民而自豪。让农民以成为农民而自豪，首先需要让农民以成为社会的主体而自豪。乡村生态伦理引导农民尊重自然、顺应自然、保护自然，构建生态的生产方式、生活方式和消费方式，这将使农民在人与自然、人与人的和谐相处中获得内心的愉悦感和快乐感，获得较高的本体性价值满足。而拥有生态生产方式、生态生活方式和生态消费方式的乡村，必将成为城市人竞相追逐本体性价值满足的地方。届时，乡村的地位将会高于城市，“农村人”将不再是贫穷和落后的代名词，而是让农民对自身的职业拥有充分的认同感和光荣感，让他们为自己农民的职业和身份而感到自豪和骄傲。随着生态文明时代的到来，乡村引领生态文明发展、农民因成为乡村生态文明建设主体而令人羡慕的新的伦理价值观念也将到来。新时代，绿水青山普遍受到人们的青睐和追捧，美丽自然环境必定成为人们追求美好生活的理想场所。当农民内化了生态伦理规范，把乡村建设成为绿水青山时，金山银山必定涌入农民的怀抱。农民有了金山银山，有了对乡村主体地位的认同，他们就不会再逃离家园，而是以主人的姿态积极投入到乡村生态文明建设之中。此外，在乡村生态伦理的引导与激励下，农民还能够为自身的优良品质而感到自豪。一个真正的农民，应是内化了生态伦理的农民，能够明晰人和自然的关系、人和社会的关系以及人与人的关系，也具有生态道德意志、生态道德信念、生态道德情感、生态道德行为、生态道德觉悟，能够因自身优良的道德品质而获得较高的地位，赢得社会的认同和敬重。

四、乡村生态伦理的制度建设

乡村生态伦理建设是理念、制度和行为的综合，它通过理念指引制度设计，通过制度规范实践行为，从而构成一个完整的体系。制度是人类社会最基本的社会道德规范，是人们在社会实践中形成的、人与人之间社会关系的具体体现，它在规范人的行为和协调社会关系方面发挥着重要作用。制度有广义和狭义之分，广义的制度指社会制度，狭义的制度指社会生活中的各项规章、规则和法律等规范体系。从根本意义上讲，人的存在与制度的存在是内在统一的。在现实的社会生活当中，制度越健全，社会生活的规范化程度就越高，社会生活的有序性就越强，体现在制度规范中的公共意志就越能够得到人们自觉地遵守。目前，乡村生态伦理制度建设还比较落后，这不利于其在实际运用过程中形成规范效应。国家将“五位一体”总体布局之一的生态文明建设、新时代坚持和发展中国特色社会主义基本方略之一的坚持人与自然和谐共生、新发展理念之一的绿色发展理念、三大攻坚战之一的污染防治以及乡村振兴战略，提高到国家发展全局和经济社会发展制度方略的高度，依靠国家行政力推动这五项任务的落实。这五项任务为乡村生态伦理建设提供了强大动力和重要载体，也为乡村生态伦理制度建设落到实处、取得实效提供了有力支撑。对此，加强乡村生态伦理制度建设，应以绿色发展为引领，加快推进体制机制创新，不断完善规章制度，构建乡村绿色发展考核体系，以生态统领整个考核体系，促进新发展理念的贯彻，落实高质量发展的要求，推动“生态立乡”“生态立村”绿色发展；健全乡村生态环境保护规定，保护乡村自然生态环境，解决发展中遇到的现实或潜在的生态环境问题，保障乡村经济社会的可持续发展；推行农业产业绿色化保障制度，在促进农业产业发展、增加农户收入的同时保护生态环境、保证农产品绿色无污染；实施乡村生态环境补偿机制，综合运用行政和市场手段，调整生态环境保护和建设相关各方之间的利益关系，使乡村生态伦理制度建设成为推进乡村生态文明建设的重要导向和约束内容，充分发挥乡村生态伦理制度在美丽乡村建设上的保障与促进作用。

五、乡村生态伦理的文化建设

不同于社会制度对道德的硬性约束力，文化对道德起柔性的约束作用，以春风化雨般的“润物细无声”对道德产生影响。千百年来，广袤的中国乡土大地上产生了深深地扎根在农民生产生活中的悠久而又厚重的乡村文化，对中国农民的伦理道德产生了深远的影响。新时代，建设乡村生态伦理，要构建以崇尚自然、保护环境、促进资源永续利用为特征的乡村生态文化，凝聚农民在生产活动实践中的生态价值取向和生态价值追求。乡村生态文化能够指引农民在生产活动实践中的正确价值取向，使得生态伦理所体现的思想、观念、意识渗透进农民的内心深处。营造浓厚的乡村生态文化，可以促使农民树立人与自然和谐共生的环保意识，增强可持续发展的观念，积极倡导绿色消费，养成良好行为习惯，合理开发和利用资源，杜绝浪费和低效率现象，自觉将乡村生态要求内化于心、外化于行。乡村生态文化以社会舆论、风俗习惯、村规民约等载体，通过强化价值指引、增进情感认同、增强内心信念等方式，引导农民筑牢生态理念，提升生态意识，增强生态素质，提高生态自觉，形成以绿色发展为引领的思想观念、道德觉悟和行为方式，强化农民对生态环境的维护和治理，筑牢建设美丽乡村的主体担当，是促进农民树立人与自然和谐共生的环保意识的柔性约束力量。对此，建设乡村生态伦理要积极营造乡村生态文化的浓厚氛围，通过广播电视、报纸杂志、手机微信、互联网等媒体，以及举办专题讲座、研讨交流、成果展示、典型剖析、道德讲堂和印发宣传材料等形式，大力弘扬社会主义核心价值观和绿色发展理念，积极传播绿色食品、有机食品、无公害食品、绿色建材、生态建筑等生态物质文化以及生态信息、生态旅游、生态媒介等生态形式文化，以春风化雨、润物无声的方式，引导农民对土地、对生态、对环境讲道德、尊道德、守道德，不断释放农民群众在移风易俗中的主体性，实现良好家风、文明乡风、淳朴民风的潜移默化作用，为乡村生态伦理在乡村的生根发芽营造良好的生态文化环境。

第三节
中国乡村生态伦理的功能

伦理的功能，是指道德作为社会意识的特殊形态对于社会发展所具有的功效和能力。面对日益严重的乡村环境状况，要构建乡村中的人与自然和谐共生的关系、改善乡村人居环境、实现乡村的可持续发展，就应建立乡村生态伦理，为乡村绿色田野建立起生态保护的盾牌，充分发挥乡村生态伦理在协调人与自然、人与社会、人与人关系上的功能作用，推动乡村走上生产发展、生活富裕、生态良好的协调发展道路。

一、乡村生态伦理的规范功能

道德具有规范功能。道德的规范功能是指在正确善恶观的引领下，规范社会成员在工作生产领域、社会公共领域、家庭领域的行为，并规范个人品德的养成。道德的规范功能是道德的基本功能。从道德的特征来说，道德和法律一样，都是人类把握世界的特殊的实践观念，也就是通过规范人的行为发挥作用，只不过道德强调自律性，而法律强调他律性。道德的规范功能是对人的行为的规范和约束。柏拉图曾将人的欲望描绘似一匹性情暴烈的野马，任其冲动会不可收拾。因而，必须由技艺高超的骑手来驾驭，使其成为千里良驹。

弗洛伊德从精神分析角度，以超我、本我和自我的关系表达了相同的思想。在他看来，人的无意识冲动对行为具有支配作用，然而作为社会规范要求的超我则指导、限制与规范了人的本能自然冲动。尽管弗洛伊德认为人的本性是贪婪、侵略、欺骗，但他还是认为人需要过道德的生活，以抑制某种近乎兽性的本能冲动。乡村生态伦理的规范作用，一方面是通过内在的规范作用，评判和引导农民的精神信念和道德追求；另一方面是通过外在的规范作用，依靠和凭借传统风俗习惯与社会舆论影响，引导和约束农民的生态行为，唤醒他们的良知、羞耻感、内疚感，使他们知道不能做什么，只能做什么，从而实现善良行为的自觉实践。新时代，发挥乡村生态伦理的规范作用，可以引导农民树立正确的生态意识和生态道德，以符合生态文明要求的价值理念，协调和处理好乡村中人与自然的道德关系，规范人们在自然资源开采与利用中的环境行为，让农民向善避恶，维护乡村自然生态和环境美丽，促进乡村在实现乡村振兴中始终保护环境和维持生态平衡，避免乡村生态系统受到破坏。

乡村生态伦理对于农民行为的规范性不应建立在契约基础之上。然而，近现代规范伦理的基础是契约，规范伦理学属于契约伦理。“迄今为止的进步社会运动，乃是一个从身份到契约的运动。”[①]在自然经济条件下，人主要以家庭生活为主，人们限于血缘亲情、等级制度所规定的各种身份，如中国传统社会。进入现代社会之后，人们的社会空间充分扩展，开始逐渐进入公共领域。公共领域是陌生人社会，陌生人之间的交往不能再靠熟人的感情，而需要新的机制调节人与人之间的社会关系。为避免在陌生人社会中出现混乱的社会秩序，人们逐渐寻求到一种解决方法，即以社会契约作为社会中的道德规范，以维持人际和谐、保障社会的平等与自由。由此，契约成了近现代道德规范的哲学基础，道德规范依赖于契约，近现代道德规范也称为契约伦理。可以说，近代契约伦理思想就是在这种背景下产生并发展的。其中，最具代表的人物有霍布斯、洛克、卢梭与康德等人。

霍布斯是契约思想的重要阐述者。他的契约思想的出发点是人本质的恶性——这一他所谓的最原始的人性。霍布斯认为，人不是天生的守规矩的政

---

① ［美］E. 博登海默：《法理学：法律哲学与法律方法》，邓正来译，中国政法大学出版社 1998 年版，第 97 页。

治动物，人不过是按照自己的自然本性在率性而为，所以个体无法仅仅依靠自己的本性而营造一个有秩序的美好社会，彼此之间的杀戮、征伐、冲突和矛盾在所难免。所以，在霍布斯"悲惨""可怕"的自然状态预设下，人的生命的自我保全与维护、追求人生活的安定与和平就成了他的伦理价值的诉求。霍布斯的契约伦理思想认为，契约是一个强有力的力量来制约、限制人之欲求、贪念、恶性的存在，它能够使人们产生一种畏惧感，在权威力量的控制与规范下，人们必须自愿做到自觉地、主动地放弃一切事物的权利，由此才可避免"一切人对一切人的战争"。在霍布斯看来，达成契约之后，契约就是道德规范的根据。遵守契约就是正义的和道德的，违背契约即为非正义的和不道德的。

洛克的契约伦理思想不同于霍布斯的思想。洛克的社会契约论主要围绕"自由"的伦理思想，人民的自由权利只有通过订立契约来确立国家才能真正得以维系。洛克认为，人的自由必须要有理性伴随，没有理性就没有自由。"人的自由和依照他自己的意志来行动的自由，是以他具有理性为基础的，理性能教导他了解他用以支配自己行动的法律，并且使他知道他对自己的自由意志听从到什么程度。"①在近现代社会中，这种理性主要表现在以法律为主的契约关系之中。因此，洛克认为："哪里没有法律，哪里就不可能有自由。"②人们只有通过以法律为基础的契约才能获得真正的社会自由。可见，洛克的契约伦理思想是对人获得自由的行为的规范，只有规范才能保障人的自由得以实现。遵守契约就是保护自由的道德之善，不遵守契约就是破坏自由的道德之恶。

卢梭的契约伦理思想与霍布斯所假设的人与人之间都如同狼一般的自然状态不同。卢梭认为，人在自然状态的时候是美好的，那时的人们淳朴善良，依靠自爱心和怜悯心生活，没有邪恶的私有观念，更没有私有制，人与人平等和睦，过着幸福的生活，那是人类的黄金时代。但是人类返回自然状态已经绝无可能，那么应该怎样改造社会以及建立怎样的国家制度，才能恢复和保障人们丧失已久的自由和平等，才能实现政治伦理意义的"善"——平等前提下的"自由"呢？卢梭论述道："既然任何人对于自己的同类都没有任何天然的权

① ［英］洛克：《政府论》下册，叶启芳、瞿菊农译，商务印书馆2018年版，第39页。
② ［英］洛克：《政府论》下册，叶启芳、瞿菊农译，商务印书馆2018年版，第35页。

威，既然强力并不能产生任何权利，于是便只剩下来约定才可以成为人间一切合法权威的基础。”[①]在卢梭看来，订立契约就是树立一种天然的权威，这种权威是实现政治伦理意义的“善”——“平等前提下的‘自由’”的唯一选择。卢梭所谈的社会契约理论，仍然是人与人之间的规范。这种规范强制让每一个人让渡出“自然自由”给予共同体，每人再从这个共同体中获得社会契约所保证的社会自由。“要寻找出一种结合的形式，使它能以全部共同的力量来卫护和保障每个结合者的人身和财富，并且由于这一结合而使得每一个与全体相联合的个人又只不过是在服从其本人，并且仍然像以往一样地自由。”[②]为保障“平等前提下的‘自由’”，共同体中的所有人都要缔结契约，服从代表所有个人的整体“公意”，这样，让个人意志合乎“公意”，并通过“公意”伸张和实现个人意志。社会契约通过一切人将权利转让给一切人，契约取得了公共人格的资格，并保证人们获得了在自然状态下的一切平等与权利。卢梭的社会契约带给人们的自由称为“被公意所约束着的社会的自由”[③]，为了获得这种“社会的自由”，人们必须服从于“自己为自己规定的法律”[④]。此时，契约体现为一种公意的道德规范，遵守契约就是遵守公共的道德行为准则，违背契约就是在违背作为公共意志的道德规范。

康德的契约伦理思想主要是为公正、正义寻求依据与证明，是为国家本身的合法性作论证。国家就是为了保护好人们的自由、独立，免受一切外来侵害。用康德的话来说，契约是一种“理性观念”，而不是一个历史事件。契约在康德这里就成了一种道德标准与范式，成了道德律令，是理性的道德概念的体现。康德说：“道德律在人类那里是一个命令，它以定言的方式提出要求，因为这法则是无条件的；这样一个意志与这法则的关系就是以责任为名的从属性，它意味着对一个行动的某种强制，虽然只是由理性及其客观法则来强迫，而这行动因此就称之为义务……”[⑤]康德认为，对于道德律令，人们必须要敬重它们，而这种敬重无关乎乐意、愉悦等情感而只与“强迫”“服从”有关，对于道德

① [法]雅克·卢梭：《社会契约论》，何兆武译，商务印书馆2019年版，第10页。
② [法]雅克·卢梭：《社会契约论》，何兆武译，商务印书馆2019年版，第19页。
③ [法]雅克·卢梭：《社会契约论》，何兆武译，商务印书馆2019年版，第26页。
④ [法]雅克·卢梭：《社会契约论》，何兆武译，商务印书馆2019年版，第26页。
⑤ [德]康德：《实践理性批判》，邓晓芒译，人民出版社2003年版，第42-43页。

规范的遵守要发自于义务，“而不是被表现为已被我们自己所喜爱或可能被我们自己喜爱的做法”[①]。“（义务）为了这种排除之故在自己的概念中如此不情愿地包含有实践上的强迫。……这种强迫意识的情感不是病理学上的、即由一个感性对象引起的那种情感，相反，它仅仅是实践上的，也就是通过一个先行的意志规定和理性的原因性才可能的。所以，这种情感作为对法则的服从，即作为命令（它对于受到感性刺激的主体宣告了强制），并不包含任何愉快，而且在这方面毋宁说与自身中包含了对行动的不愉快。”[②]康德的契约思想表现为严肃而有些不近人情的道德规范，他坚定地认为人必须要去遵守道德规范，而不管人们乐意不乐意去做。“一个要人们应当乐意做某件事的命令是自相矛盾的，因为当我们已经自发地知道我们有责任做什么时，如果我们此外还意识到自己乐意这样做，对此下一个命令就会完全是不必要的了。”[③]康德的契约伦理体现为作为绝对律令的道德规范，遵守契约就是正义的和道德的，违背契约就是非正义和不道德的。

需要指出，近现代规范伦理学所强调的“契约伦理”思想不适合乡村生态伦理问题。“契约伦理”需要作为契约主体的各方互尽义务，但是众所周知的是，自然环境本身没有与人类交谈的能力，人与自然之间以平等的关系签订契约并互相遵守是不可能实现的。所以，基于契约的方式构建乡村生态伦理是不恰当的，乡村生态伦理不能是契约伦理。还应看到，以规范伦理学为参照，将乡村生态伦理视作契约、规则、规范，从而对农民作出外在的“他律”要求，这固然能够告诉农民对待环境时应当做什么、不应当做什么，也能够对农民破坏乡村环境的行为加以约束，但它使农民的保护自然生态环境的行为总是处于被动、无奈的状态，即农民对于自然的道德行为总是出于不得不服从于规范的心理。更要看到，普遍的规范规定了农民“应当”做什么，却不能确保农民在现实行为中实际地遵循这种规范。康德认为，法应由己出，应是人基于自由意志为人自身行为制定的法则。人应是道德法则的立法者和守法者。因此，乡村生态伦理不能是契约伦理而只能是“农民为自身立法”，如此才能保证农民是

① ［德］康德：《实践理性批判》，邓晓芒译，人民出版社 2003 年版，第 112 页。
② ［德］康德：《实践理性批判》，邓晓芒译，人民出版社 2003 年版，第 110 页。
③ ［德］康德：《实践理性批判》，邓晓芒译，人民出版社 2003 年版，第 114 页。

生态伦理的“立法者与守法者”的统一。农民是乡村生态伦理的主体，农民既是生态伦理规范的确立者又是守护者，乡村生态伦理的规范功能体现为农民之人性的自我显现过程。乡村自然界不具有言语和行为能力，农民确立与维护的生态伦理不具有与乡村自然之间的“社会契约”功能，它只能内在地面向农民本身，体现着农民作为人的高尚品质。在农民与乡村自然界的关系中，农民自我是“类本质”的承担者。当农民以道德的姿态对待乡村自然环境时，农民的这种行为在让家乡美丽之外，同时实现了农民作为人的存在价值。农民保护乡村自然环境，对乡村自然万物施以仁爱和关怀是农民自身善良意志的确认。就此而论，乡村生态伦理本质上不是契约规范而是农民自身高尚品德的自我显现。具体来说，乡村生态伦理的规范功能不是体现为契约功能，不是让作为主体的农民与作为客体的乡村生态环境之间达成某种利益交换，而是内在地在农民的人性之中得到彰显，即体现为农民“人之为人”的道德需要，是农民对于自身家园环境所应承担的生态道德义务，也是作为家乡主人的农民对家乡所应负有的生态道德责任。乡村生态伦理是内在于农民心中、让农民爱护乡村生态环境以拥有高尚人性的自我显现和自我确证。

二、乡村生态伦理的激励功能

道德除具有规范功能外，还具有激励功能。道德的激励功能是指激励主体在一定价值目标的引领下，通过采取适当的手段和方式，激发道德个体的道德动机和道德需要，从而引发道德个体的道德行为。道德的激励作用是在扬善抑恶的德行活动中发挥激励作用的，具有积极的调动因素，同时也使行为主体能够在高尚的思想支配下履行道德责任。道德激励人们追求至善，是推动人们把现实之“我”提升为理想之“我”的精神力量。“善作为一种价值，它来自个别又高于个别，来自现实又高于现实，它包含着人们现实的利益，具有满足人们的需要的特殊意义，又蕴含着人们不停留现实并超越现实的企求。”①在亚里士多德那里，至善是幸福。在人们的实践活动中，人们因其自身的原因而去渴望和追求它。并且，人们追求其他事物的行为也只是为了实现这一目的，而

① 唐凯麟：《伦理学》，安徽文艺出版社 2017 年版，第 64 页。

这一总的和最后的目的就是至善。所以，幸福是人们追求的至善。“这种最高的善或目的就是人的好的生活或幸福。”[①]按照亚里士多德的观点，人们所追求的其他东西，只不过是获得幸福的手段或方式而已，幸福“是人类一切活动的最高和最终目的，是众善中的至善”[②]。作为人生的终极目的的至善，就被称为是人们所追求的幸福。而且，幸福的获得是由各种具体的行为善累积而成，并且这样的善行是通过合乎德性的实践活动而达至的和实现的。

在道德激励人们追求至善上，康德认为至善是德福统一。他指出：“就幸福而言，人类似乎同样很少达到它的规定性，人的本性驱使人不断地去追求幸福，但理性却把他限制在配享幸福的条件，亦即道德之上。”[③]现实生活中，人要想获得幸福不能没有德性的支撑。然而，有德性的人却难享幸福，享福之人难有道德。面对德性与幸福在现实中的二律背反，康德本人也似乎陷入了一种撕扯在感性层面的幸福要求与维护道德法则至上地位的理性倾向之间的两难境地。虽然康德将德福一致的目的寄托于上帝，但是，他仍然认为，实践理性只要依托至善的思想，严格遵循德性规律，达到完美善的境界，就能获得与德性相匹配的幸福。在康德看来，人们享受幸福的唯一条件就是遵守道德准则。也就是说，人们必须首先具备完整的美德，然后才能享受应得的幸福。

伦理具有激励人达成幸福的目的，乡村生态伦理同样具有帮助农民实现生态幸福的激励功能。乡村生态伦理的激励作用，是在正确价值观的指引下，通过一定的形式和手段，鼓励和激发农民保护生态环境的动机和需要，支持和鞭策农民环保行为的发生。乡村生态伦理是催人奋进的指明灯，它引导和帮助农民树立生态文明的价值理念，培养良好的生态道德意识、生态道德品质和生态道德行为，发挥保护环境和维护生态的积极性、主动性和创造性，全面提升对自然生态的道德觉悟，成为具有生态素质的道德人。生态文明新时代，乡村生态伦理激励农民在生态环境保护中追求幸福。从农民与自然的关系上讲，农民保护好生态环境就意味着保护好自己的美好生活。农民与自然和谐

① ［古希腊］亚里士多德：《尼各马可伦理学》，廖申白译注，商务印书馆 2003 年版，见译注者序第 10 页。

② 李兰芬、倪黎：《财富、幸福与德性——读亚里士多德〈尼各马可伦理学〉》，《哲学动态》2006 年第 10 期。

③ 李秋零主编：《康德著作全集》第 6 卷，中国人民大学出版社 2007 年版，第 321 页。

共处，大自然为农民提供了自然资源，有了这些自然资源的农民、乡村才得以生存和发展。良好的生态环境是最普惠的民生福祉。环境就是民生，青山就是美丽，蓝天也是幸福。生态环境直接决定着农民能否实现幸福，农民保护生态环境就是直接为自己创造幸福，破坏生态环境就是直接为自己舍弃幸福。乡村生态伦理激励农民培养生态道德意识、生态道德品质和生态道德行为，以生态道德觉悟建设生态文明，保护生态环境，在良好的环境中获得了幸福。从生态环境与乡村经济发展的关系上讲，农民保护好生态环境就意味着为自己的幸福生活创造条件。生态环境与生产力直接相关。生产力由劳动资料、劳动对象、劳动者三个基本要素构成。自然界中的生态环境是劳动对象和劳动资料的基础和材料，是生产力直接的"构成要件"。乡村生态伦理激励农民保护生态环境，促进发展生态产业、绿色产业，使农民实现了经济价值、获取了真金白银，在谋取利益中获得了幸福。从生态环境与精神享受的关系上讲，农民保护好生态环境就意味着获得愉快的精神状态。今天，在农民的话语体系中，"绿色"往往意味着品质；在生产、生活中，"环保"已然成为风尚。乡村生态伦理激励农民保护生态环境，崇尚自然、简朴、节约的乡村生活，倡导文明、健康、向上的道德风尚，追求宁静、和谐、美丽的绿水青山，在精神愉悦和满足中获得了幸福。

三、乡村生态道德资本论要

在回答道德与经济的关系、道德能否帮助经济活动获得更多更好的效益、道德如何使得价值增值等问题上，道德资本理论为我们提供了一把观察问题的钥匙。王小锡教授所著作《道德资本论》一书，集中阐述了道德资本理论。王小锡教授强调，道德是经济活动的精神支柱，需要将道德理念尤其是道德责任意识贯穿、渗透到经济活动的每一个环节，以期全方位增强包括人在内的经济的活力，实现经济效益和精神效益的双丰收。王小锡教授的"道德资本"与马克思所说的体现资产阶级对工人阶级压迫的剥削资本不同，它是把道德视为一种有价值的生产性资源以及一种精神性资本。"作为精神资本，它包括思想、知识、文化、价值、道德等。这其中，道德是精神资本的基础的核心的要素。"①作为

① 王小锡：《道德资本论》，译林出版社 2016 年版，第 59 页。

资本精神形态的“道德资本”，在社会经济运行过程中，不仅有助于企业更好地创造价值、获得利润，也有助于维系和保障社会整体的经济活动并促进经济增长。

道德资本是企业经营过程中重要的精神资本，在整个企业的生产和经营中具有不可替代的价值增值作用。“道德观是盘活人进而盘活有形资产的重要精神力量。”[①]一方面，道德可以通过优化制度设置而激发人的潜在能力、让人的积极性得到充分发挥进而有效利用资源，使企业发挥有形资本的效果。另一方面，道德可以全面提升作为社会经济主体的综合素养和品质境界，塑造具有积极人生价值取向的劳动者，进而促使企业经营效益提升。此外，道德资本是生产力精神要素之核心。生产力中内含着人的道德素养和道德能力等精神要素，这种作为精神要素的“道德资本”，在经济发展和企业经营中具有特殊的能力。王小锡教授认为，道德也具有生产力的作用。因此，劳动者道德素质的提升是生产劳动的生产力提升的重要因素，可以影响到生产力各要素之间的最佳运作。王小锡教授的道德资本理论鲜明地指出，道德作为一种精神资本或无形资本比实物资本意义更大，价值也更为重要。劳动者的价值取向和道德水准直接在生产过程中发挥作用，它所带来的“增量资本”可以最大限度地使实物资本得到激活，更有利于企业获取利润。道德作为企业的无形资本与其有形资本相结合所打造的“道德产品”，是满足人本质需要的人性化产品，可以增进企业的声誉、扩大企业的市场占有率。所以，道德资本是促进精神素养和物质财富增收所不可或缺的重要环节。

依据道德资本理论，乡村生态伦理对于农民来讲同样具有道德资本作用。乡村生态伦理通过提升农民的生态意识、生态品质和生态素养，激活农民的人力资本，让农民成为乡村经济社会可持续发展的新动能，进而实现以德致富、以德成仁、以德致福，奔向幸福美好的生活。具体而言，乡村生态伦理的道德资本作用，有助于农民物质财富的增加。依据道德资本的理论，农民在生产活动中增加道德的元素，会让农民获得更多的效益和利益。农民的生态道德就是农民获取物质财富的无形资本。乡村生态伦理的道德资本作用，还有助于农民社会地位的提升。具有乡村生态美德的农民，既是生活富裕、衣食无忧的

① 王小锡:《道德资本论》，译林出版社 2016 年版，第 91 页。

劳动者，也是高尚道德情操和道德品质的引领者。农民在乡村生态伦理的指引下，不仅能够在人与自然的和谐共生中积极、主动、自觉地投入到乡村环境保护活动中，在对美好生活的追求中体味生态美德的力量，更能够有能力追求人生价值和本真自我，追寻全面、真正、生态的幸福，真正从“要我环保”转变为“我要环保”。

第四节
中国乡村生态伦理建设目标

农民、乡村、政府以及农业生产，与乡村生态伦理建设关系密切。推动乡村经济可持续发展，构建美丽宜居的乡村，形成乡村人与自然和谐共生的新格局，需要把农民、乡村、政府以及农业生产纳入中国乡村生态伦理研究范围，促进实现农民善、追求乡村善、达成政府善、寻求生产善，这既是乡村生态伦理建设的价值追求，也是乡村生态伦理研究的目标所在。

一、实现农民善

在乡村生态伦理视域下，“农民善”包括两个方面。一方面指农民拥有善的品德，如美德、良心等人性善，是农民个人对社会、对自然应负的义务与责任的主观意识，是关爱生态环境的优良品质。这是一种强烈的生态道德责任感、使命感，是发自内心深处“肺腑”的精神力量，是人们的生态道德观念和生态道德情感在个人意识中的统一。另一方面指农民拥有善的行为，即自觉遵守生态道德规范，履行生态道德义务和生态道德责任，是农民在生态道德关系中意识到自己对社会、对自然负有一定的使命和责任，并且农民能够自觉遵守和履行这些义务和责任。也就是说，生态道德义务和生态道德责任是农民对社会、对自然做自己应当做的事情。农民自身善的特点是，在履行生态道德义务和生态道德责任时，既坚持以自然和社会利益为目的，不以享有某种权利为前提，又自觉地去履行对社会、对自然的责任，不带有被迫性、强制性。

亚里士多德曾试图给“善”下定义。他在《尼各马科伦理学》一书开篇说道:“一切技术、一切规划以及一切实践和抉择,都以某种善为目标。”[①]这一论述表明,善与目的密切相关,善必须用目的来解说、界定、定义,即善乃是人或主体的一切活动或行为所追求的目标。亚里士多德在进一步论及善的定义时又说:“善的定义揭示的是,具有自身由于自身而值得向往的这类性质的东西,都是一般的善。”[②]这就是说,善是一种人的活动所追求的对象,是人的活动目的所指向的对象,说到底善也是一种对象和客体,这种对象和客体值得人去追求。现阶段,保护乡村生态环境是农民作为乡村的主体所应当达成的目的。当前,乡村生态环境恶化是由多种因素造成的,其中不乏生产方式落后、法律法规不完善、管理体制和制度措施不健全等原因。但从根本上讲,乡村生态环境问题乃是农民与自然关系异化、人的价值理念和生态伦理道德缺失造成的。长期以来,由于利益的驱使,农民只看到或者只关注到乡村生态环境对于自身的获利作用方面,陶醉于从这片不设防的田野中获取巨大的经济利益,却很少考虑乡村环境本身所具有的生态价值以及所要求的生态责任,这也就根本谈不上对于生态环境的尊重与保护。在市场经济条件下,农民面临多种获利途径,必然以理性经济人的身份作出最有利于自己的选择。农民一般是通过外出打工或者以其他方式获取较多的收入,而对于农业生产这一传统主业,往往不是投入很多。农民在农业生产生活中,往往习惯使用化肥而不用传统的粪肥,使用除草剂而不愿亲自费力,燃烧麦秸而不愿有效利用,经常随意排放污水和粪便、丢弃垃圾,甚至乱砍滥伐、焚烧山野、扑杀生物、涸泽而渔……从而导致土壤、水源和山林被普遍污染,大量的农业微生物灭绝,乡村生态环境遭到严重破坏。

可见,乡村生态环境问题本质上是人的问题,是人的价值取向和生态道德问题。应当看到,农民从事农业生产活动的过程,就是改造和保护乡村生态环境的过程,这一过程表现出农民与自然双向对象化的特点。根据马克思关于人与自然对象性关系的理论,人类依赖自然界求得自身的存在与发展,同时又以自身的实践活动能动地变革自然界。那么,农民与自然之间就形成了互为

① 苗力田主编:《亚里士多德全集》第8卷,中国人民大学出版社1992年版,第3页。
② 苗力田主编:《亚里士多德全集》第8卷,中国人民大学出版社1992年版,第244页。

对象的关系,处于互动互生的统一关系之中。一方面农民作为自然界的一部分,是自然的产物,必须始终依赖于自然,其活动始终遵循自然规律。另一方面农民把自己的本质力量对象化到乡村田野之中,使广袤的乡土大地处处打上农民的烙印,具有了属人的意义。乡土生态环境成了农民的作品与农民的现实,成为对象化的另一个"农民"。乡村自然界是"农民人本学"的自然界。"工业的历史和工业的已经生成的对象性的存在,是一本打开了的关于人的本质力量的书,是感性地摆在我们面前的人的心理学。"①通过现实的乡村自然环境这一农民的对象性存在物,我们就可以窥探出农民的本质力量。通过观察农民对于乡村自然界的诸多行为,我们便可发现农民在对待自然环境的活动背后所隐藏的人性。"自然界是人的作品和人的现实,自然界之真即是人性之真,自然界之善即是人性之善,自然界之美即是人性之美;同样道理,自然界之假即是人性之假,自然界之恶即是人性之恶,自然界之丑亦是人性之丑。"②乡村自然环境就是农民人性之镜,时刻彰显着农民的道德状况与伦理素养。面对满目疮痍的乡村环境和不健康的农产品,农民实难说明自身的高尚,难以确证自己道德之善。

对此,改善乡村生态环境,实现乡村生态环境美丽和经济可持续发展,把乡村中农民与自然的关系纳入生态道德的范畴,以乡村生态伦理为这片原本不设防备的乡村构筑一道坚实的道德盾牌,用乡村生态伦理转变农民对乡村自然的态度,改善农民与自然的关系,规范农民在乡村生产和生活的行为,确保形成农民与自然和谐共生的良好状态,最终达成农民善,就成了乡村生态伦理所应有的目标指向。农民过上幸福美好的生活,离不开良好的乡村生态环境,也离不开农民以道德的方式对待乡村生态环境。农民尽心地看护土地、养育土地,土地才能为农民产出健康、绿色的农产品;农民悉心地爱护乡村环境,美丽的乡村才能让农民获取较多的物质财富和一定的社会地位。从这一点来说,爱护乡村生态环境,促进乡村经济、社会与生态系统的健康发展,确保乡村生态平衡与稳定,就成为农民在乡村中所要达成的目标,构成了农民的一种"善"。同时,乡村生态伦理还需要促进农民优良品质的养成。亚里士多德认

---

① 《马克思恩格斯文集》第1卷,人民出版社2009年版,第192页。
② 曹孟勤:《人性与自然:生态伦理哲学基础反思》,南京师范大学出版社2004年版,第137页。

为，合乎道德的生活即是一种好生活或者善生活，这意味着道德生活是人的生活中必不可少的元素，人道德地生活才能够使人生活得有尊严和高尚。乡村生态伦理需要引导农民正确认识自然、热爱自然，强化生态道德信念，提高生态道德认识，陶冶生态道德情感，磨炼生态道德意志，遵守生态道德规范，培养生态道德行为，将生态道德观念转化为农民的生态道德实践活动，以真善美的态度改造自然、善待自然、美化自然，增强农民对生态环境行为的自律性，提高履行生态责任和义务的自觉性，让农民成为既拥有改造自然技能又拥有热爱自然品质的生态农民。

二、追求乡村善

在乡村生态伦理视域下，“乡村善”是指乡村在新时代依托其生态环境优势，走出一条以生态效益优先引领乡村经济社会发展的人与自然和谐共生之路。“乡村善”既指乡村生态文明自然之美，又指乡村物质文明发展之美，同时还指乡村精神文明道德之美。具体地讲，乡村善包括以下几点：乡村生态环境优美。乡村生态文明建设遵循自然规律，坚持生态优先，打造生态良好、环境优美的自然景观，展示乡村自然生态环境特色；乡村生态经济良好。新时代乡村振兴应是生态式振兴，乡村经济发展应以生态环境为依托，走以生态经济引领乡村可持续发展之路，进而实现经济效益与生态效益协调统一；乡村人居环境美丽宜居。宜居的人居环境是美丽乡村建设的重要方面，也是乡村美丽风貌和乡村道德风尚良好的重要表现。追求乡村善，就是以绿色发展引领美丽乡村建设，大力加强乡村精神文明建设，推进生态优化、产业繁荣、环境整洁的新农村建设，建成布局合理、生态良好、经济发展、环境优美的新农村，塑造美丽乡村新风貌。

自进入工业文明以来，现代性的快车驶入乡村，打破了乡村原本的存在方式，推动乡村卷入了工业文明大机器之中，促使乡村特有的生产、生活与消费方式逐渐被现代性“同质化”。“同质化”表示在现代工业化的冲击下，传统村落的生产方式、生活方式、消费模式、乡风民貌、文化习俗等逐渐与之趋同的倾向。诚然，这对于拓宽农民的视野，增长农民的见识，提升农民的综合素养，提高农民的物质文化生活水平等具有积极的一面。然而，按照工业文明的发展模式，以经济效益优先片面地追求乡村工业经济发展，进而导致了乡村生态优势的遮蔽与乡村生态环境的破坏。“千村一面”的背后，却是传统村落深厚底蕴、历史文脉和独特文化的颠覆。其结果就是乡村丧失了原汁原味的特色，失去了原有的宁静、和谐与美丽。这是不符合乡村应当具有的发展模式的，是一种恶。生态文明时代，乡村的绿水青山是其发展的最大优势，乡村应以“美的原则”重新加以塑造，把原本所具有的自然美、生态美、环境美还原给乡村自然环境。“美学形式作为自由的标志既是人的世界也是自然的世界的实在形式（或一种因素）。”[①]农民在与乡村自然的良性互动过程中，既可以实现顺应自然、亲近自然的生态化生产生活方式，实现对乡村环境压迫的解放，让乡村恢复其宁静、和谐和美丽，也能够实现农民物质财富的获取与社会地位的提高，最终达成乡村人与自然的和谐共生之善。

乡村生态伦理之所以可以实现乡村人与自然的和谐共生之目标，让乡村达成经济发展与环境保护的统一，是因为新时代乡村走生态式振兴道路能够使乡村实现现代化的“绿色弯道超车”。从工业发展理念看，似乎被隔绝于钢筋水泥之外的乡村，已无自身发展的优势和价值，而与大自然相分离的城市才是未来社会发展的希望和方向。但是从生态文明理念看，农民与绿水青山亲密互动的思想观念、生产方式、生活实践更有利于生态优势，也更加符合“尊重自然、顺应自然、保护自然”的生态要求。“良好生态环境是农村最大的优势和宝贵资源。”[②]乡村可以凭借自身的优势和资源，采用生态的生产方式和生活方式，提供优质的生态产品和生态服务，满足城乡人民日益增长的生态生活需求，走出一条新时代有中国特色的乡村振兴之路。“绿水青山既是自然财富，又是社会财富、经济财富。”[③]置身于环境优美、青山绿水、美丽宜居的乡村之中，是在融于自然的情形下，最有益于人与自然和谐相处的互动方式，也是最有益于人的身心愉悦的健康方式。随着物质条件的改善和生活水平的提高，步入“小康”的人民群众将越来越关注“生存”之后的“生态”，越来越追求饮食的安全和环境的改善，越来越向往绿色、有机、生态的生产、生活与消费方式。新时

---

① ［美］H. 马尔库塞等：《工业社会和新左派》，任立编译，商务印书馆 1982 年版，第 133 页。

② 《中共中央国务院关于实施乡村振兴战略的意见》，人民出版社 2018 年版，第 13 页。

③ 《习近平关于社会主义生态文明建设论述摘编》，中央文献出版社 2017 年版，第 23 页。

代的乡村，在亲近自然的基础上，立足于满足人们生态的生产、生活与消费需求，在乡村生态伦理的指引下实现生态的生产方式、生活方式与消费方式，大力发展生态农业、生态工业以及生态旅游、生态养老、生态宜居等生态服务业，能够把自身生态优势转化为推动经济社会发展优势，成为令人心驰神往的消费胜地，进而实现乡村生态效益与经济效益的双丰收，达成乡村人与自然的共生共荣。

三、达成政府善

在乡村生态伦理视域下，“政府善”是指政府实行生态行政，即维护和贯彻执行生态伦理，通过实施政策措施使生态伦理在乡村得以实现。新时代，政府应按照社会主义生态文明建设的要求，适应人民群众对于美好生态生活的需要，落实节约优先、保护优先、自然恢复为主的方针，统筹山水林田湖草系统治理，严守生态保护红线，推进城乡融合发展，以政策措施和法规制度保障乡村环境保护与经济发展的双重需求，打造农民与自然和谐共生的新格局。

道德作为一种社会意识形态，是社会存在的反映。“物质生活的生产方式制约着整个社会生活、政治生活和精神生活的过程。不是人们的意识决定人们的存在，相反，是人们的社会存在决定人们的意识。”[①]道德不是一个纯粹的主体意识问题，道德建设也不是纯粹的主观世界的改造，它受到种种社会条件的影响。其中，政府对公民道德建设就发挥着至关重要的作用。卢梭曾指出：“人民之所以要有首领，乃是为了保卫自己的自由，而不是为了使自己受奴役，这是无可争辩的事实，同时也是全部政治法的基本准则。”[②]这表明，人民不仅需要政府，更需要政府为他们争取利益。在现代国家，政府的职能除了实行政治统治以外，还包括管理社会公共事务，政府行政权力的触角已延伸至社会生活的每一个角落。按照马克思主义学说，人的本质是一切社会关系的总和，离开了社会环境，人就不会成长为一个社会人，也不会具有人的德性。农民的社会生活离不开政府的行政行为。农民道德的提升不光是农民个人的事情，更是掌握着大量公共资源的村镇各级政府的责任。政府权力的特殊性决定着政

① 《马克思恩格斯选集》第2卷，人民出版社1995年版，第32页。

② ［法］雅克·卢梭：《论人类不平等的起源和基础》，李常山译，商务印书馆1994年版，第132页。

府在农民道德建设中具有不可替代的作用。政府权力运作的状态，关系到乡村社会道德的程度和发展水平。换句话说，乡村伦理建设，尤其是生态伦理建设，需要政府大力引领和积极支持。

政府善能够推动和促进乡村生态伦理建设，这主要体现在以下几点：首先，政府制定的生态政策和制度法规具有引导作用。这些政策和制度法规具有目的性，往往是针对生态环境方面的某一问题作出的相应对策，是政府管理社会公共事务的重要导向，也是政府履行生态经济职能和环境保护职能的重要手段。具体地讲，在生态经济职能方面，政府是通过宏观管理、制定政策、计划指导等方式，对乡村生态经济实行间接控制，并为乡村提供生态公共产品和生态服务；同时通过加强监管，维护企业合法权益，保证公平竞争和公平交易，确保乡村生态经济运行畅通，打造生态和经济良性互动的绿色发展方式，平衡乡村经济发展和环境保护的关系，满足城乡人民日益增长的优美生态环境的需要。在环境保护职能方面，政府是通过经济、法律、行政等手段，对环境恶化、自然资源破坏等行为进行治理、监督、控制、恢复，促进乡村经济可持续发展。其次，政府组织的生态伦理教育活动具有激励作用。政府通过预舆论宣传和典型教育，可以引导农民从正反两个方面增强环保意识，提高生态素质和生态觉悟，积极投身于生态道德建设中来，增强实践“绿水青山就是金山银山”的获得感，营造良好的舆论氛围，增强生态道德建设的成效；采取多种形式，加强生态村、生态乡、生态镇的创建力度，开展以节能减排为主题的“绿色社区”“绿色医院”“绿色学校”“绿色乡镇企业”等表彰活动，让千家万户都了解环保、支持环保、推动环保，推动环保工作的落实；引导农民树立勤俭节约的传统美德，让环保理念深入人心，让珍惜资源、崇尚节约成为农民的自觉行动。再次，政府倡导的风尚具有示范作用。目前，乡村各级政府已积极行动起来，采取杜绝公车私用、搞好节能减排、推进政府采购、克服“形象工程”、设立奖惩制度、加强监督管理等一系列措施，减少政府的资源浪费，推动节约型政府建设不断发展，为乡村生态文明建设发挥了良好的示范作用。

四、寻求生产善

在乡村生态伦理视域下，“生产善”是指农民利用生态化的生产方式，在保护乡村生态环境的同时，满足人们对健康、绿色、有机农产品的需求与农民的经济利益需求。传统的农业生产效率很低，尽管对乡村生态环境影响不大，可满足不了所有人的温饱；在现代工业基础上发展起来的现代农业生产效率虽然很高，但对乡村生态环境破坏很大。善的乡村生产应当是在农业生产效率高、不断满足农民美好生活需要的同时，能够实现生产方式生态化，切实满足生态文明时代人们美好生态生活的需要。当前，乡村的生产主要是基于工业文明的发展逻辑，以现代农业生产的经济效益为优先，置乡村生产的社会效益与生态效益于不顾。在工业文明的生产逻辑支配下，现代性生产（也可称作工业生产、资本主义生产）片面地追求经济效益，造成社会效益和生态效益的缺失。在经济利益的驱使下，现代农业生产普遍采用化肥、农药、薄膜等技术手段，造成土壤、地下水污染严重。在致富理念的驱使下，不少乡镇企业为了追求生产利润，往往选择急功近利的现代工业生产方式，在生产经营过程中将魔掌伸向乡村自然，形成一种“靠山吃山、靠水吃水”的掠夺式开发形式，导致这些乡镇企业的发展规模与乡村生态系统的破坏程度形成正比，造成乡镇企业的发展越是兴旺，乡村生态环境就越是遭到破坏。越来越严重的生态环境恶化现象，已经昭告了乡村秉持的工业发展理念应当被扬弃，而发展经济和保护环境相得益彰的生态化生产方式，就成了乡村发展的“恰当”之举，构成了“生产善”的重要内容。为此，构建乡村生态伦理，转变乡村以牺牲环境换取经济效益的做法，以道德的方式对待乡村、对待环境，通过发展农业生态生产、生态产业来赢得最大的经济效益，促成生产发展与环境保护的互利双赢，就成为乡村生态伦理追求的现实路径。随着生态时代的到来，应当变工业逻辑的发展思维为生态逻辑的发展理念。2018 年中央一号文件《关于实施乡村振兴战略的意见》强调，要以绿色发展引领乡村振兴。以绿色发展引领乡村振兴，是推动农业农村可持续发展的关键之举，也是乡村振兴战略实施的良径选择，必将促进乡村经济效益、社会效益和生态效益共同提高。为此，乡村应牢固树立和践行“绿水青山就是金山银山”的理念，实施节约优先、保护优先、自然恢复为主的方针，以绿色发展引领乡村生产发展，以生态效益优先促进经济效益和社会效益的实现。

乡村“生产善”应当是按照生态道德的价值理念要求，结合乡村自身的特色与优势，实现内源式、内生式的发展。内源式发展的范式认为，“真正发展的目标——不仅是方法——不应当从已‘发达’的国家中搬来……适合于某一特定社会的发展目标应从该社会价值体系潜在动力的内部去寻找——它的传统信仰、它的意义体系、它的本地体制、团结网络和人们惯例”①。乡村生产实行内源式发展，是新时代乡村发展的战略转型，也是新时代实现乡村振兴的价值诉求。它意味着乡村发展内在动力的挖掘与转换，意味着乡村经济发展与生态环境保护的真正统一。乡村生产内源式发展的最大动力来自生态优势，这是乡村最大的特长，也是乡村的最大亮点。在新时代，乡村应该打破被裹挟、被胁迫的魔咒，树立“生态立乡”“生态立村”的理念，转变发展思路，发挥生态优势，大力发展农业产业，突出农业生产绿色化、优质化、特色化、品牌化，不断提高农业创新力、竞争力和全要素生产率，加快农业新旧动能转换，以生产“内源式”发展取代“外部式”依赖，实现乡村生产发展和环境保护的双赢局面。

① [美]德尼·古莱：《发展伦理学》，高铦等译，社会科学文献出版社2003年版，第106页。

第二章

中国乡村生态伦理研究的核心理论

从古至今，自然界始终是人类赖以生存和发展的物质前提和基本条件。人与自然的关系是人类一直在探索和思考的哲学问题。古今中外的人类思想史上蕴含着十分丰富和深刻的生态思想。开展中国乡村生态伦理研究，需要吸取这些优秀思想的重要成果，吸纳前人研究的合理养分。

第一节 中国古代生态伦理思想

在中国传统文化中，人与自然的关系常常被称为“天人关系”，这是与环境保护密切相关的哲学命题，历代学说对此均有论述，其中以儒道两家学说为主。正是在对“天人关系”的阐释中，中国古代思想家们提出了一系列有关尊重生命和保护环境的思想，这些思想为我们构建乡村生态伦理提供了丰富的理论资源。

一、儒家生态伦理思想

在中国传统社会中占主流地位的是儒家思想。儒家关于人与自然关系的思想集中体现在“人为天地之心”的人道主义伦理观。《礼记·礼运》中明确提出了“人为天地之心”的观念：“人者，天地之心也，五行之端也，食味，别声，被色而生者也。”《尚书·泰誓》中有：“惟天地万物父母，惟人万物之灵。”就为什么儒家认为人类在世间万物中有特殊的地位而能够成为万物之灵而言，荀子认为：“水火有气而无生，草木有生而无知，禽兽有知而无义，人有气有生有知亦且有义，故最为天下贵也。”董仲舒说：“唯人独能为仁义。”王允认为:“天地之性,人为贵,贵其识知也。”因为人类有区别于万物的知识和智慧,所以能够贵为万物之灵。荀子和董仲舒的观点后来成为儒家的主流思想,即人类有知、有仁、有义,所以登上高于世间万物的宝座。对于自然资源的利用,荀子主张:“故天之所覆,地之所载,莫不尽其美、致其用,上以饰贤良、下以养百姓而安乐之。”荀子虽然主张在利用自然资源时应该有所节制:“不夭其生,不绝其长。”但自然资源存在的根本价值在于:“养人之欲,给人之求。”在荀子看来,万物的根本价值在于能够被人利用以滋养人类的生存与发展。董仲舒进一步论证了人类开发和利用自然的合理性:“天地之生万物也,以养人,故其可食者以养身体,其可威者以为容服。”“生五谷以食之,桑麻以衣之,六畜以养之,服牛乘马,圈豹槛虎,是其得天之灵,贵于物也。”汇总儒家思想的代表人物孔子、孟子、荀子、董仲舒等人的生态思想进行研究,总结出儒家生态伦理的核心是对自然的仁爱以及敬畏自然、保护自然的伦理思想。

(一)对自然仁爱的伦理思想

孔子、孟子以及其后的宋明理学家们,将仁爱的思想推及世间万物,在一定程度上赋予了自然以生态伦理的主体地位,具有了生态伦理的某些特征。在孔子看来,天地万物都有自身的内在价值。因此,孔子提倡对待所有生命都要仁爱以待。“丘闻之也,刳胎杀夭则麒麟不至郊,竭泽涸渔则蛟龙不合阴阳,覆巢毁卵则凤凰不翔。何则?君子讳伤其类也。夫鸟兽之于不义尚知辟之,而况乎丘哉!”孔子认为,人在对待世间万物时都应该有慈悲和仁慈的态度,保持自然生态的平衡,不要滥杀动物,热爱生命,尊重生命,否则就不是“仁”。“启蛰不杀,则顺人道;方长不折,则恕仁也?”孔子按照“仁”的内在要求,坚持珍爱生命、尊重生命的原则,并主张对自然万物仁爱。孔子也会亲身去实践自己的主张,“子钓而不纲,弋不射宿”。孟子发展了孔子的仁爱思想,明确地将道德原则推及宇宙万物。在《孟子》一书中,“物”即指“万物”,是天地间存在的一切事物,属于一般意义的自然界,所以爱物就有了生态道德意义。而孟子之所以认为要“爱物”,是因为孟子认为“人皆有不忍人之心”,也就是每个人都有怜悯他人的同情心,这是爱物的心理基础。这种“不忍之心”就是“仁”的根苗,也是人区别于动物的地方，人人皆有“不忍之心”“恻隐之心”等道德情感。但有的人道德高尚成为君子，而有的人道德败坏，其根源即在于，能否将这种“不忍之心”扩充并使其发扬光大，贯彻到人的行为中去，以此待人接物，做到仁民爱物，实现人与人、人与物的和谐相处。

（二）敬畏自然的伦理思想

在《论语・季氏》中，孔子认为君子有三件敬畏的事情：敬畏天命、敬畏王公大人、敬畏圣人之言。小人不知有天命因而不怀敬畏之心，他们也藐视国王和圣人的言说。《中庸》有云：“君子居易以俟命，小人行险以侥幸。”正是因为“小人”没有一颗“敬畏天命”的心，所以他们才会肆无忌惮地行动，可以做任何事情来破坏人与人、人与自然之间的关系，从而造成人际关系和生态平衡的破坏。“天命”概括了人与自然的变化规律，即自然客观存在的不可抗拒的变化规律。朱熹注“天命”是指“天道之流行而赋予物者”。由此可见，儒学中的“天命”是指天、地、人、自然的规律。如果我们能够认识到天命的崇高进而心存敬畏，即理解和把握自然规律，我们就能够按照社会的规律和命运的本质行事，那么我们就能够处理人际关系和人与自然的关系，并寻求人与人、人与自然和谐相处，这就是君子的美德。孔子把“知命畏天”看作君子才具备的美德，他在《论语・尧曰》中也讲“不知命，无以为君子也”。孔子除了提倡人要按客观规律行事外，还认为人应积极地把“畏天命”意识与“君子”行为结合起来，他把“畏天命”作为划分“君子”与“小人”的标准。值得一提的是，孔子在具备“知命畏天”的生态伦理意识后，同时也在实践中践行和培养“乐山乐水”的生态伦理情怀，自觉地将身心与自然融为一体，品味无穷无尽的大自然的魅力。“知者乐水，仁者乐山。知者动，仁者静。知者乐，仁者寿。”在孔子看来，人际间的道德和生态道德是一样的。仁爱山川与做仁人志士不仅不矛盾，还是相辅相成的。“乐山乐水”与“仁者志士”有着密切的联系，它们都是儒家理想君子人格的道德行为准则。这表明孔子非常重视生态伦理。孔子认为，君子不仅要善待人民，爱护他人，而且要爱山爱水，从而实现人与自然的和谐共处。就如何培养“乐山乐水”的生态伦理情怀而言，孔子认为首先要“君子谋道不谋食”，要淡泊明志，要能身处陋巷也始终“不改其乐”。此后要有“泛爱众而亲仁”的心理自觉。最后通过学习《诗》《乐》以增强欣赏大自然的知识能力和审美意识，增进“乐山乐水”的生态伦理情怀。

（三）保护自然的伦理思想

孟子认为自然界是人类生存的条件，他主张人的生产活动应按照自然法则行事，正所谓“顺天者存，逆天者亡”。孟子用夏禹治水的故事说明了这个道理。水的性质是向下的，夏禹治水之所以成功，是因为他能够按照水的性质和规律去疏导它而不是用填塞的方法使之改变性质。当自然灾害威胁到人的生存时，孟子认为应当去消除这些灾害，但不能以破坏自然的方式消除，而只能按照自然界的本身法则去治理。孟子清楚地认识到，人类是依靠自然界所提供的资源生活的。他提倡仁政，不仅要求统治者对人民要实行仁道，爱护民众，让民众生活得更好，还要求爱护自然界的所有生命，尊重大自然的生命法则。“君子之于物也，爱之而弗仁；于民也，仁之而弗亲。亲亲而仁民，仁民而爱物。”孟子生活在战国中期，当时社会的民生问题十分突出，在这种情况下，孟子提出了“仁民爱物”的生态伦理责任。这种责任观认为，人们要通过农业种植、狩猎和收获，从自然界获取必要的生物资源，建立“天人合一”的生活关系。因此，要保持人与自然的正常关系不被破坏，实现可持续发展，人们必须自觉地培养一种对自然的热爱。在保护自然的基础上，孟子向人们描绘了儒家理想的生态社会：“五亩之宅，树之以桑，五十者可以衣帛矣；鸡豚狗彘之畜，无失其时，七十者可以食肉矣；百亩之田，勿夺其时，数口之家可以无饥矣；谨庠序之教，申之以孝悌之义，颁白者不负戴于道路矣。七十者衣帛食肉，黎民不饥不寒，然而不王者，未之有也。”这是孟子心目中的理想社会。在这个理想的社会里，农民按自然规律耕种、捕鱼，不砍伐树木，粮食、水产以及木材都没有用完之时。每个家庭有五亩的宅院，有百亩耕地，自给自足，百姓没有饥饿和寒冷。在此基础上，人们懂得了礼仪和教养，社会呈现了一幅富庶康乐的画卷。对于这个理想社会，孟子不仅谈论人们的衣食，注重文明礼貌，而且强调只有搞好农业生态保护，才能实现可持续发展，从而展现了一幅人与自然协调平衡的图景。可以说，孟子在这里所描绘的理想社会同样也是儒家生态社会。

二、道家生态伦理思想

在中国传统生态伦理思想中，道家学派的生态伦理思想十分丰富并自成体系。道家立足于“道法自然”的本体论高度，倡导“万物平等”的整体理念，主张“节制物欲”的实践准则，体现了丰富而又深刻的生态伦理情怀。道家思想的集中代表人物——老子和庄子以高度的哲学性、深沉的宇宙性和朴实的自然性彰显出了宝贵的生态思想。挖掘先秦道家的生态伦理思想，可为解决我国当前实施乡村振兴、建设农业现代化中遇到的生态问题提供重要理论渊源，也有利于解决我国生态文明建设中遇到的突出问题，建立人与自然和谐共生的生态文明新社会。

（一）顺其自然的伦理思想

老子在中国思想史上首次明确提出“自然”的概念。“人法地，地法天，天法道，道法自然。”“道常无为而无不为。”老子认为，宇宙间存在一种“先天地生”而且“为天地母”的东西，老子把这个东西取名为“道”。这是老子哲学本体论最基本的范畴。这个“道”是宇宙万物的精髓，是一个感官无法触及的现实，也是宇宙所共享的所有物质和思想的存在。这个“道”最基本的法则是“道法自然”。自然意指自然而然，是“人为”的反义词。老子强调要遵循“自然”，主张事物自然生成和发展。在老子看来，任何“人为的”行事都是违背自然的。对此，老子提出了“无为”之说。“无为”是指人根据天地自然而适应，是“道随自然”的行为。老子的理想社会是由顺应自然规律的“道”支配的。“圣人处无为之事，行不言之教，万物作焉而不辞，生而不有，为而不恃，功成而弗居。”因此，“无为”是自然界最大的特征，没有任何人为因素的参与，一切依其自然生长发育。庄子同样看到了“道”对万物的重要性，指出“且道者，万物之所由也，庶物失之者死，得之者生，为事逆之则败，顺之则成。故道之所在，圣人尊之”。庄子更为强烈地反对对自然界、对其他生命尤其是动物的不遵循“道”法般的人为干预和牵制。庄子借北海若之口说：“牛马四足，是谓天；落马首，穿牛鼻，是谓人。故曰：‘无以人灭天，无以故灭命，无以得殉名。’谨守而勿失，是谓反其真。”

（二）万物平等的伦理思想

道家认为，“道”是人与自然万物的共同的总根源，是人与自然相统一的总基础所在。“道生一，一生二，二生三，三生万物。万物负阴而抱阳，冲气以为和。”“道冲，而用之或不盈，渊兮，似万物之宗。”万物在道家看来都是由道产生的，不论其形态如何丰富变化，它们在宇宙的演化过程中具有统一的本质。这个统一是客观的，不以人的主观意志为转移。站在“道”的高度上审视万物的价值，“道大、天大、地大、人亦大”，万物都是平等的，天地万物与人一样是尊贵的。这“四大”都以尊贵的身份参与宇宙大自然的衍生过程，都是宇宙这个“域”中的一分子，都是宇宙间的伟大者，也同样都是大自然的一部分，自然与人没有地位的高低和贵贱之别。在此基础上老子提倡万物价值的平等，“不可得而亲，不可得而疏；不可得而利，不可得而害；不可得而贵，不可得而贱”。庄子发展了“万物平等”思想。“故为是举莛与楹、厉与西施，恢诡谲怪，道通为一。其分也，成也；其成也，毁也。凡物无成与毁，复通为一。”细小的草茎和高大的庭柱，丑陋的癞头和美丽的西施，宽广、奇特、欺骗、奇怪等千奇百怪的东西，从“道”的角度来看，它们是相互联系和统一的。旧事物的分解，即新事物的形成；新事物的形成，即旧事物的毁灭。各种各样的东西没有区别，具有相通而浑一的特点。庄子认为一切事物，无论美丑，都是没有区别的，到最后都归于大同。齐物者，平等也。物与物之间，人与物之间都是平等的，他们都只是天地自然的一部分。

（三）节制物欲的伦理思想

道家在生活上倡导“知足寡欲”的生活方式。老子认为，“我有三宝：一曰慈，二曰俭，三曰不敢为天下先”。在老子看来，人应当限制和减少欲望，不要使物欲过于膨胀，过一种节俭的生活。但这并不是因为缺乏物质生活资料而贫穷所导致的不得不采取的办法，而是一种有利于人与自然和谐发展的生活方式和生活态度。“不欲以静，天下将自正”，如果人能够做到内心澄明、无私无欲，那么人就能够得到正确的认识，体会世间万物的真正变化规律。老子认为，避免危险要懂得知足，要知道适可而止，如此才能维护生态平衡以实现长久的发展。如果无节制地满足人类的感性偏好，就会带来巨大的灾祸。庄子同样提倡节制物欲。“故绝圣弃智，大盗乃止；擿玉毁珠，小盗不起。焚符破玺，而民朴鄙；掊斗折衡，而民不争。”庄子认为，所谓“圣智”是社会朴真之德退化的总根源，“举贤则民相轧，任智则民相盗”，因此要“绝圣弃智”。

第二节
西方生态伦理思想

西方生态伦理思想是一个包含着多种思想倾向和思想流派的多元化的话语体系。依据其所确认的道德义务和伦理关怀的范围，我们可以把西方生态伦理思想划分为两大流派：人类中心主义和非人类中心主义。人类中心主义包括古典人类中心主义和现代人类中心主义，他们认为，人只对人负有直接的道德义务，人是道德关怀的唯一对象。非人类中心主义包括动物解放与权利论、生物中心主义、生态中心主义和深生态学，他们分别把道德义务和伦理关怀的范围扩展到了动物、所有的生命和整个生态系统。西方生态伦理思想虽具有历史局限性，但对当今中国乡村生态伦理研究仍具有一定的启发和借鉴意义。

一、人类中心主义思想

人的中心地位只是在近现代才具有的。人类经过长期的发展，凭借自身的认知能力、实践能力、知识文化、技术手段等要素，最终获得了事实上的“中心”地位。现代人类中心主义秉持“相对中心”的观点，认为人类只是生物圈的一员，人与其他自然物种是一种“伙伴关系”，这实质上是一个相对的中心位置。相对中心承认存在多个中心或多层次的存在。人类应该在价值观念上保持“中心性”，或确保基本需要的实现是有条件的，即人类还必须维护自然的权益，重视生态系统的内在价值。现代人类中心主义特别强调了这一点，那就是面对严重的生态危机，人类要保护自己实现持续发展，就必须同时保护自然。

换言之,保护自然权益是当代人类保护自身、实现可持续发展的最基本前提,这是无可替代的。因此,在当代人类中心主义看来,生态环境的保护是有条件的,即环境保护最终是为了人类的整体利益和基本需要,环境保护纯粹是为了环境而去保护。如果盲目地强调自然权利,提高自然的地位,势必损害人类的利益,侵犯人类的价值。因此,现代人类中心主义认为,当人与自然的利益发生冲突时,人类生存的基本需要高于自然的价值利益,而自然的价值和利益又高于人类的非基本需要。现代人类中心主义可供借鉴的思想观点具有以下几点:

第一,高扬人的主体地位,有助于人从自然的奴役和匍匐中解放出来。人类中心主义非常注重彰显以人的理性力量改造自然的能力。如康德认为,只有人才是理性世界的一员,只有理性的人才有资格进行道德关怀。动物不是理性的生物,任何人对非理性生物的行为都不会直接影响到理性世界的实现,因此使用非理性存在物作为工具是恰当的。在康德的伦理学讲演中,他告诉自己的学生:"就动物而言,我们不负有任何直接的义务,动物不具有自我意识,仅仅是实现一个目的的工具。这个目的就是人。"[①]康德高喊的"人是目的"的口号也是启蒙时代的经典口号,它对于囚禁在中世纪、相信"上帝万能"的人们而言是空前的解放。在康德的理论体系中,动物的地位很低。他认为,理性本身对理性人具有内在价值,是人们应该自由追求的目标。因此,只有具有理性的人在本质上是一个目标存在,只有拥有理性的人才具有道德关怀的资格。人的理性给予了人一种特权,使得人可以把其他非理性存在物当作工具来使用。人类中心主义高扬人类的主体地位,普遍认为人"天生"就是其他存在物的目的。

"人是万物的尺度,是存在者存在的尺度,也是不存在者不存在的尺度。"[②]人类中心主义强调以人作为衡量万物的标准,突出了人的决定性作用。人类中心主义突出对人类地位和价值的积极认识,对人类能力抱有自信的态度,在人类技术水平相对低下的前工业文明时代,人类中心主义发挥了极大的

---

① 何怀宏:《生态伦理:精神资源与哲学基础》,河北大学出版社2002年版,第343页。

② 北京大学哲学系外国哲学史教研室编译:《西方哲学原著选读》(上卷),商务印书馆1981年版,第54页。

指导作用，让人类逐渐认识到大自然不再是人类的敌人，而是可供人类改造并能满足人类需要的价值物。这样，在人类中心主义的指引下，人类改造自然的积极性、自主性和创造性被激发出来。现代人类中心主义使人确信自己是自己的主人，人能够协调自己的需要和愿望，进行多方面的个性化发展。从让人摆脱自然的奴役与束缚，进而高扬人的主体能动性这一点来讲，现代人类中心有其合理的与可借鉴的思想。

第二，离开了人的利益，大自然就只是一片“价值空场”。人类中心主义普遍认为，谈论自然的价值不能离开人去空谈自然有什么价值。现代人类中心主义主张，在人与自然、人类与生态环境的相互作用中，人类的利益始终是置于首要地位的，离开了人的利益的自然价值只不过是一个虚幻的概念。现代人类中心主义认为保护环境也是为了保护人的利益，离开人的利益谈论环境保护是没有意义的。人类要求保护的更有利于自己生存和发展的环境，恢复相对于人来说的生态平衡。保护自然是为了保护人类自己，生态危机表明，人对自然做了什么，也就是对自己做了什么。[1] 现代人类中心主义所主张的“人的生存和发展离不开自然界，自然界是人类价值的承载”的观点具有重要的现实启示意义，即在生态文明建设中不能离开人的生存与发展单纯地、一味地去保护环境，良好的环境最终应是为了人的利益，离开了人的利益的生态文明无所谓“文明”可言，也就不具备善的意义。

现代人类中心主义认为，人类认识的目的必然在于为实现人类的利益需求服务。人类谋求与自然的协调发展是基于人类利益而言的，离开了人类的利益空谈所谓环境保护是毫无意义的。因此，人类中心主义从人类的利益和需要出发去谈论事物的价值有其合理内涵。如若以自然生态为中心，就预设了一个前提，即自然的都是好的，由此必然得到的结论是自然有其内在价值。反对人类中心主义的人，也正是在强调自然价值的层面上反对人类中心主义的。“但是过分地强调与人的利益和需要无涉的价值关系存在的合理性对于我们解决现实的环境问题究竟有多大意义呢”[2]，而且“没有人的存在和参与，

---

① 傅华:《生态伦理学探究》，华夏出版社 2002 年版，第 11 页。
② 李培超:《自然的伦理尊严》，江西人民出版社 2001 年版，第 145 页。

价值意识就无法形成,有利于环境保护的行为就无从发生"①。应当讲,人类中心主义主张人类为了自身的利益而关心生态环境问题,对人与自然关系的协调发展有所裨益。

第三,承认并尊重自然界的内在价值,并强调对自然界加以尊重。人类中心主义虽然强调以人的利益为中心,但并不是人为人就是自然界进化的唯一和最高的目的。它虽然主张人的价值要高于自然界的价值,但是人类中心主义同样尊重自然界的内在价值。那些认为人类中心主义不关注自然、只知一味地向自然索取的观点,实质上是对人类中心主义的误读。人类中心主义同样在对生态危机进行自我反思,进而明确提出基于对人类自身利益的保护,人类应当保护环境的观点。什科连科认为:"人类认识和考虑生态环境问题,归根结底是为了保证人类最良好的生存和发展;……但是这不意味着人在某种程度上摆脱或忽视自然环境。"②由此可见,现代人类中心主义同样强调要对自然加以保护和尊重,并不是一味地认为人就应当凌驾于自然之上。

人类中心主义代表人物帕斯莫尔指出:"当代生态问题并不根源于人类中心主义观点本身,威信扫地的不是人类中心主义,而是那种认为自然界仅仅为了人而存在并没有内置价值的自然界的专制主义。"③现代人类中心主义弱化了传统人类中心主义中人类对自然的宰制态度,强化了人类对自然保护的责任。它放弃了传统人类中心主义片面强调主体一极的偏激主张,在强调人类主体性原则的同时,反对违背自然规律,凌驾于自然之上的人类专制主义。这对于我们尊重自然、顺应自然、保护自然,实现人与自然的和谐共生,具有一定的启发意义。

二、非人类中心主义思想

大自然始终是人类生存的家园。自19世纪起,生态学所强调的有机整体性原则、共生依赖性原则、平等差异性原则等都已经深入人心。有许多人开始

---

① 李培超:《自然的伦理尊严》,江西人民出版社2001年版,第146页。

② [苏]Ю.А.什科连科:《哲学·生态学·宇航学》,范习新译,辽宁人民出版社1988年版,第240—241页。

③ John Passmore, Man's Responsibility for Nature, London: Gerald Duck worth, 1974.

尝试用生态学的基本原理来思考人与自然的关系问题，并展开价值评判。“湖畔诗人”爱默生用优美的文学语言表达出了对自然的热爱。他认为，大自然可以使人疲惫的身心得到调整，可以使人的境界得到提升。大自然的秩序和美丽都是人的道德评价中不可或缺的元素，因为自然之美是上天为品德规定的标记。“大自然的美总是像空气一样偷偷地溜进伟大的行动之中。”深受爱默生影响的另一位伟大的思想家梭罗，喜欢将大自然称为“爱的共同体”。他反对用敌视的眼光对待大自然，主张以谦卑、平等的道德感对待自然物。在梭罗所看待的生活中，老鼠是他的邻居，松鼠是他的访客，红蚂蚁是勇猛无比的士兵。“世上没有一物是无机的。”所有的一切都形成了地球的秩序，生命的喧嚣构成了地球“脉搏”的律动。从此，不断地有各界思想家和学者思考人与自然的关系，使得生态伦理学经过19世纪初的萌芽之后终于在20世纪中叶形成了较为完备的理论形态。其中，动物解放与权利论、生物中心主义、生态中心主义和深生态学等学派的一些观点，对中国乡村生态伦理研究具有一定的启发和借鉴意义。

动物解放与权利论关于解放和尊重动物的观点。动物解放和权利论认为，人类应该把道德应用的范围扩展到所有动物，尊重动物生存和发展的权利。澳大利亚哲学家彼得·辛格认为，动物和人一样，是有感觉的存在物，因而人和动物的利益同等重要。“我们就必须承认——除非我们是物种歧视者——在没有好理由的情况下给一匹马造成程度的痛苦也是错误的。”①“我坚持认为只有具有感受苦乐的主观经验才是拥有利益这一命题的完整内涵，即利益就在趋乐避苦的感觉经验中，因而意识或主观经验就是利益存在的充分必要条件。”②美国哲学家汤姆·雷根从康德的义务论出发，以权利为基础为动物辩护。在雷根看来，每个人之所以拥有不受侵犯的道德权利，不是因为人的利益，而是因为人具有一定优先于利益和功利的价值，即“内在价值”。具有内在价值的个体本身是目的而不是手段。他进一步指出，内在价值的基础是成为“生命的主体”。“成为生命主体意味着……拥有信念和欲望，知觉、记忆和

---

① ［英］彼特·辛格：《动物解放》，孟祥森、钱永祥译，光明日报出版社1999年版，第21页。

② Peter Singer, "Not for Human Only: The Place of Nonhunman in Environmental Issues", Manuel Velasquez and Cynthia Rostankowski edited: Ethics, Theory and Practice, Prentice-Hall, 1985, p.480.

对未来(包括自己的未来)的感觉,交织着快感和痛感的情感生活,偏好和福利,追随自己的欲望和目标发出行动的能力,超时间的心理同一性,以及独立于对他者效用的、经历生活甘苦的个体福利。"①雷根认为,某些动物,至少是哺乳动物,与人一样是它们自身生活的主体,能够自己决定自己的生活向度而无须他人干涉,所以符合成为生命主体的条件,它们因而应当具有固有价值。拥有"内在价值"意味着它们有不容否定的道德权利。

生物中心主义(生命平等主义)关于敬畏生命和尊重大自然的观点。生物中心论把道德关怀的视野投向所有的动物和植物,引发了一场伦理思想的变革。在倡导生物中心论的思想家中,施韦泽"敬畏生命"的伦理学和泰勒的尊重大自然的伦理观在理论创立和发展中作出了突出的贡献。施韦泽认为:"伦理不仅与人,而且也与动物有关。动物和我们一样渴求幸福,承受痛苦和畏惧死亡。那些保持着敏锐感受性的人都会发现同情所有动物的需要是自然的。这种思想就是承认:对动物的善良行为是伦理的天然要求。"②他提出和倡导的敬畏生命伦理观不仅要求敬畏人的生命,而且还要求敬畏动物、植物的生命。施韦泽认为,一切生命都有生命意志,他们都能感觉到生命的存在并要求保存和发展自己的生命,这是有机体的内在价值,是有机体的"善"。因此,我们应该爱并尊敬一切生命,保持生命,促进生命,尊重生命的内在价值,使生命达到最高度的发展。以泰勒为代表的尊重自然的伦理学认为,"人只是地球生物共同体的一个成员,他与其他生物是密不可分的;人类和其他物种一样,都是一个互相依赖的系统的有机构成要素,每个生物的存活及其盛衰变化不仅取决于环境物理条件,而且取决于它与其他生物的关系;一切有机体都是以自身的方式追求自身的善的独立生命目的中心;人并非天生就比其他生物优越"③。人类优越性概念的放弃就是对物种平等概念的接受。因此,所有物种都是平等的,并且具有相同的先天价值;而一旦有机体被认为具有先天价值,那么对它唯一适当的态度就是尊重。尊重自然意味着所有的生命都被视为一个具有

---

① T. Regan, The Case For Animal Rights, California: University of California Press, 1985, p. 243.

② [法]阿尔贝特·施韦泽:《敬畏生命:五十年来的基本论述》,陈泽环译,上海社会科学院出版社2002年版,第88页。

③ Paul. W. Talor, Respect for Nature: A Theory of Environmental Ethics, Princeton: Princeton University Press, 1986, pp. 99-100.

同等自然价值和道德地位的实体，他们有权得到同等的关怀。

生态中心主义关于对所有生物给予道德关怀的观点。生态中心主义是将道德关怀的范围从人类扩展到全部生态系统的伦理理论。在当代西方，生态中心主义者从不同角度来阐释生态中心主义。利奥波德的大地伦理学把生态系统理解为共同体，强调共同体总是比包括人类在内的有机个体更重要。大地伦理的基础和前提是扩大“共同体”的范围。共同体是伦理关系存在的基本单位，即所有伦理问题都发生在共同体内部。如果一件事脱离了共同体，它就不会成为道德关怀的对象。“迄今所发展起来的各种伦理都不会超越这样一个前提：个人是一个由各个相互影响的部分所组成的共同体的成员。他的本能使得他为了在这个共同体内取得一席之地而去竞争，但是他的伦理观念也促使他去合作。”①利奥波德的大地伦理学宗旨就是要扩展道德共同体的界限，使之“包括土壤、水、植物和动物，或者把它们概括起来：大地”②，并把人的角色变成地球共同体的普通成员和普通公民。大地伦理学将生物群落的完整性、稳定性和美视为至善，将群落本身的价值视为确定其组成部分的相对价值的标准，并将其作为确定每个群落之间发生相互冲突时的仲裁标准。“土地伦理是要把人类在共同体中以征服者的面目出现的角色，变成这个共同体中的平等的一员和公民。它暗含着对每个成员的尊敬，也包括对这个共同体本身的尊敬。”③

美国哲学家霍尔姆斯·罗尔斯顿从传统的价值论伦理学出发，确立了生态系统的内在价值，从而为生态中心主义的构建提供了哲学前提。他反对从人类利益的角度来评价自然的价值，即只把自然的价值归结于人类的工具价值和使用价值，认为自然的价值可以在没有人类参与的情况下产生，即自然的价值是客观的，是自然自身属性和生态系统的结果。罗尔斯顿把“生态学作为一门伦理科学”④，他认为自然价值的所有权是属于大自然自己的。“在评价大自然时，确实需要加入个人经验的内容，但是，如果认为自然事物所承载的价

---

① ［美］奥尔多·利奥波德：《沙乡的沉思》，侯文蕙译，新世界出版社，2010 年版，第 203 页。

② ［美］奥尔多·利奥波德：《沙乡的沉思》，侯文蕙译，新世界出版社，2010 年版，第 203-204 页。

③ ［美］奥尔多·利奥波德：《沙乡的沉思》，侯文蕙译，新世界出版社，2010 年版，第 204 页。

④ ［美］霍尔姆斯·罗尔斯顿：《哲学走向荒野》，刘耳、叶平译，吉林人民出版社 2000 年版，第 84 页。

值完全是我们的主观投射，那就陷入了一种价值上的唯我论。价值体现在真实的事物并且常常是在自然事物之中。”①他把价值从动物、植物、有机体扩展到整个生态系统，赋予整个自然以道德价值的意义。

深层生态伦理学的代表人物奈斯认为，自然与人类的利益是独立的，双方的存在谁也不依赖谁，自然有它自己的价值。奈斯指出，所有物种和自然界的利益应是伦理学的出发点和根本归宿，它的理论核心应是人在不伤害自然的前提之下的、不断扩大自我认同对象范围、超越个人和人类而达到与包括非人类世界在内的整个世界都认同唯一的“自我实现”原则和自我实现的最高境界的“生态中心平等”原则。奈斯强调，所有生命在生命权利和内在价值上一律平等是深生态学的最终目标。

第三节
马克思恩格斯生态思想

马克思主义是从客观实际中产生并在客观实际中获得证明的真理，是科学的理论、实践的理论、发展的理论。马克思和恩格斯在指导欧洲无产阶级革命运动中，曾经在不同场合研究人类与其生活的自然环境的关系问题，写下了大量涉及环境保护问题的论著，形成了马克思恩格斯生态思想。

一、马克思生态思想

在科学发展史上，马克思第一次对人与自然环境、社会与自然环境的相互关系进行了全面考察和深入思考，创立了人与自然统一的学说。按照马克思的观点，在人和自然的关系中，自然界具有客观实在性，对人类及人类社会的存在具有本原的制约性。因此，人类的发展离不开对于自然的依赖，人类必须要正确地处理同自然的关系，尊重自然规律，这样才能能动地利用自然、改造

① ［美］霍尔姆斯·罗尔斯顿：《环境伦理学：大自然的价值以及人对大自然的义务》，杨通进译，中国社会科学出版社 2000 年版，第 36 页。

自然，使自然界为人类服务。

（一）马克思的生态理论原则

1. 自然界是人的无机身体

马克思认为，人是自然的存在。没有自然，人类就失去了物质基础和生存与发展的保障。事实上，自然也是人类精神生活发生和发展的源泉。没有自然界，人类的生存和繁衍都是不可能实现的，外部自然为人类提供从事生产劳动的基础环境。人类生存和发展需要依赖于自然界。“植物、动物、石头、空气、光等等，一方面作为自然科学的对象，一方面作为艺术的对象，都是人的意识的一部分，是人的精神的无机界。”①这表明，自然界拥有不依赖于人类意识而存在的优先性，自然界是人类生产和生活的前提和保证，是人类社会存在和发展的重要基础。尽管马克思和恩格斯认为人具有主体性，但他们并不支持资本主义对自然的征服和掠夺。从某种意义上说，自然界还是人类实践的对象，是人类生存、繁衍、生产、发展的必要载体。马克思认为，人与自然的关系之所以高于动物与自然的关系，就在于人能够在自然界之中从事物质生产活动。动物不能通过自身的主观能动性从事物质生产活动以改造自然，它们只是单纯地利用外部自然界来谋得生存，“而人则通过他所作出的改变来使自然界为自己的目的服务，来支配自然界。这便是人同其他动物的最终的本质的差别，而造成这一差别的又是劳动”②。一般物质生产是人类生存和发展的前提，因为只有通过物质劳动实践才能完成与外部自然的物质交换。人们有意识地通过生产活动改造外部自然界，使之成为人性化的自然。所以自然界是人类的无机身体。自然界就像人的身体一样，为人类提供物质生产活动和各种实践活动所需的材料。

2. 人道主义等于自然主义

马克思的自然观认为，生态环境与社会制度息息相关。人和自然的矛盾与人和人之间的矛盾是相互交织在一起的，并且人类对自然界的改造和调节从来都受社会生产方式以及同这种生产方式连在一起的社会制度的影响。马

① 《马克思恩格斯文集》第1卷，人民出版社2009年版，第161页。
② 《马克思恩格斯文集》第9卷，人民出版社2009年版，第559页。

克思认为，要改变社会的这种状况，人类只有结成社会，并且“只有在这些社会联系和社会关系的范围内，才会有他们对自然界的关系”①。在资本主义工业社会中，劳动力、科学技术和自然都是资本家用来获得剩余价值的工具，自然界成为资本家们用来牟利的手段。为了实现利润最大化，资本家破坏了自然的动态平衡，使自然生态无法正常自我调节，整个生态系统处于不稳定的困境。因此，人与自然的矛盾不能在资本主义制度的框架内得到真正解决。马克思认为，只有变革资本主义生产方式，才有可能实现“人的自然主义”与“自然的人道主义”的统一。“社会是人同自然界的完成了的本质的统一，是自然界的真正复活，是人的实现了的自然主义和自然界的实现了的人道主义。”②马克思关于人的自然主义和自然的人道主义相统一的论述表明，只有变革资本主义工业化的生产方式，让生产力从资本主义之中解放出来并得到高度发展时，人和自然的关系才能和谐一致起来，进而才能完成人道主义和自然主义的结合。

3. 自然史与人类史的统一

“生命的生产，无论是通过劳动而生产自己的生命，还是通过生育而生产他人的生命，就立即表现为双重关系：一方面是自然关系，另一方面是社会关系。”③在现实世界中，这两种关系是相互联系、相互作用而且不可分割的。“历史可以从两个方面来考察，可以把它划分为自然史和人类史。但这两方面是不可分割的：只要有人的存在，自然史和人类史就彼此相互制约。”④马克思把“人与自然的关系”和“人与人的关系”视为人类面临的两大基本问题，是“两大变革”的历史任务，“我们这个世纪面临的大转变，即人类与自然的和解以及人类本身的和解”⑤。因此，在理解人与自然的关系时，不应该割裂“自然史”与“人类史”的关系，孤立、静止地看待人与自然的关系，而是应将人与自然的关系置于社会关系的考量之中。人与自然的关系是人类实践过程中创造的人与人的社会关系的反映。在自身创造的社会关系中，人们不断地赋予人与自然

---

① 《马克思恩格斯选集》第1卷，人民出版社1995年版，第362页。
② 《马克思恩格斯文集》第1卷，人民出版社2009年版，第187页。
③ 《马克思恩格斯文集》第1卷，人民出版社2009年版，第532页。
④ 《马克思恩格斯文集》第1卷，人民出版社2009年版，第516页。
⑤ 《马克思恩格斯文集》第1卷，人民出版社2009年版，第63页。

的关系以人的意义。人与自然的特殊关系受到社会形态的制约，社会形态和社会制度的差异也决定了人与人的社会关系的差异。因为人是社会关系的总和，所以在不同的社会形态和社会制度下，人与自然的区别也是由人决定的。"自然界的人的本质只有对社会的人来说才是存在的；因为只有在社会中，自然界对人来说才是人与人联系的纽带，才是他为别人的存在和别人为他的存在，只有在社会中，自然界才是人自己的合乎人性的存在的基础，才是人的现实的生活要素。只有在社会中，人的自然的存在对他来说才是人的合乎人性的存在，并且自然界对他来说才成为人。"①所以整个人类发展史就是人与自然的关系史。人与自然关系的历史这本厚重的书里的每个章节都书写着人类的进步史。

（二）马克思的生态实践原则

1. 自然的人化与人的自然化

人与自然之间有着对象化的关系。人把外部自然看成是自身现实的感性客体，是自己生命表现的对象；人又是外部自然存在的现实的感性客体，也同时是自然本质发展的客体。关于对象性关系，马克思说道："说一个东西是对象性的、自然的、感性的，又说，在这个东西自身之外有对象、自然界、感觉，或者说，它自身对于第三者来说是对象、自然界、感觉。"②人以自然界作为自己对象性的存在，所以是感性的，而自然界则是固有而客观地存在着。相比之下，动植物只能被动地适应自然的运动和变化，人则可以通过客观的实践来改造自然，从而满足人类的需要，确认人的本质力量。通过实践，人们逐渐使生活活动本身成为符合自身主观意志和主动意识的对象。一方面，人通过自然而生成人，自然通过人而生成自然。人和自然是在对象性关系中互相生成的，人是在成为对象物和有对象物的条件下产生的。人的对象物必然是人之外的自然存在物。因而，自然作为人的对象使人得以产生。人的感官是由客观存在性产生的。同样，人的感情、心理和情感也都是由自然物引起的。大自然提供的食物的缺乏或充足会使人产生饥饿或饱足的感觉，让人感到幸福、满意或不

① 《马克思恩格斯文集》第 1 卷，人民出版社 2009 年版，第 187 页。
② 《马克思恩格斯文集》第 1 卷，人民出版社 2009 年版，第 210 页。

满。从这个意义上说，自然使人产生。只有当自然以人为对象时，自然的有用性才能成为有用性，自然才能从真实意义上生成。另一方面，人通过自然确证人的本质，自然通过人确证自然的本质。人与自然的这种对象性关系证实了自然不是抽象的存在，而是与思维完全不同的东西，更不用说是思维的产物。另外，作为主体的人则具有强烈地追求对象的本质力量，并不断地在物质实践过程中验证这种本质力量，使人确证了自然的客观性和历史性。“自然界的目的就在于对抽象的确证。”①人在不断地改造自然的实践活动中证明了人的类本质，在对象性活动中确证自己的天赋、才能、知识和激情。由此可以看出，人与自然的双向对象化，实质上是互为对象的实践主体和客体相互渗透且相互创造的双重化过程，“是客体的主体化和主体的客体化能动而现实的有机统一”②。人与自然的双向对象化实际上是物质实践过程中“客体主体化”与“主体客体化”双向运动的辩证发展过程，表现为“人的自然化”和“自然的人性化”两个过程。主体的客体化是人的自然化。人是一种直接的自然存在者，离开自然而空谈抽象的人是不存在的。这里，如果没有外在的自然界，人类就不能创造任何东西，因为人类能够生存的基础是利用外在的自然界所提供的条件。从直接意义上讲，人类周围的自然环境是人类从事物质生产与日常生活实践的前提和基础。客体的主体化即是自然的人化。在实践中，客体一方面以其固有的特征和规律，规范和限制主体的活动及其效果，另一方面使主体能够占有和消费自然界，以丰富、提高和强化自己的本质力量。

2. 人与自然之间的物质变换

马克思认为，人与自然之间的真实关系是物质变换。在《资本论》中，马克思写道：“劳动首先是人和自然之间的过程，是人以自身的活动来中介、调整和控制人和自然之间的物质变换的过程。”③在《1861—1863 年经济学手稿》中，马克思指出：“实际劳动就是为了满足人的需要而占有自然因素，是促成人和自然间的物质变换的活动。”④在《资本论》第三卷中，马克思曾用“物质变换”这一概念设想了未来的共产主义社会。需要注意的是，在 19 世纪四五十年代，

---

① 《马克思恩格斯文集》第 1 卷，人民出版社 2009 年版，第 222 页。
② 肖前、李淮春、杨耕：《实践唯物主义研究》，中国人民大学出版社 1996 年版，第 155 页。
③ 《马克思恩格斯文集》第 5 卷，人民出版社 2009 年版，第 207-208 页。
④ 《马克思恩格斯全集》第 32 卷，人民出版社 1998 年版，第 44 页。

马克思所关注的“物质变换”问题，直指的主要是资本主义生产方式所导致的土壤肥力衰竭的问题。马克思在《资本论》第一卷讨论“大规模的工业和农业”时对资本主义农业展开了批判，认为资本主义生产“破坏着人和土地之间的物质变换”①。在这之后，马克思对资本主义社会中“物质变换”的关注从土壤肥力的流失扩展到了整个资本主义社会的自然的异化。在《资本论》第三卷论述“资本主义地租产生”时，马克思指出，大土地所有制造成一个不断增长的拥挤在大城市中的工业人口，“由此产生了各种条件，这些条件在社会的以及由生活的自然规律所决定的物质变换的联系中造成一个无法弥补的裂缝，于是就造成了地力的浪费，并且这种浪费通过商业而远及国外”②。马克思关于“物质变换裂缝”的概念是对资本主义生态批判的核心元素，被用来指称资本主义社会的整个“自然异化”“物质异化”。“物质变换裂缝”是在雇佣劳动与资本的关系中才得到完全的发展，是整个资本主义世界的特征。“物质变换裂缝”，一方面让人类以衣食形式消费掉的土地组成部分不能再回到土地之中。另一方面，城乡分离、远距离贸易也是导致“物质变换裂缝”产生的原因，但这些只是表面原因。“物质变换裂缝”产生的更深层原因，是资本主义生产方式和资本主义的私有制。

3. 绿色生产力是先进生产力

马克思强调发展先进生产力，先进生产力是符合时代发展要求的生产力，是社会发展的动力。资本主义私有制条件下的生产力，在极大地促进资本主义社会发展的同时，造成了人的异化和人与自然关系的异化，让人的发展扭曲，也让人与自然关系紧张。劳动是人的类本质，应是人的自由自觉的活动。但是，在资本主义私有制条件下的劳动却是以劳动要素的分离和对立为前提，这种劳动使原本统一的各要素之间分离、异化，从而使资本主义社会的生产力成为人的异化、人与自然关系异化的黑色生产力。在资本主义社会，劳动之所以会是异化劳动，生产之所以会是黑色生产，就是因为一切事物的发展都被打上了资本的烙印。“资本是资产阶级社会的支配一切的经济权力。”③无论是土

① 《马克思恩格斯文集》第5卷，人民出版社2009年版，第579页。
② 《马克思恩格斯文集》第7卷，人民出版社2009年版，第918-919页。
③ 《马克思恩格斯文集》第8卷，人民出版社2009年版，第31-32页。

地、矿产等自然资源还是劳动者本身，都是必须要按照有利于资本增值的方式进行组织，人与自然界都被卷入了资本生产的过程之中。资本逻辑遵循增殖—进取—扩张的本性，通过吸取“人的自然力”和“自然界的自然力”来实现其扩张，不仅剥夺自然界的价值，而且剥夺人的世界的价值。这样，人与人之间、人与自然之间变成了金钱和利用的关系，人的尊严与自然界的尊严变成了交换价值。在资本逻辑的驱使下，人的发展危机和自然的生态危机同时爆发，它是资本主义破坏人自身和人与自然和谐关系的黑色生产力的幕后推手。针对资本主义社会中异化劳动的普遍、资本逻辑疯狂渗透所导致的人与自然的双重危机，马克思怀着对共产主义崇高理想信念的强烈追求和深沉思考，把消除异化劳动、消除资本逻辑所导致的人与自然关系的全面异化，都寄希望于共产主义社会。他认为，共产主义社会扬弃了私有财产和异化劳动，实现了人的自由而全面的发展。因此，共产主义社会是人的高度发展与自然界的高度发展的统一，“是人和自然界之间、人和人之间的矛盾的真正解决，是存在和本质、对象化和自我确证、自由和必然、个体和类之间的斗争的真正解决”①。共产主义社会“使整个自然界得到复活”，是自然界得到解放的时代。自然界一旦得到解放，便能够“恢复自然中的活生生的向上的力量，恢复与生活相异的、消耗在无休止的竞争中的感性的和美的特征”②，“使自然界本身的悦人的力量和特性得以恢复和解放”③。解放自然也就消除了自然对人的异化，使日益衰败的自然界恢复其活生生的向上的生机和力量，重新建立起自然界中的生物与环境、人与环境之间的相互适应与相互协调的良性循环关系。另外，共产主义社会中的人是全面发展的人，人不再是异化的人。因此，共产主义社会中的人也是解放了的人，人与人之间“不再有任何阶级差别，不再有任何对个人生活资料的忧虑，并且第一次能够谈到真正的人的自由，谈到那种同已被认识的自然规律和谐一致的生活”④。因此，共产主义社会的生产力是扬弃了异化劳动与资本逻辑之后的生产力。这种生产力就是绿色生产力，绿色生产力也是

① 《马克思恩格斯文集》第1卷，人民出版社2009年版，第185页。

② 复旦大学哲学系现代西方哲学研究室编译：《西方学者论〈1844年经济学—哲学手稿〉》，复旦大学出版社1983年版，第146页。

③ 复旦大学哲学系现代西方哲学研究室编译：《西方学者论〈1844年经济学—哲学手稿〉》，复旦大学出版社1983年版，第152页。

④ 《马克思恩格斯选集》第3卷，人民出版社1995年版，第456页。

符合时代发展要求的先进生产力。

二、恩格斯生态思想

恩格斯始终非常关注对人与自然之间关系的研究。恩格斯从实践出发，不但揭示了人、社会、自然三者之间的生态关系，还剖析了资本主义社会的生态环境问题，形成了自己的生态思想体系。其核心内容主要包括：人与自然相互依存、人对自然具有能动性、改造自然需要尊重客观规律等。

（一）人与自然相互依存

自然是人类生存与发展的基础。在《反杜林论》中，恩格斯明确表达了“人、自然、社会是互相依存的复合生态系统”的思想，从而确立了自己的生态文明哲学观。恩格斯认为，人、自然、社会这个复合生态系统是一个对立统一的矛盾体，人、自然、社会之间是相互联系、相互交织着发展的。对生态系统的考察必须把人、自然、社会统一起来加以考察，而不能忽略其中的任何一个因素。在恩格斯看来，人与自然界之间紧紧相连，是密不可分的。一方面，人依赖于自然。人类若想得以生存和发展，就必须要承认自然界的基础作用，若没有大自然为人类提供生存和发展的物质资料，人类将无法取得社会的发展和进步。另一方面，自然也依赖于人。从人类社会历史开始，人对自然进行改造就让自在自然打上了人的烙印，人对自然的利用使得自然不再仅仅是单纯的自在自然而成了人化的自然。人对自然的改造既满足了自身的基本需求，同时又创造出满足人类生产生活的环境，即人化的自然。马克思和恩格斯从来都反对那种无视人化自然的观点。在《德意志意识形态》中，马克思和恩格斯批判了费尔巴哈不知道周围的自然界是怎么来的观点。在恩格斯看来，自然塑造着人，人也在塑造着自然，人与自然是相互影响、相互依存的。

（二）人对自然具有能动性

恩格斯在阐述人与自然的关系时，强调了人对于自然的认识以及在改造自然的过程中思维的发展以及意识的能动作用。“人，一切动物中最爱群居的动物，显然不可能来源于某种非群居的最近的祖先。随着手的发展、随着劳动而开始的人对自然的支配，在每一新的进展中扩大了人的眼界”①。恩格斯认为，“动物仅仅利用外部自然界，简单地通过自身的存在在自然界中引起变化，而人则通过他所作出的改变来使自然界为自己的目的服务，来支配自然界”②，“动物也进行生产，但是它们的生产对周围自然界的作用在自然界面前只等于零。只有人能够做到给自然界打上自己的印记，因为他们不仅迁移动植物，而且也改变了他们的居住地的面貌、气候，甚至还改变了动植物本身，以致他们活动的结果只能和地球的普遍灭亡一起消失”③，“不言而喻，我们并不想否认，动物是有能力采取有计划的、经过事先考虑的行动方式的。……但是一切动物的一切有计划的行动，都不能在地球上打下自己的意志的印记。这一点只有人才能做到”④。为此，恩格斯批判了唯物主义机械自然观忽视人的主观能动性的缺陷。他指出，人类“比一切其他动物强”就在于“能够认识和正确运用自然规律”，“学会认识我们对自然界的惯常行程的干涉所引起的比较近或比较远的影响”，“学会支配至少是我们最普通的生产行为所引起的比较远的自然影响”⑤。

恩格斯认为人具有改造自然界的合理性，人对于自然界的改造是人类文明进步的体现。“人离开动物越远，他们对自然界的影响就越带有经过事先思考的、有计划的、以事先知道的一定目标为取向的行为的特征。动物在消灭某一地带的植物时，并不明白它们是在干什么。人消灭植物，是为了腾出土地播种五谷，或者种植树木和葡萄，他们知道这样可以得到多倍的收获。”⑥恩格斯在人与自然界的关系上完全摆脱了旧唯物主义的机械性，不是把人看作孤立的人，纯自然属性的人，而是社会、能动的人。因此恩格斯认为人不是机械、简单地适应自然界、顺从自然界，而是可以通过实践，探索自然界的本质，揭示和掌握自然界发展的规律，在此基础上开展人类的各种各样的活动，达到设想的目标。

---

① 《马克思恩格斯文集》第9卷，人民出版社2009年版，第553页。
② 《马克思恩格斯文集》第9卷，人民出版社2009年版，第559页。
③ 《马克思恩格斯文集》第9卷，人民出版社2009年版，第421页。
④ 《马克思恩格斯文集》第9卷，人民出版社2009年版，第559页。
⑤ 《马克思恩格斯选集》第4卷，人民出版社1995年版，第384页。
⑥ 《马克思恩格斯选集》第4卷，人民出版社1995年版，第382页。

（三）改造自然需要尊重客观规律

人类为了生存和发展，不断地扩大自己的活动范围，对自然的利用和控制也随之扩大。人类活动范围的扩大，占有越来越多的自然领域，表现为“人对自然的进攻”。但是也要看到，接连暴发的各种自然灾害也展示了“自然向人的进攻”。人与自然处于同一系统之内，人对自然的任何改造都会直接或间接地影响人的自身。恩格斯在《反杜林论》中指出，人要想实现更多的自由只能在服从自然规律的前提之下，人的自由只能实现于自然的必然性之中。人类活动会对自然产生影响，当这种影响还处于自然所能承受的阈值范围之内时，人不会感觉到自然的变化，也不会意识到自己需要为自己的行为付出代价；一旦人对自然施加的影响超出自然的承受能力，自然就会表现出对人的反扑以及对人的报复。恩格斯认为，虽然当前人类在最先进的工业国家已经降服了自然力，迫使它为人们服务，但得到的结果经常出乎人类的预料。为此，恩格斯告诫说：“我们不要过分陶醉于我们对自然界的胜利。对于每一次这样的胜利，自然界都对我们进行报复。”①恩格斯的生态警示告诉我们，社会的发展一定要尊重客观规律，走人与自然和谐发展的新的路径。

虽然恩格斯认为人具有对自然的能动性，但是他同时强调人类进行研究的目的是要寻找自然界与人类历史发展的原则和规律，而这些原则和规律不应是从人的主观意识中臆想出来的，而应是从自然界和人类社会中抽象出来的。人类研究所得到的原则和规律只有在适合于自然界和历史的情况下才是正确的。他认为：“事实上，我们一天天地学会更正确地理解自然规律，学会认识我们对自然界习常过程的干预所造成的较近或较远的后果。特别自本世纪自然科学大踏步前进以来，我们越来越有可能学会认识并从而控制那些至少是由我们的最常见的生产行为所造成的较远的自然后果。而这种事情发生得越多，人们就越是不仅再次地感觉到，而且也认识到自身和自然界的一体性，那种关于精神和物质、人类和自然、灵魂和肉体之间的对立的荒谬的、反自然的观点，也就越不可能成立了。”②现代社会发展往往以利润为原则，忽视了生

① 《马克思恩格斯文集》第9卷，人民出版社2009年版，第559-560页。

② 《马克思恩格斯文集》第9卷，人民出版社2009年版，第560页。

产中应该遵循的自然规律，导致生态环境的破坏、生物多样性的丧失，是不可持续的社会生产。恩格斯在人与自然关系上抱有积极乐观的态度。他认为，只要我们能正确认识和利用自然规律，人类就可以和自然和平相处。

第四节 习近平生态文明思想

习近平生态文明思想是在中国特色社会主义历史发展的进程中，逐步形成和发展起来的。1982 至 1985 年，在河北省正定县工作的习近平总书记，在沃野千里的华北平原大地上萌生出生态文明理念。1984 年，习近平总书记就自然资源开发问题提到，人类依靠自然资源而生存；人类过去盲目地开发、使用自然资源以求经济的发展；现在，需要合理开发、节制使用自然资源以求自然和社会的平衡；不能不研究资源问题和资源战略问题。1985 年到 1993 年，习近平总书记在福建主政期间，以战略家的眼光提出，要建设生态城市、建设生态省，并将生态文明建设融入经济发展和城市建设之中，让城市依托绿色理念走出一条生态良好、市容整洁、经济较快增长的发展之路。2002 年调任浙江工作后，习近平总书记不仅以实际行动不断促进浙江省生态事业的发展，更是将生态环境保护上升到理论高度，提出了“绿水青山就是金山银山”“生态兴则文明兴，生态衰则文明衰”等科学论断，丰富了马克思主义生态思想。

党的十八大以来，习近平总书记高度重视生态文明建设，推动中国特色社会主义生态文明事业不断发展，推动“中国梦”的实现。习近平总书记多次发表重要讲话，就人与自然、生态与文明、生态环境与经济发展、环境保护与生产力、生态环境与人民福祉等重要关系，提出了一系列新思想、新观点、新论断，习近平生态文明思想逐步走向成熟。2018 年 5 月，在全国生态环境保护大会上，习近平总书记对全面加强生态环境保护、坚决打好污染防治攻坚战等重大问题，发表了重要讲话，丰富和发展了马克思主义生态文明思想，开创了马克思主义生态文明思想中国化的新境界，“习近平生态文明思想”这一重大理论成果由此确立，并成为习近平新时代中国特色社会主义思想的重要组成部分。

一、关于生态文明的论述

习近平关于生态决定文明兴衰的思想，是建设美丽中国的理论指南。习近平总书记指出，建设生态文明，首先要在尊重自然、顺应自然、保护自然的基础上调整人的行为，纠正人的错误行为，不要试图改变自然、征服自然，要做到人与自然和谐、天人合一。习近平总书记强调，人与自然的和谐共生是生态文明新时代人类的共同追求。人与自然是相互依存、相互联系的整体，对自然界不能只讲索取不讲投入、只讲利用不讲建设。保护生态环境就是保护人类，建设生态文明就是造福人类。人类对大自然的伤害最终会伤及人类自身。在生态文明新时代，人与自然应当从互相伤害的惨痛历史中走出来，探索互利共生的新时代发展模式，实现人的需求的满足与自然界的可持续利用和发展，营造人与自然和谐共生的新格局。

习近平总书记从人类文明发展的宏阔视野出发，总结了生态与文明相辅相成的辩证关系。自人类诞生以来，人与自然之间便是相互作用、相互生成的关系。人与自然的关系不是二元排斥、对立的关系，而是互为对象、互生互融的有机统一关系，而这关系的背后也总是隐藏着人与人的社会关系。也就是说，人与自然的关系反映并折射着人与人的关系。人类在实践中不断将自身的本质力量作用于自然，影响和改变自然的外在形态和内在性质。表面上看，人类的这种实践活动产生的是人与自然的关系，实质上却是社会化中人与人关系在人与自然关系上的折射。生态文明是对前工业文明和工业文明的深刻变革和积极扬弃，是人类文明程度质的提升和飞跃，是人类社会跨入一个全新文明时代的凝练概括，更是人类文明史上的全新文明形态。人类社会的文明程度与生态环境的良好程度是互相彰显的。当人与人的社会关系不协调时，人与自然的关系也难以和谐；当人能妥善处理好人与人的社会关系时，人与自然的关系也会和谐。回顾人类历史我们可以发现，很多古代的人类文明灰飞烟灭，总是伴随着生态环境遭到严重破坏，曾经水草丰美、森林茂密的古埃及和古巴比伦文明的衰落以及楼兰古国的消失都呈现出青山变秃岭、沃野变荒漠的萧条图景。习近平总书记在总结人类社会发展的历史教训后，强调指出：

“生态兴则文明兴，生态衰则文明衰。”①这一深刻论述揭示了生态与人类文明发展的客观规律，科学回答了生态与人类文明之间的辩证关系，丰富和发展了马克思主义生态哲学思想，为习近平新时代中国特色社会主义生态文明建设提供了强大动力和科学指南。

二、关于生命共同体的论述

国土是我国建设生态文明的最重要空间载体。针对我国国土空间开发中存在的耕地减少过多过快、生态系统功能退化严重、资源无节制过度开发、国土空间开发不合理且效率低等问题，习近平总书记指出，要按照经济效益、社会效益、生态效益相统一，人口、资源、环境相均衡的要求，搞好国土空间开发谋划，合理布局经济发展的生产空间、生活空间、生态空间。就我国生态文明建设本身的内部构成要素来看，生态文明建设绝不仅仅针对自然环境中的某一座山、某一条河，而是同时涉及生态系统中所有的要素。在习近平总书记看来，一个良好的自然生态系统是大自然亿万年间形成的，是一个复杂的系统，彼此相互联系，密不可分，不能只关注一个或几个方面。毁坏了山，砍光了林，污染了水，山就成了秃山，林就成了荒地，水就成了洪水，水土流失，沟壑千里，荒野一片。2013 年 11 月，习近平总书记在党的十八届三中全会上指出，“我们要认识到，山水林田湖是一个生命共同体，人的命脉在田，田的命脉在水，水的命脉在山，山的命脉在土，土的命脉在树”②。习近平提出“生态共同体”思想，强调要统筹兼顾、协调推进，把握自然生态要素，重视环境整体保护，不能单兵突进、顾此失彼，这对于搞好生态文明建设具有重要的指导意义。

人类和山、水、林、田、湖都是作为生态系统中的重要因素，它们之间是休戚与共的“生命共同体”的关系，任何一个部分出现问题都将影响到其他部分。习近平总书记主张以自然生态系统的良性循环和平衡作为出发点，将生态环境放在首位。在 2015 年中央城市工作会议上，习近平总书记指出，山水林田湖是城市生命体的有机组成部分，不能随意侵占和破坏。城市建设要以自然

① 《习近平关于社会主义生态文明建设论述摘编》，中央文献出版社 2017 年版，第 6 页。
② 《习近平关于社会主义生态文明建设论述摘编》，中央文献出版社 2017 年版，第 47 页。

为美，把好山好水好风光融入城市，使城市内部的水系、绿地同城市外部的河湖、森林、耕地形成完整的生态网络。2017 年 7 月，在中央全面深化改革领导小组第三十七次会议上，习近平总书记将“山水林田湖”加入了“草”，“生命共同体”开始用“山水林田湖草”的新提法，从而形成了完整的山水林田湖草是一个生命共同体的思想。

（一）修复山川，建设绿色屏障

我国是多山国家，约 60%的陆地国土空间为山地和高原。高耸的山脉并不是我们建设生态文明的阻碍，相反，修复山川，还山川以绿色能够让荒山变为绿色屏障，可以更好地保护我们的家园。习近平总书记在宁夏考察时指出，“要加强绿色屏障建设，实施天然林保护和三北防护林工程，加强六盘山、贺兰山、罗山等自然保护区建设，继续推进封山禁牧、退耕还林还草”①。在青海，习近平总书记指出，青海的生态地位十分重要，无法替代，青海“是世界上高海拔地区生物多样性、物种多样性、基因多样性、遗传多样性最集中的地区，是高寒生物自然物种资源库”②。此外，矿山一直是我国生态破坏严重的地区之一，矿山的环境治理恢复急不可待。我国部分地区历史遗留的矿山环境问题没有得到有效解决，造成地质环境破坏和对大气、水体、土壤的污染，特别是在部分重要的生态功能区仍存在矿山开采活动，对生态系统造成较大威胁。对此，习近平总书记强调，要修复山川，构筑绿色屏障，积极推进矿山环境治理恢复，突出重要生态区以及居民生活区废弃矿山治理的重点，抓紧修复交通沿线敏感矿山山体，对植被破坏严重、岩坑裸露的矿山加大复绿力度。

（二）保护水源，拒绝“大自然眼泪”

水资源短缺和污染问题，一直是困扰我国生态文明建设的老问题。目前，水资源问题已经成了我国严重短缺的自然资源问题，成了制约生态环境改善的重要因素，进而会严重威胁到我国经济社会的安全发展。“地球上最后一滴水，就是人的眼泪。”习近平总书记强调，我们绝不能让这种现象发生。“全党

---

① 《习近平关于社会主义生态文明建设论述摘编》，中央文献出版社 2017 年版，第 72 页。
② 《习近平关于社会主义生态文明建设论述摘编》，中央文献出版社 2017 年版，第 73 页。

要大力增强水忧患意识、水危机意识，从全面建成小康社会、实现中华民族永续发展的战略高度，重视解决好水安全问题。”①海洋是治理水污染的重要阵地，习近平总书记高度重视海洋保护，强调要把海洋生态文明建设纳入海洋开发总布局之中，科学合理开发利用海洋资源，维护海洋自然再生产能力。“要下决心采取措施，全力遏制海洋生态环境不断恶化趋势，让我国海洋生态环境有一个明显改观，让人民群众吃上绿色、安全、放心的海产品，享受碧海蓝天、洁净沙滩。”②长江是中华民族的母亲河，拥有独特的生态系统，是我国重要的生态宝库。习近平总书记多次强调要重视长江经济带建设，“推动长江经济带发展必须从中华民族长远利益考虑，走生态优先、绿色发展之路，使绿水青山产生巨大生态效益、经济效益、社会效益，使母亲河永葆生机活力”③。

（三）保护森林，加强国土绿化

森林关系国家生态安全。习近平总书记强调：“要着力推进国土绿化，坚持全民义务植树活动，加强重点林业工程建设，实施新一轮退耕还林。要着力提高森林质量，坚持保护优先、自然恢复为主，坚持数量和质量并重、质量优先，坚持封山育林、人工造林并举。要完善天然林保护制度，宜封则封、宜造则造，宜林则林、宜灌则灌、宜草则草，实施森林质量精准提升工程。”④习近平总书记指出，我国国土绿化行动虽取得一定的成效，但是相比生态文明的要求还不够多、不够好。对此各级党委和政府要加快绿色一体化建设步伐，“增加绿化面积，提升森林质量，持续加强生态保护”⑤。

（四）守护土地，让百姓“吃得放心”

习近平总书记高度重视老百姓是否吃得安全、吃得放心。他多次强调，要狠抓农产品的标准化生产、品牌创建和质量安全监管，在加快推进国土绿化的过程中应注重治理和修复土壤，特别是耕地的污染。应围绕保护农田优化格

---

① 《习近平关于社会主义生态文明建设论述摘编》，中央文献出版社 2017 年版，第 53 页。
② 《习近平关于社会主义生态文明建设论述摘编》，中央文献出版社 2017 年版，第 46 页。
③ 《习近平关于社会主义生态文明建设论述摘编》，中央文献出版社 2017 年版，第 68 页。
④ 《习近平关于社会主义生态文明建设论述摘编》，中央文献出版社 2017 年版，第 70-71 页。
⑤ 《习近平关于社会主义生态文明建设论述摘编》，中央文献出版社 2017 年版，第 76 页。

局、提升功能，在重要生态区域内开展沟坡丘壑综合整治，平整破损土地，实施土地沙化和盐碱化治理、耕地坡改梯、历史遗留工矿废弃地复垦利用等工程。对于污染土地，要综合运用源头控制、隔离缓冲、土壤改良等措施，防控土壤污染风险。

（五）修复湖泊湿地，保护“地球之肾”

湖泊湿地是“地球之肾”，然而我国近年来却面临着湖泊湿地大量减少的状况。对此，习近平总书记发出了生态之问：“我们是不是到了必须‘补肾’的阶段呢？再不‘补肾’，我们还能撑多少年呢？”[①]习总书记的这一声问，可谓是振聋发聩。建设生态文明必须要采取强硬措施，制止各类围垦占用湖泊湿地的行为，同时要对有条件恢复的湖泊湿地实施退耕还湖还湿。习近平总书记在北京考察工作时强调，“要从生态系统整体着眼，可考虑加大河北特别是京津保中心区过渡带地区退耕还湖力度，成片建设森林，恢复湿地，提高这一区域可持续发展能力”[②]。

（六）注重草原建设，促进新型经济发展

我国草原约占国土面积的41%，是我国主要江河源头和水源涵养区。它是一个重要的生态屏障，主要位于边疆地区和少数民族地区。草原与国家的生态安全、经济发展和民族团结密切相关，应提高到“山水林田湖”的高度。同时，草在生态系统中发挥着不可替代的重要作用。植物群落演替规律一般是先有草再有灌木，然后是乔木。茂密的草可以防止水土流失，为灌木和树木的生长创造条件。可以说，草与人、与动植物息息相关。中国草原面积近60亿亩，是耕地面积的3倍。然而，草业在国民经济和民生中并没有发挥应有的生态和经济作用。我国草地生产力仅为发达国家的1/100—1/200，草地产值不到1元/亩。走出18亿亩耕地的圈子，发展草业是我国绿色发展和经济转型升级的需要。近年来，党中央、国务院高度重视草原建设工作，出台了一系列的政策措施，促进了草原牧区又好又快地发展。

① 《习近平关于社会主义生态文明建设论述摘编》，中央文献出版社2017年版，第57页。
② 《习近平关于社会主义生态文明建设论述摘编》，中央文献出版社2017年版，第52页。

三、关于生态经济的论述

当前，面对此起彼伏的环境污染和生态危机，人们越发地认识到传统的粗放型发展模式难以为继，“重经济、轻生态”的工业发展逻辑必须予以改变。建设新时代中国特色社会主义生态文明，必须要处理好经济发展和环境保护的关系。当经济发展对环境保护起到破坏作用的时候，当经济发展与环境保护出现冲突甚至矛盾尖锐的时候，究竟该如何取舍？对此，习近平总书记提出了著名的“绿水青山就是金山银山”的科学论断，强调如果把生态环境优势转化为生态农业、生态工业、生态旅游业等生态经济的优势，那么绿水青山也就变成了金山银山。2013 年 9 月，他在哈萨克斯坦纳扎尔巴耶夫大学回答学生提问时指出：“建设生态文明是关系人民福祉、关乎民族未来的大计。我们既要绿水青山，也要金山银山。宁要绿水青山，不要金山银山，而且绿水青山就是金山银山。”2015 年 3 月，中央政治局审议通过的《中共中央国务院关于加快推进生态文明建设的意见》，正式把“坚持绿水青山就是金山银山”的思想作为我国加快推进生态文明建设的重要指导思想。“绿水青山就是金山银山”的生态发展观，表明在新时代下的发展应当打破传统的经济与生态相分裂、相隔离的错误观念，树立“经济效益就是生态效益”“环境保护就是经济发展”的生态文明新时代的新思维。

习近平总书记关于“绿水青山就是金山银山”的科学论断，表明在生态文明新时代，“绿色生态是最大财富、最大优势、最大品牌”①。人类的经济发展与自然的环境保护已经不再是二元对立，而是人与自然浑然一体、和谐共生的关系。换句话说，绿水青山就是金山银山意味着生态效益等于经济效益，生态的即是经济的——生态效益的提高就意味着经济效益的提高，生态环境良好就意味着经济的发展。这是因为在生态文明新时代，生态效益的实现意味着可以满足人们日益强烈的生态需求，解决人们对于生态的产品和服务相对匮乏的矛盾，进而就可以实现经济效益的提高。正如习近平总书记所说：“‘鱼逐水草而居，鸟择良木而栖。’如果其他各方面条件都具备，谁不愿意到绿水青山的

① 《习近平关于社会主义生态文明建设论述摘编》，中央文献出版社 2017 年版，第 33 页。

地方来投资、来发展、来工作、来旅游？从这一意义上说，绿水青山既是自然财富，又是社会财富、经济财富。”①这一论述更加说明了生态经济发展的本质，即保护环境实质就是发展经济，保护环境和经济发展不能截然对立。

“保护生态环境就是保护生产力、改善生态环境就是发展生产力。”②良好的生态环境是新时代中国特色社会主义事业发展的根本基础，而发展的最大本钱就是我们的蓝天白云、青山绿水。良好的生态环境本身就是生产力。生态文明新时代召唤我们，既要摒弃片面注重经济增长而忽视生态环境保护的“竭泽而渔”式发展，也要否定忽视经济发展而一味强调环境保护的“缘木求鱼”式发展。要在环境保护的基础上推动经济发展，在经济发展的过程中注重环境保护，实现经济发展和生态环境保护的互利共赢，更加自觉地做到绿色发展、循环发展、低碳发展。

四、关于生态民生的论述

习近平总书记心系民生，高度重视老百姓的生活质量，多次指出人民对美好生活的向往就是中国共产党人的奋斗目标。走向生态文明新时代，习近平总书记心中挂念的是“让老百姓呼吸上新鲜的空气、喝上干净的水、吃上放心的食物、生活在宜居的环境中、切实感受到经济发展带来的实实在在的环境效益”③。党的十九大指出：“中国特色社会主义进入新时代，我国社会主要矛盾已经转化为人民日益增长的美好生活需要和不平衡不充分的发展之间的矛盾。”④而在新时代，人民群众对美好的生态环境需求日益强烈，“老百姓过去‘盼温饱’现在‘盼环保’，过去‘求生存’现在‘求生态’”⑤，可见“环境就是民生，青山就是美丽，蓝天也是幸福”⑥。

生态文明新时代，人们更加注重生态化的生存与发展。通过构建良好的

① 《习近平关于社会主义生态文明建设论述摘编》，中央文献出版社 2017 年版，第 23 页。
② 《习近平关于社会主义生态文明建设论述摘编》，中央文献出版社 2017 年版，第 20 页。
③ 《习近平关于社会主义生态文明建设论述摘编》，中央文献出版社 2017 年版，第 33 页。
④ 习近平：《决胜全面建成小康社会，夺取新时代中国特色社会主义伟大胜利》，人民出版社 2017 年版，第 11 页。
⑤ 《十八大以来重要文献选编》上，中央文献出版社 2014 年版，第 626 页。
⑥ 《习近平关于社会主义生态文明建设论述摘编》，中央文献出版社 2017 年版，第 12 页。

生态环境，人们创造更为公平的生存和发展的家园，为社会全体成员营造诗意的栖息之地，而这便是最普惠的民生福利。沁人心脾的空气、绿色有机的食品、清澈洁净的水源、环境优美的景观，这些都展现了明显的普惠性和公平性，是保证人们生态地生存和发展的美好公共产品。

习近平总书记高度重视人民群众的人身安全与健康状况，特别强调环境保护和治理要以解决损害群众健康突出环境问题为重点。“经过三十多年快速发展，我国经济建设取得了历史性成就，同时也积累了不少生态环境问题，其中不少环境问题影响甚至严重影响群众健康。老百姓长期呼吸污浊的空气、吃带有污染物的农产品、喝不干净的水，怎么会有健康的体魄？”①习近平总书记对百姓之于生态的关切十分牵挂，他指出：“人民群众对环境问题高度关注，可以说生态环境在群众生活幸福指数中的地位必然会不断凸显。随着经济社会发展和人民生活水平不断提高，环境问题往往最容易引起群众不满，弄得不好也往往最容易引发群体性事件。”②2013 年各地频频出现雾霾天气，特别是京津冀地区 PM2.5 经常“爆表”。随着空气严重污染的天数增加，社会舆论反应十分强烈，老百姓多有怨言。习近平总书记随即指出“这既是环境问题，也是重大民生问题，发展下去也必然是重大政治问题”③。他在分析了京津冀地区雾霾形成的原因和国际上应对雾霾的策略以后，指导北京市制定了《北京市二〇一三—二〇一七年清洁空气行动计划》，从压减燃煤、严格控车、调整产业、强化管理、联防联控、依法治理等方面提出了一些重大举措，并指示要狠抓落实。

五、关于乡村绿色发展的论述

乡村是千百年来人们生息繁衍的栖居地。曾几何时，人们记忆中的乡村，蓝天绿水，青山白云，宁静、和谐、美丽。但这些年来，不少地方超标排污、毁林开荒、垃圾围村、围湖造田，有的地方“污染下乡”，乡村成了生态“洼地”，美好

---

① 《习近平关于社会主义生态文明建设论述摘编》，中央文献出版社 2017 年版，第 90 页。
② 《习近平关于社会主义生态文明建设论述摘编》，中央文献出版社 2017 年版，第 83-84 页。
③ 《习近平关于社会主义生态文明建设论述摘编》，中央文献出版社 2017 年版，第 86 页。

乡愁变成了无奈惆怅，环保问题成为制约乡村振兴的突出瓶颈和短板。习近平总书记高度重视乡村生态文明建设，将乡村的美丽与农业强盛、农民富裕联系起来，强调指出："中国要强，农业必须强；中国要美，农村必须美；中国要富，农民必须富。"2018年"两会"期间，习总书记在参加山东代表团审议时强调："要推动乡村生态振兴，坚持绿色发展，加强农村突出环境问题综合治理，扎实实施农村人居环境整治三年行动计划，推进农村'厕所革命'。完善农村生活设施，打造农民安居乐业的美丽家园，让良好生态成为乡村振兴支撑点。"良好的生态环境是最大的民生福祉，也是乡村居民最宝贵、最突出的民生福利。美丽的乡村环境是乡村振兴的基础，是农民借以实现较多物质财富和较高社会地位的重要载体。乡村振兴的质量和成色，要靠美丽乡村打底色，要以良好生态为支撑。

坚持绿色生态导向，是乡村振兴的客观要求，也是推动农业农村可持续发展的必由之路。习近平总书记在中央深改小组会议审议农业绿色发展的文件时指出，推进农业绿色发展是农业发展观的一场深刻革命。从生产到生活，离开了绿色，乡村就失去了本色。乡村振兴应当以绿色发展为引领，把美丽乡村建设作为推进乡村振兴战略的总抓手，作为统筹城乡一体发展的重要载体，将保护乡村生态环境放在首要位置，实行最严格的环境保护制度，科学统筹山水林田湖草系统治理，形成绿色发展方式和生活方式，坚定走生产发展、生态良好的文明发展道路，让人们望得见山、看得见水、记得住乡愁，让农村成为安居乐业的美丽家园，实现美丽乡村建设与农民增收致富互促共进的良好局面。

改善农村人居环境，建设美丽宜居乡村，是实施乡村振兴战略的一项重要任务，事关全面建成小康社会的目标，事关广大农民的获得感和幸福感，事关农村社会文明和谐。习近平总书记指出："要因地制宜搞好农村人居环境综合整治，改变农村许多地方污水乱排、垃圾乱扔、秸秆乱烧的脏乱差状况，给农民一个干净整洁的生活环境。"①"加大农村人居环境治理力度，建设健康、宜居、美丽家园。"②2018年4月，习近平总书记在对浙江"千村示范、万村整治"工程的重要指示中强调，要结合实施农村人居环境整治三年行动计划和乡村振兴

---

① 《习近平关于社会主义生态文明建设论述摘编》，中央文献出版社2017年版，第89页。

② 《习近平关于社会主义生态文明建设论述摘编》，中央文献出版社2017年版，第91页。

战略，进一步推广浙江好的经验做法，因地制宜、精准施策，不搞“政绩工程”“形象工程”，一件事情接着一件事情办，一年接着一年干，建设好生态宜居的美丽乡村，让广大农民在乡村振兴中有更多获得感、幸福感。

在农村污染防治中，习近平总书记总是从村民实际生活需要与健康出发，多次就治理农业面源污染问题作出重要指示。从农村生态环境实际看，“我国年养殖十一亿六千万头猪、一亿六千万头牛、六亿只羊、一百七十九亿只家禽，产生粪污三十八亿吨，成为农村面源污染的主要来源，给生态环境和居民生活带来了许多不利影响”①。习近平总书记指出：“加快推进畜禽养殖废弃物处理和资源化。这项工作关系六亿多农村居民生产生活环境，关系农村能源革命，关系能不能不断改善土壤地力、治理好农业面源污染，是一件利国利民利长远的大好事。”②

---

① 《习近平关于社会主义生态文明建设论述摘编》，中央文献出版社 2017 年版，第 95 页。
② 《习近平关于社会主义生态文明建设论述摘编》，中央文献出版社 2017 年版，第 94–95 页。

第三章

中国乡村生态伦理的困境与突围

当前，中国乡村生态伦理面临着经济发展与环境保护之间的张力问题，具体表现为“经济发展不足”与“经济发展不当”的基本困境。乡村的生产活动具有双重性质：一方面表现为农民与自然之间关系的生产，另一方面表现为农民与农民之间经济社会关系的生产。诚如马克思所言，“生命的生产，无论是通过劳动而达到的自己生命的生产，或是通过生育而达到的他人生命的生产，就立即表现为双重关系：一方面是自然关系，另一方面是社会关系”①。从这一意义上讲，中国乡村生态伦理建设应关切农民与自然的关系以及农民与农民的经济社会关系，做到既呈现保护自然环境的伦理内涵，又满足经济社会关系中的幸福和平等要求，实现生态效益、经济效益和社会效益相统一。

第一节 中国乡村生态伦理面临的困境

党的十九大指出，新时代我国社会主要矛盾是人民日益增长的美好生活需要和不平衡不充分的发展之间的矛盾。从现实情况看，我国发展中最大的不平衡是城乡之间的不平衡，最大的不充分是农村发展的不充分。自改革开放以来，“工业化”是中国乡村发展的关键词，一直以来中国的“三农”问题基本上是“一个人口膨胀而资源短缺的农民国家追求工业化的发展问题”②。乡村始终以工业文明的框架与体系来制订自身的发展计划。当前，中国乡村发展的基本困境主要表现在乡村经济发展不足和乡村经济发展不当两个方面，中国乡村生态伦理同样面临乡村经济发展不足和乡村经济发展不当的主要问题。

① 《马克思恩格斯选集》第1卷，人民出版社1995年版，第80页。

② 温铁军：《“三农”问题与制度变迁》，中国经济出版社2009年版，第二版自序第9页。

一、乡村经济发展不足

乡村经济发展不足是指乡村经济发展与城市相比落后，农民的生产水平、收入水平与生活水平与城市居民相比不高。乡村经济发展不足主要表现在：与城市经济相比，中国乡村经济发展比较落后。中国农村经济落后的最重要原因是受传统生产经营方式的影响。一是农业生产力水平落后。目前，我国农业尚未由劳动密集型向技术密集型转变、传统农业向现代农业转变、封闭半封闭型向对外开放型发展。总体来看，我国农业仍处于弱势地位。近年来，我国农村土地、资金、高素质劳动力等优质资源过多地流向城市，农村自我发展能力和自治能力弱化。农民运用现代生产技术、信息手段、金融服务的能力相比于城市中的市民来讲较为欠缺，在与市民激烈的市场竞争中难以抢占先机、把握发展机会。从实践看，社会中的新产业新业态大都是工商企业直接投资兴办，普通农户参与的机会不多，而且工商资本与农民只是结成简单的劳动雇佣和产品买卖关系，这样就对普通农户产生挤出效应，剥夺了普通农户的发展机会。二是农业生产结构单一。农民以土地作为最基本的生产资料，多年来延续着单一的生产结构，即农业以种植业为主，种植业以粮食为主，带来的效益、产品质量都不高，且容易造成土壤肥力下降、生物多样性消失、病虫害加重等问题。由于主栽品种单一，农产品收获期集中，造成农产品价格低、销售难。此外，没有形成农、林、牧、副、渔业一体化农业，也没有形成种植多样化、特色化农业生产结构。农产品的质量档次难以提高，其经济价值也就难以提高。三是农村市场不健全、不规范。目前我国大量农村市场还不健全，市场规模不大，农产品流通量低，市场网络化程度不高，资本市场、货币市场发展缓慢，市场管理交易不规范。虽然近几年我国农业生产连年丰收，但受到市场欢迎、城市居民喜欢、消费者青睐的优质绿色品牌农产品不多，难以满足城乡消费者日益升级的多元化、小众化、个性化、品牌化需求，导致一方面大量农产品农民卖不掉，另一方面优质产品城市居民又买不到，农产品“卖难买难”同时并存。

与城市居民相比，在乡村中生活的农民的生活水平不高。近些年，随着农村经济的发展，加之农业税的免除到按亩的补贴，都让农民的负担大大减轻，但与市民相比，农民的生活水平仍然不高。以收入水平来说，目前城乡居民收入差距还是比较过大的，这也是造成城乡差距的重要原因，直接影响着乡村振兴的实现。据资料显示，目前城乡居民的收入差距正在日益加大。1978 年，我国城乡居民的人均可支配收入分别为 343.4 元和 133.6 元；到了 2017 年，城乡居民的人均可支配收入各自上涨至 36 396 元和 13 432 元，分别是 1978 年的 106 倍和 100.5 倍。从城乡居民历年可支配收入的差距来看，1978 年为 209.8 元，到 2017 年已经攀升至 22 964 元。除收入水平以外，农民在生活水平方面往往也不如市民。近年来，国家加大农村基础设施建设力度，农村水电路气房等基础设施条件得到改善，农村居民住房条件、饮用水安全、清洁能源使用、耐用品拥有量等多方面得到提高。但现在农村基础设施建设还有待加强，不少乡村还没有进行农村道路升级、电力升级、自来水改造，农民的生活质量总体水平还落后于市民。相对于几十年前，农民的确不再为温饱犯愁，但农民的生活尚未达到真正意义上的富足，很多社会现实问题，比如孩子上学难、看病难、出行难、结婚难、养老难等仍影响着农民生活水平的提高。

与发达国家相比，我国农业发展水平还很落后。主要表现在以下方面：首先，发达国家的农业是技术密集型产业，先进技术的应用和普及程度很高，我国农业还是劳动密集型产业，这一点很难跟发达国家相比。与国外相比，我国的科技水平差距较大，农业科技进步贡献率仅为 40%左右，而发达国家为 80%左右。其次，美国在大农场规模化经营上比较突出，日本在精细化的精耕细作上比较突出，我国农业生产还无法做到规模化、精细化。再次，发达国家的农业，要么以规模化取胜，要么以高附加值取胜，我国的农业无论从规模上还是从附加值上看，都远不如发达国家。最后，发达国家的农业具有高投入、高产出的特点，农业投入产出比明显高于发展中国家。据资料显示，一个日本农民的产出值，大约相当于几十乃至上百个尼泊尔农民的产出。在这方面，我国农业的产出值尚处于发展中国家水平。

二、乡村经济发展不当

乡村经济发展不当是指乡村经济由于存在着不平衡、不协调、不可持续的问题，以破坏自然环境的方式发展工业生产，造成乡村环境污染加剧。乡村经济发展不当，主要表现在：乡村经济发展过程中片面追求经济利益而忽视生态效益。由于生态价值取向缺失，在经济利益的驱动下，乡村往往置环境保护、生态效益于不顾，以牺牲环境为代价换取经济发展，导致了经济发展实践路径的迷茫，从而造成了难以预料的生态恶果。何清涟在《我们仍然在仰望星空》一书中说："我国一些乡村地区，如贵州有一个地处山区的乡村，原本是一个绿水青山环绕的环境优美的村庄，可惜在当地政府的鼓励下，乡村居民在没有采取任何环保措施的条件下，进行土法炼铅。致使该村在短短几年时间内，因空气中弥漫有铅粉等有毒物质而将附近的树木花草全部毒死，方圆 150 多平方公里的地区再也没有一条干净的河流，居民饮水还需要从外地购买矿泉水。铅粉污染还严重危害村民们的健康，一些人的眼睛被铅毒熏瞎而患上不治之症。"[①]需要指出，为求眼前经济的发展而赌上环境的代价、招致生态祸患的远不止一个贵州乡村，这是过去一段时期里我国相当一部分村镇普遍存在的现象。改革开放之初，乡镇企业在中国"异军突起"，在社会经济发展中发挥了重要作用，逐渐成了国民经济的重要支柱。但乡镇企业在发展中也带来了很多不容忽视的问题，比如水污染、空气污染、噪声污染、固体废弃物污染等。分析乡镇企业污染环境的原因，除了人们对环境保护的重要性认识不足、片面追求经济效益、对企业排污整治不够有力之外，更在于人们可持续发展理念的缺失，没有很好地将乡村经济效益、社会效益和生态效益有机地结合起来。

乡村经济发展过程中承担了工业转移带来的环境负面效应。长期以来，受我国工业结构和布局的影响，一些高污染企业一般先由国外转到国内，再由沿海发达地区转向内陆欠发达地区。随着国家产业结构和产业分工的调整，加上城镇化进程的加快，大量高污染、高能耗、高排放企业进而向农村地区挺进，越来越多的重工业部门入驻农村。工业园区、开发区等在农村逐步规模化建立，而农村地区的天然劣势也使得迁入企业在短时间内无法完善环境保护设施，加之国家的制度法规尚未健全和完善，农村环境问题一度处于管理的真空地带，使不少企业得不到有效监管。由于种种原因，农村环境污染问题日益突出，已成为当前农村经济发展的重要制约因素。目前，农业工业废物、废水、

① 何清涟：《我们仍然在仰望星空》，漓江出版社 2001 年版，第 390-391 页。

废气排放量大量增加，导致河水污染、水流断流及土壤生产力下降，农村环境质量明显下降，直接威胁到农民的生存与发展。

乡村生产中农药和化肥的过量使用也导致土地受损严重。农业生产中合理使用化肥、农药无可厚非，它可以提高农业产量、增加收入。从农业面源污染来看，我国农产品尤其是粮食增产高度依赖于化肥、农药等农业化学品，过多依赖农药。但在现实中，由于农村耕地面积的不断减少，大量乃至过量使用化肥、农药已经成了农民提高农作物产量的最直接途径。而长期过量使用农药、化肥、地膜以及规模化畜禽养殖产生的大量排泄物，导致了严重的耕地板结、土壤酸化、环境污染等问题，我国每公顷耕地的化肥、农药使用量仍远高于世界平均水平。

实地调研中，农民普遍表达了使用化肥和农药的无奈。中国西部辘辘村村民表示，他明知化肥对土地有破坏，但是如果不用的话，农作物就很难生长：

> 对于有机食品、绿色食品，我也有听过，也认为化肥不好，但是没办法，不用药材就不生长。
>
> ——2017 年 7 月 20 日下午在辘辘村村委会会议室与 BZA 的访谈

山东的王杰村村民同样认为，不使用化肥和农药产量就会受损：

> 我觉得农民是有环保意识的，只是有时候没办法、做不到而已。比如现在大家种地都大量使用化肥，这对土地破坏很大，土壤板结严重，这直接影响大蒜根系的生长，以及产量的多少。以前我们这里每亩地能产 1 500 公斤大蒜，现在也就 1 000 公斤。但是，如果不用化肥，产量则会更少，这样就形成了恶性循环。
>
> ——2018 年 6 月 1 日下午在王杰村村委会图书室与 WWC 的访谈
>
> 农民在种植大蒜的过程中环保意识都是有的，也都知道绿色产品更好。但是现在的情况是不用化肥、农药，产量上不去，农民自己

也没办法。

——2018 年 6 月 1 日下午在王杰村村委会图书室与 WZW 的访谈

此外，乡村畜牧养殖业、加工业使用违禁药品产生以及畜禽粪便造成畜产品及乡村环境污染严重。同时，畜牧养殖业主为了促进饲养动物快速生长、节约成本、增加产量及预防动物疾病发生，在饲料中任意添加各种促生长剂，包括抗生素、酶制剂、生菌剂等，如地塞米松、泰乐菌素、半纤维素酶等，使畜产品的品质改变。动物养殖对环境的污染主要是氮、磷超标，造成对土壤、河流、空气的污染，其污染环境的力度相当于城市生活垃圾、工业废弃物的 2.4 倍。如果运用微生物发酵技术，在常温常压下可以杀死寄生虫、病菌等，增加有益菌和有机物质含量，将废弃的畜禽粪便转化为高效优质的生物有机肥，但在实践中这种发酵的方法没有真正得到普遍推广。

第二节 中国乡村生态伦理困境的伦理分析

乡村生态伦理的两大困境表明，现阶段中国乡村存在着经济发展与环境保护的严重对立。从生态价值理念出发，人类对美好生活的追求应当是丰裕财富和良好环境的有机统一。从乡村现实层面来讲，农民对于乡村经济效益和生态效益的“双提升”都是追求美好生活的重要内容，两者缺一不可。如果只重视生态效益而忽视经济效益，就会出现“乡村经济发展不足”问题；如果只重视经济效益而忽视生态效益，则会出现“乡村经济发展不当”问题。这两者都不是乡村社会发展的良序状态，都会造成乡村发展困境的出现。乡村社会良序的生产状态应是经济效益和生态效益的统一，其良好的共荣共生局面应是经济发展与环境保护的兼顾。从伦理层面进行分析，就是只有将追求经济效益与生态效益统一起来才体现为一种善，片面追求经济效益或一味追求生态效益都体现为一种恶。工业文明时代的乡村在现代性的冲击下，片面追求经济效益而置生态效益于不顾，使乡村的“绿水青山”受到很大破坏，映衬出的是“人荣而自然不荣”之恶。传统农业文明时代的乡村受制于大自然的限制，那时候的人们匍匐在自然的脚下，映衬出的是“自然荣而人不荣”之恶。

一、主要问题的善恶辨析

乡村生产会产生一定的经济效益。乡村生产的经济效益是农民在生产过程中通过生产资料的投入与产出所获取的经济利益。“为之奋斗的一切，都同他们的利益有关。”①农民在获利的驱使下要获得最大的经济利益，必然让生产的投入最小化而使产出最大化。马克思曾肯定大卫·李嘉图的下述看法：“真正的财富在于用尽量少的价值创造出尽量多的使用价值，换句话说，就是在尽量少的劳动时间里创造出尽量丰富的物质财富。”②乡村生产的经济效益是乡村生产效率的直接体现，即农民以尽量少的劳动耗费取得尽量多的劳动成果，或者农民以同等的劳动耗费取得更多的劳动成果，是农民资金占用、成本支出与有用生产成果之间的比较。正所谓“君子爱财，取之有道”。农民生产中追求经济利益本身无可非议，只要手段正当，不损人，不违法。在这种情况下，农民即便怀有获利的动机，但客观上能够满足社会需要，这不仅不是恶，反而是一种善。同时应当注意的是，农民在获利的驱使下追求经济效益需要伦理的规约。人既有经济冲动力又有道德冲动力，经济冲动力是最强的动力，道德冲动力是最好的动力，但最强的动力不总是最好的，最好的往往动力不强③。人追求经济利益是追求个人的局部利益最大化，而道德的宗旨在于寻求社会整体的协调。经济发展与道德建设应是统一的，经济基础决定上层建筑，良好的道德风尚不能离开繁荣的经济基础而空谈，同时道德建设也是可持续获取与满足个人经济利益和社会整体需要的有效保障。就此而言，个人经济利益获取与社会整体道德建设统一在一起才是社会健康、稳定发展之必需。因此，农民的经济动力这一最强动力和道德动力这一最好动力二者的统一才是最强最

① 《马克思恩格斯全集》第1卷，人民出版社1995年版，第187页。

② 《马克思恩格斯全集》第35卷，人民出版社2013年版，第230页。

③ [德]彼得·科斯洛夫斯基：《伦理经济学原理》，孙瑜译，中国社会科学出版社1997年版，第14页。

好之善，片面追求乡村生产的经济利益而忽视追求道德或片面追求道德而忽视生产的经济利益获取都是恶。

乡村生产在产生一定的经济效益以外，还会产生一定的生态效益。乡村生产的生态效益是乡村生态系统的稳定与平衡程度以及乡村环境的良好程度。如果农民投入和耗费的生产劳动能够有利于保持良好的乡村环境，维护乡村生态系统的正常运转，其生态效益就好；反之，如果农民的生产劳动造成乡村环境恶化，影响和破坏乡村生态系统的正常运转，其生态效益就差。良好的乡村生态环境是农民生存发展之本。农民经济利益的获取、美好生活的实现都离不开乡村环境。因而，农民为了自身的生存与发展就要追求乡村生产的生态效益，不断改善和提高生产生活的环境条件。所谓提高乡村生产的生态效益，就是以尽量少的劳动占用和劳动耗费，使对乡村环境状况和生态系统的影响朝着最有利于保持和提高乡村自然生态平衡与稳定的水平发展，从而创造有利于自身生产生活的环境条件。追求乡村生产的生态效益，既是为了保护乡村良好的生态环境，同时也是为了让农民更好地追求经济利益。在追求乡村生产的生态效益的过程中，绝不能以牺牲农民的利益为代价而走向非人类中心主义，不能片面追求乡村生产的生态效益而忽视或损害农民的经济效益。只有在保持乡村良好环境、维护乡村生态系统平衡与稳定的同时，有利于促进农民生产的发展和生活的改善，有利于农民经济效益的获取才是善；而一味追求乡村生产的生态效益，却无法使农民的生产生活水平得到提高，或者只追求乡村生产的经济效益，却忽视或破坏乡村生产的生态效益，都是恶。

乡村生产的经济效益和生态效益应当是统一的。生产劳动的经济效益和生态效益是相互联系、相互作用、不可分离的。马克思指出："劳动首先是人和自然之间的过程，是人以自身的活动来中介、调整和控制人和自然之间的物质变换的过程。人自身作为一种自然力与自然物质相对立。为了在对自身生活有用的形式上占有自然物质，人就使他身上的自然力——臂和腿、头和手运动起来。当他通过这种运动作用于他身外的自然并改变自然时，也就同时改变他自身的自然。"①从马克思对"劳动"的分析可以看出，在乡村社会生产和再生产的过程中，农民占用和消耗一定量的劳动，不仅会产生一定的劳动成果和经

① 《马克思恩格斯文集》第5卷，人民出版社2009年版，第207-208页。

济效益，而且会在与乡村自然的“物质转化”过程中产生一定的生态效益。农民为了生存，必须要从乡村自然中获取物质和能量，并以不同的形式回归于乡村自然环境之中。在“取”与“还”的过程中，无论农民是否意识到，其生产的经济效益与生态效益都是同时产生和存在的。因此，乡村生产活动的可持续发展需要同时考虑到保护自然环境和发展经济两个方面，农民的生产只有在同时确保乡村生态环境良好和经济利益实现的情况下，才能良序进行。良好的乡村生产状态应是经济效益与生态效益相统一。经济效益与生态效益有机统一即为善，片面追求经济效益或一味追求生态效益均为恶。

二、乡村“人荣而自然不荣”之恶

进入工业时代以后，人们开发自然的能力大大加强。这时的人们似乎进入了一个“英雄时代”，不仅仅为了生存而从事生产，也为了发展而从事其他一些事情，如开垦、冶炼、工艺、建筑等。但是，进入工业文明时代的人们，却以对经济利益疯狂的追逐、对自然资源狂热的掠夺而显示出了在传统农业文明时代所不具有的另一副面孔。当工业文明的车轮驶进乡村后，出现的是一幅任意争夺自然资源以追求经济效益的画面，也是一幅自然环境满目疮痍的画面。与传统乡村相比，改革开放以后的中国乡村的确发生了巨大变化，生产效率也得到了极大提高，人们从沉重的劳动中解放出来。但也造成了乡村生态环境破坏的“人荣而自然不荣”之景象。

（一）片面追求经济效益是乡村发展的主要矛盾

事物是由矛盾构成的，矛盾存在于一切事物及其发展的过程之中，正可谓矛盾无处不在，无时不有。在事物诸多矛盾之中必有一个对其他矛盾起影响和决定作用的主要矛盾。毛泽东同志在《矛盾论》中指出：“任何过程如果有多数矛盾存在的话，其中必定有一种是主要的，起着领导的、决定的作用，其他则处于次要和服从的地位。”①在乡村经济发展中，片面追求经济效益带来生态环境的严重污染和极大破坏，映衬出乡村“人荣而自然不荣”之恶。可以说，片面

① 《毛泽东选集》第1卷，人民出版社1991年版，第322页。

追求经济效益是乡村发展的主要矛盾。

自人类迈进现代工业社会的门槛以来，资本逻辑配合着工业化的发展而确认追逐经济利益是首要的目标，正如马克斯·韦伯在《新教伦理与资本主义精神》中所说："个人有责任增长他自己的资本，并将资本增长视作最终的目的。"①如果说资本主义发展初期尚且有宗教信仰遏制对物质享乐的冲动，那么丹尼尔·贝尔则进一步指认，资本主义在进入现代社会后依靠分期付款、信用卡等"新制度"极力迎合人的物质欲求，不仅彻底摧毁了新教伦理对经济冲动的遏制力，而且以新的姿态迎接着人的贪婪欲望，进而使疯狂地追逐利益成为资本主义工业生产的主要目的。"当新教伦理被资产阶级社会抛弃之后，剩下的便只是享乐主义了。"②从宗教的束缚中解放出来的人不再匍匐在上帝的脚下，而没有了精神约束的人类在经济利益的盲目追求下，疯狂地攫取自然资源以求利，丝毫不顾及生态环境的破坏和对人类社会造成的不公平。"财富，财富，第三还是财富，——不是社会的财富，而是这个微不足道的单个的个人的财富，这就是文明时代唯一的、具有决定意义的目的。如果说在文明时代的怀抱中科学曾经日益发展，艺术高度繁荣的时期一再出现，那也不过是因为在积累财富方面的现代的一切积聚财富的成就不这样就不可能获得罢了。"③在资本主义工业文明社会，人在追逐经济利益的道路上奋勇争先。在现代性生产中，经济效益占据社会的主要矛盾地位是因为人们对于工业物质利益的狂热追求。促进人们生活水平提高、进而拉动整个工业社会大机器快速前进的引擎是人们的物质需要，而这种物质需要的突出表现，则在于人们对工业产品的需要。

为满足资本主义工业文明社会中的人的物质需要，工业文明以征服自然、改造自然为宗旨疯狂地开采自然。工业文明秉持的理念为人类主体是凌驾于自然客体之上的唯一具有尊严的存在，从根本上对自然价值存在的客观性进行了否定，认为人类征服自然以及向自然索取是理所应当的事情。现代工业技术充当了工业文明"向自然进军"的马前卒，它使工业革命以来短短 200 多

---

① ［德］马克斯·韦伯：《新教伦理与资本主义精神》，马奇炎、陈婧译，北京大学出版社 2012 年版，第 39 页。

② ［美］丹尼尔·贝尔：《资本主义文化矛盾》，赵一凡等译，生活·读书·新知三联书店 1989 年版，第 67 页。

③ 《马克思恩格斯选集》第 4 卷，人民出版社 1995 年版，第 177 页。

年里，人类社会的发展程度超过了几千年的农业文明时代。诚如马克思和恩格斯所言："我们在最先进的工业国家中已经降服了自然力，迫使它为人们服务；这样我们就无限地增加了生产，现在一个小孩所生产的东西，比以前的一百个成年人所生产的还要多。"①特别是到了 20 世纪以后，现代工业技术为了满足人类日益膨胀的征服自然的欲望，向自然世界提出了更加蛮横的要求，使现代技术其征服自然与控制自然的价值取向愈加明显，"在现代技术的支配下……所有的东西都被汇入一个巨大的网络系统，在这个系统中，他们存在着的唯一意义就在于实现技术对事物的控制"②。这样，在工业文明社会中，人对自然的支配和掌控，无论是在规模上还是在效率上，都呈现出空前强化甚至是无所不能的态势。人利用科学技术征服自然、满足人自身生存与发展的力量空前强大。"当自然不合人的想法时，人就整理自然。当人缺乏事物时，人就生产出新事物。当事物干扰人时，人就改造事物。当事物把人从他的意图那里引开时，人就调节事物。当人为了出售和获利而吹嘘事物时，人就展示事物……"③现代科技为人类幸福的获取所展现出来的美好图景，使人类在片面征服自然和改造自然的道路上越走越远，生态系统的失衡和生态危机的爆发无法避免。卡洛琳·麦茜特在《自然之死——妇女、生态和科学革命》一书"前言"中就工业文明导致生态破坏时如泣如诉地说道："臭氧的消耗、二氧化碳的增多、氯氟烃的排放和酸雨，扰乱了地球母亲的呼吸，阻塞了她的毛孔和肺。大气化学家詹姆斯·拉夫洛克将这位母亲命名为'盖娅'。有毒的废弃物、杀虫剂和除草剂，渗透到地下水、沼泽地、港湾和海洋里，污染着盖娅的循环系统。伐木者修剪盖娅的头发，于是热带雨林和北部古老的原始森林以惊人的速度在消失，植物和动物的物种每天都在灭绝。"④工业文明发展的结果必然是人利用工业技术导致自然遭受破坏，"人荣而自然不荣"是工业文明发展之恶。

工业文明带来的恶果是"人荣而自然不荣"，那么中国乡村在追求现代化和工业化的过程中也必然会把工业文明的这一恶果带入原本"天人合一"的乡

① 《马克思恩格斯选集》第 4 卷，人民出版社 1995 年版，第 275 页。

② 高亮华：《人文主义视野中的技术》，中国社会科学出版社 1996 年版，第 142 页。

③ 宋祖良：《拯救地球和人类未来——海德格尔的后期思想》，中国社会科学出版社 1993 年版，第 67 页。

④ ［美］卡洛琳·麦茜特：《自然之死——妇女、生态和科学革命》，吴国盛等译，吉林人民出版社 1999 年版，前言第 1 页。

村中，让农民生活水平得到提高的同时，使乡村自然环境遭受破坏。现实中，受工业文明冲击后的乡村，受片面追求经济效益的影响，导致经济效益具有优先和主导的作用，生态效益具有次要和服从的作用，农民在追求经济效益的同时忽视、破坏生态效益的状况普遍存在。在乡土的现实生产中，以经济效益为出发点的资本逻辑，成为乡村热捧和追逐的生产逻辑和发展逻辑，它以追逐经济效益、实现经济利益的最大化为目的。农民最关注的问题是，他们的收入是否提高和物质生活是否得到改善，不可能去关注环境问题。① 在“一切向钱看”理念之下的乡村生产是一种逐利的行为和表现。以农村家庭联产承包责任制为发端的中国农村改革，从根本上冲击了乡村传统的生产方式，极大地激发了农民的致富冲动。农民成了有很强经济理性的现代农民。诺贝尔经济学奖获得者西奥多·舒尔茨是“理性小农”论的代表，他认为农民的播种、灌溉、收割等农业劳作无不在进行着边际成本和现实收益的理性计算，所以农民是理性的经济人。我国学者也认为，理性的小农和资本主义农场主无实质性精神区别，他们都长于抽象思维与逻辑分析，都是能客观把握经济运动中的自然法则并独立作出判断的自由主体，其行为完全由个人理性支配②。调研显示，当前农民对于经济效益的热情普遍较高，获利的动机较为强烈。从调研数据来看(如图 1 所示)，七个

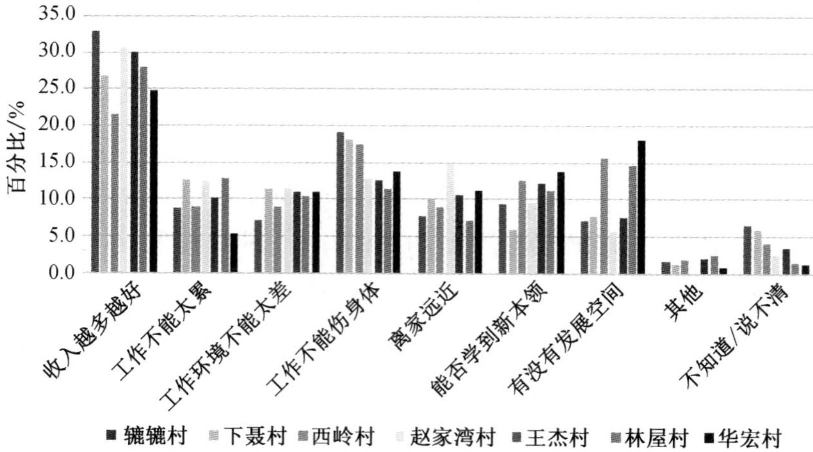

图 1　七个村庄的村民对“选择职业的考虑”的回答

① 参见王秀红：《伦理视域下的美丽乡村生态治理研究》，武汉大学出版社 2019 年版，第 58 页。

② 参见秦晖、金雁：《田园诗与狂想曲——关中模式与前近代社会的再认识》，语文出版社 2010 年版，第 297 页。

村庄的村民对于"选择职业的考虑"的回答中,村民选择"收入越多越好"这一选项均占有最高比例。可见就当前乡村社会的生产而言,获得金钱是农民日常生活中的主要考量因素。

改革开放以来,以获取经济利益为目的的观念冲击了传统的乡村。如图2所示,在对于"如果有可能赚钱的机会,您会如何做?"的回答中,七个村庄的村民绝大部分选择的是"想尽一切办法去赚,但会遵纪守法"。虽然诚实劳动与合法经营本身并无过错,但是足见获利的动机占据着农民的心理高地。更为需要关注的是,选择"只要赚到钱就行,其他的暂不考虑"的农民也占据着一定的比例,在两个村庄中甚至有15%左右的比例。农民在生产中注重对经济利益的追逐,必然会忽视其他利益或者置其他利益于不顾。

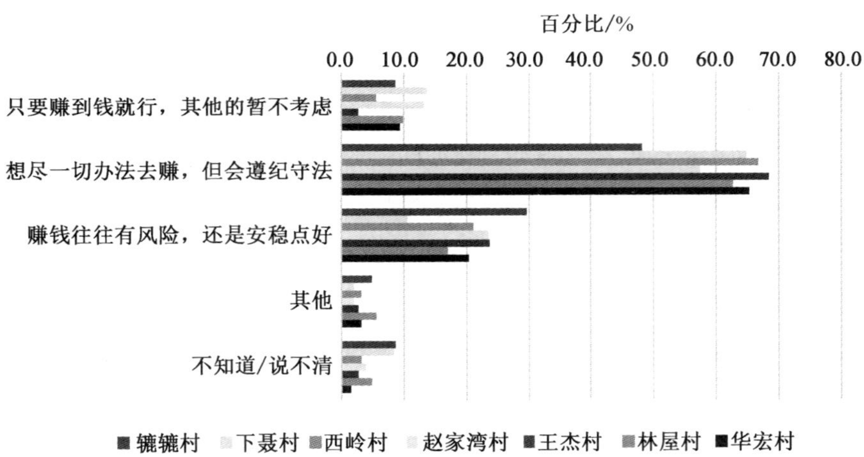

图2 七个村庄的村民对"如果有可能赚钱的机会,您会如何做?"的回答

(二)片面追求经济效益遮蔽农民生态需要

对乡土生产经济效益的强烈渴望让农民遮蔽了除经济效益之外的其他需要。当以钞票的角度来看待乡村生产过程时,人们发现自然的循环过程既考验人们的耐心,又无法满足逐渐升级的欲望,从此,乡村生产过程难以保持原有的那份平衡而发生了改变,整个乡村也呈现出了另一种景象①。在现代性的

① 参见王君柏:《乡土与现代之间》,知识产权出版社2018年版,第68页。

影响下，乡村生产以追求经济利益为价值理念，就不可避免地在生产过程中对金钱与利润产生热烈的追求，使对经济效益的追逐遍及乡村的各个角落，从而遮蔽了经济效益之外的任何东西。现代性生产对经济效益的追求所表现出的经济理性，让人只能被动地服从和听命于物化的工业社会那种追逐物质享受的牵引和引诱，从而削弱人们对于非物质享受的向往。经济理性认为，“计算与核算关心的是单位产品所包含的劳动量，而不考虑劳动给人的活生生的感受，即带给人的是幸福还是痛苦，不考虑它所要求的成果的性质，不考虑人们与劳动产品之间的情感和美的关系”①。经济理性是一种单向度思维，它漠视一切不具有经济效益或较少具有经济效益的事情。经济理性占据至高无上的地位，必然使人的生态需要与生态理性被遮蔽。单向度的经济理性导致了“除了人与人之间存在着的金钱关系什么也没有留下，除了各个阶级之间存在着的暴力关系什么也没有，除了人与自然之间存在着的工具关系之外什么也没有”②，也导致人们的日常生活世界被资本逻辑殖民化。就乡村而言，一旦对经济效益的追逐占据上风，金钱开始直接或间接地支配农民的日常行为，农民过度的物质生活需要必将遮蔽其他需要，特别是生态需要。现实中，乡村“绿水青山”的生态优势在不同程度上受到人们的轻视甚至无视。实地调研发现，目前农民，特别是中西部乡村中的农民，普遍存在着对生态优势与生态潜能重视不够、发掘不足的问题，农民对于乡村的生态优势处于冷漠状态。在西部的辘辘村，村民们表示绿色有机食品、农家乐这些名词在村里是新鲜事物，甚至从没听说过：

我没有听说过农家乐，我们村村民的环保意识不太强，随处扔垃圾的人太多。

——2017 年 7 月 20 日下午在辘辘村村委会会议室与 LY 的访谈

我非常提倡生态、绿色食品，因为前景很好。我认为农家乐对于改善乡村环境和条件都很有帮助，但是我们村目前还没有农家乐。

——2017 年 7 月 20 日下午在辘辘村村委会会议室与 MPK 的

① Andre Gorz, Critique of Economic Resson, London: London Verso, 1989, pp. 109-110.
② Andre Gorz, Critique of Economic Resson, London: London Verso, 1989, p. 19.

访谈

对于环保，我们村的村民环保意识是不强的，我建议，农村可以建设专门整放垃圾的地方，但是现在是没有的，而且现在乱砍现象较多，村民也没有栽树种树的意识。对于有机食品、绿色食品，村里基本没有，自己吃的菜村民也都会打农药。我们村子现在也没有从事农家乐的。

——2017 年 7 月 20 日晚上在辘辘村村委会会议室与 BYQ 的访谈

我认为我们村的环境挺好的，但是村民们没有什么环保意识。对于有污染的工厂是否能进我们村，我个人没有什么意见，征求大家的意见。我觉得有机食品、绿色食品非常好，自己吃的菜我们是不打农药的。对于农家乐自己了解也不是很多，我们村里没有农家乐。

——2017 年 7 月 20 日中午在辘辘村村委会会议室与 BXA 的访谈

在中部的下聂村，村民们表示，生态食品和生态旅游离乡村实际生活较远：

我们这里是没有办农家乐的，没有旅游项目，没人会来。

——2017 年 7 月 26 日上午在下聂村聂氏祠堂与 NJW 的访谈

我听说过生态食品，就是原生态那种。……但是我们这里还没有农家乐，我很希望这里有。

——2017 年 7 月 26 日晚上在下聂村聂氏祠堂与 FMX 的访谈

一位赵家湾村的村民表示，自己村没有生态旅游项目，但是有的村子有这个项目，而且带动了他们致富：

我们这里的景区开发比较少，我们镇上有个燕儿谷做得还不错，那个老板以前是律师，回乡投资创业，搞生态旅游方面，绿化工作做得还不错，带动那个村子里的农户发家致富。那个村子发展得还不错，以前比较落后，后来受带动作用，发家致富的多了，其实对我们这个村也有一定的带动作用。我们这里也行，但需要巨额投资。

——2017 年 7 月 14 日上午在赵家湾村村委会办公室二楼与 HDF 的访谈

（三）乡村生产片面追求经济效益造成乡村生态环境破坏

乡村经济效益优先的背后，必然是对乡村生态效益的漠视，进而导致乡村自然资源的不断消耗以及生态环境的不断破坏。在经济理性的蛊惑下，获取经济利益是农民生产中首要的、也是最大的追求。在逐利过程中，农民必然会将乡村自然界的水、土地、动植物、矿产等自然资源看成是低成本甚至是零成本的生产资料，进行无限索取和肆意使用，致使生态环境沦为无偿获取利益的工具。此时，乡村自然环境不再是作为人们生存与发展的重要物质基础，也不再是作为“使用价值”目的性的存在，而是成了人们为获取“交换价值”的一种手段以及可以理性计算的生产原材料。在追求经济效益一叶障目之下，乡村自然环境和生态系统遭到极大破坏也就不难理解了。广东省南澳县是该省唯一的海岛县，海岛沿岸是优良鱼类、贝类、藻类的栖息地和繁殖区，旅游资源十分丰富，被誉为“粤海明珠”和“东方夏威夷”。为推动当地经济发展，该县投资近 8 亿元，沿海岛四周兴建了大型油库、水泥厂等填海工程，致使沿岸周围岩石泥土裸露、水土流失严重，各种海洋生物栖息地和繁殖区受到影响，自然生态资源遭到了严重破坏。素有“宝岛明珠”美誉的黑龙江省松涛水库，承担着全省 200 多万亩农田灌溉和 50 多万亩农田防洪的任务，每年还向本省提供 4.5 亿吨的工业和生活用水。然而，该水库的生态环境却遭到极大破坏，诸如非法用水、毁林、采矿等事件屡禁不绝。水库周边一些原本林木茂密的地方，已被剃出了难看的秃头和疤痕。

实地调研中，部分村民表达了希望快速发展工业经济而暂时不去考虑生态环境的想法：

我对美丽的家乡环境更向往，但是我同意有污染的工厂迁入我们村，我认为先是要发展经济，解决我们村的交通问题，对于环境污染问题可以放在后面。

——2017年7月20日下午在辘轳村村委会会议室与MPK的访谈

关于环保这个问题吧，我个人觉得还是可以先致富，即使会污染环境也应该先致富，等有钱了可以再治理污染嘛。

——2017年7月20日下午在辘轳村村委会会议室与BJQ的访谈

我个人认为保护环境和发展经济是相互矛盾的，如果环境受到破坏能够换来村里经济的发展，我可以接受。

——2017年7月21日中午在辘轳村村委会会议室与BYA的访谈

现实中，乡村以经济效益为优先的价值取向和行为方式，虽然使农民暂时获得了在传统农业文明时代无法获得的经济利益和物质享受，但是农民的经济理性同时也遮蔽了对于乡村生态系统环境可承受力的考量，造成农民只把家乡的绿水青山作为牟利的工具。"这种迅猛增长通常意味着迅速消耗能源和材料，同时向环境倾倒越来越多的废物，导致环境急剧恶化。"①乡村生态环境的破坏，根本上讲是片面追求经济效益的理念和方式造成的。这种理念和方式表现的是对自然的盲目性、肆意性和掠夺性，实质上也体现了对乡村自然环境的不道德。马克思、恩格斯对资本主义条件下，资本家疯狂追逐资本而导致的农业生态环境破坏现象进行了批判。在资本主义一切以金钱和利润为目标的影响下，农业生态系统也同样难逃魔掌。马克思、恩格斯指出，在获利的驱使下，资本家只谋求眼前的直接货币利益而强化对土地的榨取与滥用，加速土地的贫瘠和地力的损耗，破坏了农业的自然平衡。"资本主义农业的任何进步，都不仅是掠夺劳动者的技巧的进步，而且是掠夺土地的技巧的进步，在一

① [美]约翰·贝拉米·福斯特：《生态危机与资本主义》，耿建新、宋兴无译，上海译文出版社2006年版，第2-3页。

定时期内提高土地肥力的任何进步，同时也是破坏土地肥力持久源泉的进步。”[①]恩格斯对此举例道：“西班牙的种植场主曾在古巴焚烧山坡上的森林，以为木灰作为肥料足够最能赢利的咖啡树利用一个世代之久，至于后来热带的倾盆大雨竟冲毁毫无保护的沃土而只留下赤裸裸的岩石，这同他们又有什么相干呢？在今天的生产方式中，面对自然界和社会，人们注意的主要只是最初的最明显的成果，可是后来人们又感到惊讶的是：取得上述成果的行为所产生的较远的后果，竟完全是另外一回事，在大多数情况下甚至是完全相反的……”[②]恩格斯还以美索不达米亚、希腊、小亚细亚等为例：“为了得到耕地，毁灭了森林，……这些地方今天竟因此成为荒芜之地，……阿尔卑斯山的意大利人，当他们在山南坡把那些在山北坡得到精心保护的枞树林砍光用尽时，没有预料到，这样一来，他们就把本地区的高山畜牧业的根基毁掉了；他们更没有预料到，他们这样做，竟使山泉在一年中的大部分时间内枯竭了，同时在雨季又使更加凶猛的洪水倾泻到平原上。”[③]马克思、恩格斯认为，当资本主义农业一门心思获取利益时，过度开发自然必然会超过自然能够忍受的上限从而导致生态平衡的破坏。

由此可见，工业时代乡村以经济效益为优先的做法，是人获得了物质财富但是乡村生态环境遭受侵袭与毒害的“人荣而自然不荣”。而实际上，工业文明中乡村以经济效益优先的生产方式让人获得的物质进步与社会发展只是表面上的，并不能完全做到“人荣”。工业经济产生的农业污染物导致的土壤污染、水体恶化，除影响农业生产的可持续性之外，最终受害者还是人类自身。乡村环境污染导致食物中有害物质逐渐堆积，并沿食物链产生富集效应，最终使人自食恶果。对此，卡逊指出：“在荒僻的山地湖泊的鱼类体内，在泥土中蠕行钻洞的蚯蚓体内，在鸟蛋里面都发现了这些药物，并且在人类本身中也发现了；现在这些药物贮存于绝大多数人体内，而无论其年龄之长幼。它们还出现在母亲的奶水里，而且可能出现在未出世的婴儿的细胞组织里。”[④]工业时代乡村以经济效益为优先的做法，无法达成乡村中人与自然共生共荣之善。

---

① 《马克思恩格斯文集》第5卷，人民出版社2009年版，第579–580页。
② 《马克思恩格斯文集》第9卷，人民出版社2009年版，第562–563页。
③ 《马克思恩格斯文集》第9卷，人民出版社2009年版，第560页。
④ [美]蕾切尔·卡逊：《寂静的春天》，吕瑞兰译，科学出版社1979年版，第16–17页。

三、乡村“自然荣而人不荣”之恶

面对工业文明造成对乡村自然环境破坏的“人荣而自然不荣”的现象，有观点认为乡村生态文明建设应当完全摒弃现代性而回归到传统农业文明时代。诚然，传统农业文明时代（包括原始社会、奴隶社会以及封建社会在内）人们播种、放牧、开垦土地和草原、烧毁森林作为肥料等，这种耕作方式不自觉地促使绿地恢复植被、树木重新生根、土壤重新肥沃，也使生态环境不会从根本上、整体上遭到毁坏，农民们在日出而起、日落而息的生产与生活中演绎出了“天人合一”的自然而美好的画卷。然而，在传统农业文明时代，自然经济具有很大的封闭性和保守性，农民不可能从根本上摆脱自然的奴役和束缚状态，无法与大自然竞争，成为环境奴隶的农民无法过上幸福的生活。尽管人与自然形成了原始的相对统一，但由于人们的思想观念落后、生产力水平低下，农民仅以生存为目的而从事生产活动，这种人与自然的统一不是人类有意识、有理性的真正统一。传统农业文明时代，虽然人类取得了征服自然的部分胜利，但从总体上看人类只是从事简单的采集和生产劳动，生产工具的局限制约了人对自然的开发利用，农民极其被动地屈从于自然，导致农民的生活水平长期处于低位而无法得到有效提升。因而，它是“自然荣而人不荣”的时代，同样无法实现人与自然共荣共生之善。

（一）传统农业时期农民匍匐于自然脚下

中国是一个历史悠久的农业古国，曾长期处于传统农业文明的自然生态环境。农业文明始于固定农田耕地的定居生存方式。传统农业从奴隶社会起，经封建社会，直到资本主义社会早期，甚至现在仍广泛存在于世界上许多经济不发达国家。中国古代农民强调对山林川泽资源“取用有节”“以时禁发”，蕴含着一种可持续发展的理念。传统农民在长期的农业过程中逐渐探索形成一套农业技术措施，加强农田修复，注重兴修水利，重视积肥、施肥，在实践中变废为宝，促进有机物质循环使用，使农田耕种未曾出现严重的地力耗竭，实现了由粗放经营向精耕细作经营、由完全放牧向舍饲相结合放牧的转变，提高了人类改造自然的能力和劳动生产力，也显示了耕种劳作和自然资源开发利用强度低、能耗低、污染低等特点。表面上看，传统农业时代的自然生态环境似乎远胜于当代，既没有大范围的自然退化、资源枯竭带来的土地资源退化、水资源短缺、生物资源遭破坏等问题，也没有全球性环境污染、生态危机带来的灾害频发、气候异常、植被遭破坏、物种灭绝等灾难，人与自然和谐共融的场景貌似已经在传统农业社会得以实现。

但是我们应当看到，传统农业时代的农民无法深入全面地把握自然的必然性。对此马克思指出："人的依赖关系（起初完全是自然发生的），是最初的社会形式，在这种形式下，人的生产能力只是在狭小的范围内和孤立的地点上发展着。"①面对具有无限威力和无限奥秘的自然，人类充满了敬畏，努力适应自然的节奏，顺从自然的召唤。传统农业时代的农民其生产力水平十分低下，对自然的认识停留在直观的阶段，难以深入地了解自然的本质，更难以在实践活动的基础上形成对人与自然关系的认识。那时的农民经常受到灾害、病痛、饥饿等生存、生活上的威胁，大自然时刻让农民处于被动与屈从的状态。马克思曾很好地说明了古代先人在自然面前的无能为力："自然界起初是作为一种完全异己的、有无限威力的和不可制服的力量与人们对立的，人们同自然界的关系完全像动物同自然界的关系一样，人们就像牲畜一样慑服于自然界。"②农业生产只能完全受制于大自然的节律，农民的生产与生活完全在"靠天吃饭"。暴露于大自然面前的传统农业，自身受地理、气候、季节的制约较大，受自然因素的影响明显。正如马克思所言："农业不但不能控制气候，还不得不受气候的控制。"③而靠大自然吃饭的农民，在从事农业生产时具有诸多风险，如果大自然风调雨顺则农民也能五谷丰登，如果赶上灾害频发则农民的收成会直接受到较大影响。这一情形直到今日，也仍然十分常见。对此，湖北赵家湾村的一位村民谈到农业生产较大受天气影响的情况：

我们村面积比较大，要想得到发展，必须有合适的项目，现在发

① 《马克思恩格斯文集》第8卷，人民出版社2009年版，第52页。
② 《马克思恩格斯选集》第1卷，人民出版社1995年版，第81-82页。
③ 《马克思恩格斯选集》第3卷，人民出版社1995年版，第518页。

掘的项目主要是水果、板栗，但受天气影响大，还有虫灾，生产很不稳定。农业虫灾去年比较厉害，今年打了农药，好了很多。

——2017 年 7 月 14 日下午在赵家湾村村委会办公室二楼与 TYQ 的访谈

另一位村民则认为，农业活动不仅靠天吃饭，而且纯粹从事农业活动是不能实现小康生活目标的。

如果天气不怎么好或者是有病虫害，农民收入也就只能保本，搞不好还要亏本。所以种田不好赚钱，而且受天气的影响还是挺大的。因此纯搞种田或者养殖是不行的，是实现不了小康的。

——2017 年 7 月 14 日下午在赵家湾村村委会办公室二楼与 LZH 的访谈

现代农业尚且如此受到大自然的影响，完全顺从于自然而从事生产与生活的古代农民，在大自然面前就更无作为人的自由可言。农民唯有对自然敬畏与顺从，无条件地服从自然的法则，他们无法在改造自然界的实践活动中实现人的自由，也无法深刻地、准确地把握自然的内在本质。虽然那时的人们对自然有一定的认识，甚至也有较为显著的改造，但总体来讲仍然是低层次、潜意识、初级性的，“是对自然界的一种纯粹动物式的意识（自然宗教）”①。值得注意的是，马克思在为这段话作的边注中写道：“这种自然宗教或自然界的这种特定关系，是由社会形式决定的，反过来也是一样。这里和任何其他地方一样，自然界和人的同一性也表现在：人们对自然界的狭隘的关系决定着他们之间的狭隘关系，而他们之间的狭隘关系又决定着他们对自然界的狭隘的关系，这正是因为自然界几乎还没有被历史的进程所改变。”②在刀耕火种的时代，农民与自然的关系只是停留于外在的、表面的、形式的统一阶段，农民对自然的顶礼膜拜只能让农民完全匍匐在自然脚下，农民作为人的主体能动性的发挥

① 《马克思恩格斯选集》第 1 卷，人民出版社 1995 年版，第 82 页。
② 《马克思恩格斯选集》第 1 卷，人民出版社 1995 年版，第 82 页。

受到极大限制。

（二）传统农业时代农民只为生存而辛劳

传统农业时代，农民在自然面前的不自由，让他们的主观能动性受到严重抑制，以致其基本生存都成了很大问题。传统农业生产的艰难性、高风险性，决定了农民首要的生产目标仅仅是生存而不是致富。“有些地区农村人口的境况，就像一个人长久地站在齐脖深的河水中，只要涌来一阵细浪，就会陷入灭顶之灾。”①恰亚诺夫认为，小农的生产动力是追求生存最大化，不能用“理性经济人”来套用小农的生产活动，农民的一切经济活动都以生存而非赚取利润为目标。斯科特认为，在耕地稀少的地区和在面临生存危机的地区，农户将生存与安全问题放在第一位，即“安全第一”的生存伦理，农民追求的不是收入的最大化，而是较低的风险分配与较高的生存保障。在大自然的喜怒无常面前毫无招架之力的传统农民，首先考虑的是可靠的生存需要，并把它当作耕种的基本目标。农民所有的活动都围绕着生存展开，而不是围绕着利润展开，“由于生活在接近生存线的边缘，受制于气候的变幻莫测和别人的盘剥，农民家庭对于传统的新古典主义经济学的收益最大化，几乎没有进行计算的机会”②。从恰亚诺夫和斯科特的思想来看，他们都认为，小农的思维意识中非常注重避免风险、安全第一。农民在自然面前的弱小，使他们的处世哲学只是一切以生存为主。

传统农民“生存第一”的处世哲学，是由当时农民的生产效率低下决定的。关于中国传统乡村生产效率低下的状况，可以通过黄宗智“内卷化”概念的描述略见一斑。黄宗智认为，面对土地不足和人口过剩的压力，农户没有更多的办法找到多余劳动力的出路，而只好将更密集的家庭劳动投入到农业和（或）手工业中，即便此时劳动的边际回报低于雇用劳动的边际成本。即是说，在乡村中多余的人口继续投入到土地劳作之中，虽然增加农业总收入，但必定会降低单位劳动报酬。在一定面积的土地上持续投入劳动力并不没有推动劳

---

① ［美］詹姆斯·C.斯科特：《农民的道义经济学：东南亚的反叛与生存》，程立显等译，译林出版社2001年版，第1页。

② 斯科特：《农民的道义经济学：东南亚的反叛与生存》，程立显等译，译林出版社2001年版，第5页。

动生产率的提高，反而使得单位农民的劳动效率与劳动报酬下降，是“没有发展的增长”。① 黄宗智认为，1979 年以后的中国农村改革是对这种“过密型增长”的突破，“正是乡村工业化发展和副业发展才终于减少了堆积在农业生产上的劳动人数，并扭转了长达数百年的过密化”②。如今，受到工业文明广泛而深入影响的农民，普遍利用现代工业技术从事农业生产，特别是大量使用化肥、农药、饲料和添加剂，极大地提高了农民的劳动效率和劳动报酬，满足了农民基本生存的需要，一部分农民进而过上了较为丰裕的物质生活。然而工业农业、化学农业的背后却是农业生产环境的恶化，也让农业、农产品的安全问题备受关注。

现在，社会上有一种观点认为，保持生态环境良好，实现农业生产绿色化就应当退回到传统农业时代，从而一味地抵制和排斥现代科技手段在农业生产中的应用。其实，建设乡村生态文明，保持生态环境良好，实现农业生产绿色化，绝不是要退回到工业文明之前的传统农业时代。传统农业时代，农民抗御自然灾害的能力普遍不足。传统农业是以农耕为主体的经济形态，以自给自足的小农经济为特点，劳动方式多采用人力、畜力以及金属农具、木制农具，耕作方法也多以祖祖辈辈沿袭下来的生产技术为主，生产结构单一，经营规模狭小，生产技术落后，劳动效率低下。农业文明时期，人们的生产实践活动并不是完全意义上的自觉性创造活动，而只是在春夏秋冬、春华秋实之中为基本生存而劳作的重复性活动。在年复一年的春种、夏锄、秋收、冬藏循环里，农业文明时代的人们也如同四季轮替一般自在自发地生存着，很难超越重复性思维与实践，向自觉自为地存在迈进。在农业文明的条件下，绝大多数人终生都是纯粹的日常生活主体，他们一生被禁锢在家庭、山庄、乡村之中，春荣秋谢，斗转星移，一代代人为了日常生计耗尽了毕生的精力，后代人继而延续“面朝黄土背朝天”的生活，把毕生的辛酸苦辣继续播撒进黄土地之中。对此，恩格斯对工业文明之前小自耕农生活情景的描述可谓一语中的：“自耕农，他们过着平静的、不动脑筋的庸碌生活，就像他们的邻居，那些兼营农业的织工一样。他们完全沿用父辈们古老而粗陋的方法耕种自己的小块土地，他们以那种世

① [美]黄宗智：《长江三角洲小农家庭与乡村发展》，中华书局 2000 年版，第 12 页。
② [美]黄宗智：《长江三角洲小农家庭与乡村发展》，中华书局 2000 年版，第 17 页。

代相传墨守成规的人们所特有的顽固僵化来反对任何革新。”①传统农业社会中实物经济的匮乏和社会交往的贫乏导致农民的行为更多出于习惯与本能而非出于逻辑思维，只有在经过商品经济洗礼后，在经济行为的计量特征和铁一般的逻辑面前，作为自由主体的农民才能得到理性思维与理性行为的初步训练。② 传统农业时期农民面临的生存与发展困境，正是新时代建设乡村生态文明、实施乡村振兴战略、推进农业现代化建设所要解决的问题。

（三）传统农业时代的“天人和谐”只是一种幻象

传统农业时代，由于科技发展水平和农民认识水平的影响，农民盲目地敬畏自然，被动地顺从自然，在很大程度上受到大自然的摆布和奴役，对各种自然灾难显得十分孱弱无力，所谓的“天人和谐”不过是一种历史的虚幻影像。那时，人与自然表面上的“天人合一”只不过是人的个性埋没在自然之中，没有自我意识存在的“主客混一”③。当农民受制于自然的支配、利用和改造自然的自主性与能动性都较为欠缺时，纵使自然界充满勃勃生机，自然生态系统的完整性、系统性、原始性保护得十分充分，也不能说明那时的农民就是合乎道德伦理的生态农民，就是在自觉地保护自己的家园。如果农民对大自然一味地表现为顺从与臣服，那么他们与自然固然也可以处于统一的情景之中，但这仅仅是外在的、表面的统一，而不是内在的、本质的统一。可以说，自然在古代农民那里仅仅是客观外在的自然，没有打上农民自身的烙印，农民没有发挥主体意志和主观能动性的余地。农民在自然面前的消极无为而让农民作为人却不可能有人的真正自由。农民与自然所谓的“天人和谐”，事实上却是大自然对农民的支配与奴役。因为农民无法摆脱自然的束缚而获得解放，农民的生产与生活必须按照自然法则行事，而不能僭越自然为人类安排的必然秩序。④

缺乏工业技术的农业生产，是农民完全依靠简陋的生产工具、贫乏的劳动知识、原始生产技术的农业生产，其生产需要巨大的劳动力投入，生产方式相

---

① 《马克思恩格斯文集》第1卷，人民出版社2009年版，第392页。

② 参见秦晖、金雁：《田园诗与狂想曲——关中模式与前近代社会的再认识》，语文出版社2010年版，第300页。

③ 参见贺麟：《文化与人生》，商务印书馆2016年版，第130页。

④ 参见曹孟勤、黄翠新：《论生态自由》，上海三联书店2014年版，第81页。

对封闭僵化，因而农民的生产力水平长期处于静态的停滞不前的状态，从而导致农民的生活水平无法获得提高，物质消费和物质幸福长期处于较低程度。可以说，工业化程度低下的农业生产效率必然低下，农民的生活水平和幸福程度也相应处于低位。离开了一定的物质财富，人和社会都无法生存，幸福也就无从谈起了。对此恩格斯也并不讳言："追求幸福的欲望只有极微小的一部分可以靠观念上的权利来满足，绝大部分却要靠物质手段来实现。"①以调研中的西部、中部和东部五个村庄为例，选取工业化水平相对较低的甘肃辘辘村、工业化水平一般的湖南西岭村和江西下聂村、工业化水平相对较高的山东王杰村和江苏华宏村为代表，五个村庄的村民生活满意度如图 3 所示：

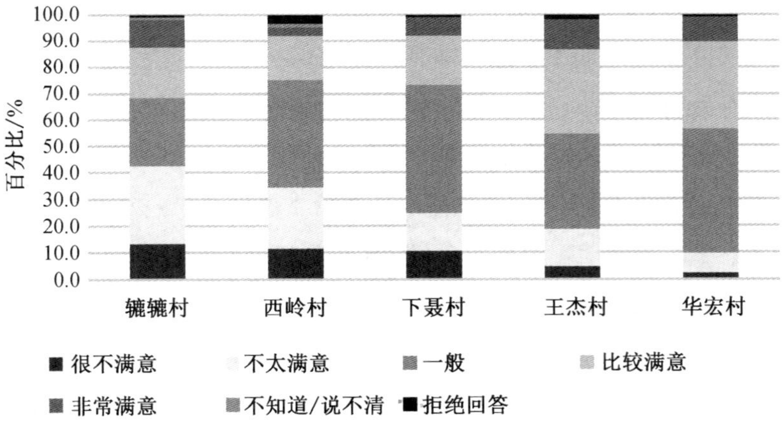

图 3　西部、中部、东部五个村庄的村民生活满意度

由统计数据可见，工业化水平依次升高的西部辘辘村、湖南西岭村、江西下聂村、山东王杰村和江苏华宏村，村民对于生活持"很不满意"和"不太满意"态度的比例依次降低，相应的村民对于生活持"比较满意"和"非常满意"的比例基本上处于依次升高态势。所以乡村工业化水平与农民的幸福度大致呈现正相关。在工业化水平很低的乡村社会，农民生产效率低下，无法获得充足的物质生活资料，而且农民的劳动强度与所获取的经济利益回报不成对等，农民的生活幸福度必然低下。

在工业化程度十分低下的传统乡村社会，纵然没有出现大面积的生态危

① 《马克思恩格斯选集》第 4 卷，人民出版社 1995 年版，第 239 页。

机和环境污染，农民改造自然以为己所用之心也蠢蠢欲动，导致自然环境破坏的现象仍时有发生。“美索不达米亚、希腊、小亚细亚以及其他各地的居民，为了得到耕地，毁灭了森林，但是他们做梦也想不到，这些地方今天竟因此而成为不毛之地，因为他们使这些地方失去了森林，也就失去了水分的积聚中心和贮藏库。”①显然，这些地方曾经孕育了灿烂的古代文明，是植被丰富、生态系统完善的沃土。正是由于古代农民没有环境保护的意识，不具备生态伦理而不合理地过度开发和利用土地，才使当初的绿水青山变成了今日的穷山恶水。但是从总体来讲，由于传统农业时代人口密度不大，人类活动范围小，再加上生产技术水平落后，农民生产生活的主要方式仅限于农牧业，虽然许多地区的环境遭到破坏，农民整体上对自然生态的影响依然是很小的。传统农民没有大规模地破坏自然生态并不是农民有意识地保护环境，也不是顺从于自然的农民一直在践行着“天人和谐”的价值理念。实际上，传统农业文明时代的农民并不具备理性意义上的生态伦理，不具有对自然讲道德的自觉意识。农民面对大自然的无意识与不自觉，虽能够让自然生态保持稳定与和谐，没有出现全球性生态危机和大面积的环境破坏，但是表面美丽的自然无法成为古代农民诗意栖居的家园。因为“只有在人把他的心灵的定性纳入自然事物里，把他的意志贯彻到外在世界里的时候，自然事物才达到一种较大的单整性。因此，人把他的环境人化了，他显出那环境可以使他得到满足，对他不能保持任何独立自在的力量。只有通过这种实现了的活动，人在他的环境里才成为对自己是现实的，才觉得那环境是他可以安居的家”②。传统农民对自然界狭隘的、严重的依赖关系以维持自然的和谐稳定，不是农民“把心灵的定性纳入自然事物里”的理性自觉所为，那么不管自然界多么美丽都谈不上是农民实现美好生活的家园，自然在农民面前不是作为要被保护的无机身体看待而仅仅具有外显的有用性即使用价值。所以从总体而言，尽管农业文明在相当程度上保持了自然界的生态平衡，但这只是一种在落后的经济水平上处于初级状态的平衡，是和人类能动性发挥不足与对自然开发能力薄弱相联系的生态平衡，因而不

① 《马克思恩格斯文集》第9卷，人民出版社2009年版，第560页。

② ［德］黑格尔：《美学》第1卷，朱光潜译，商务印书馆1982年版，第318页。

是人们应当赞美和追求的理想境界。①

就此而言，农民主体能动性得不到充分发挥、农民生活水平得不到提高的乡村无法实现良序发展，而乡村在发展过程中如若片面追求生态效益而不顾及农民幸福生活的获取，同样不是善的表现。基于马克思主义的立场和观点进行分析，我们肯定农业文明所取得的辉煌成就及其对于人类社会的进步意义。但是传统农业文明时代农民完全地屈膝于自然，在对自然顶礼膜拜求得生存的过程中，丧失了做人的尊严和做人的自由。那种片面追求敬畏自然、片面追求生态效益的做法，其结果必然导致人的自身发展不足，导致人的幸福权利无法得到充分实现，这实质上也是一种不道德，是“自然荣而人不荣”之恶。只有将乡村发展的经济效益与生态效益相统一、经济可持续发展与生态可持续发展相统一才是真正善，也才能实现乡村中农民与自然的和谐共生，推动绿水青山与金山银山有机统一。

第三节
中国乡村生态伦理困境的伦理出路

从伦理的角度分析中国乡村生态伦理困境问题，“自然荣而人不荣”之恶与“人荣而自然不荣”之恶都是由于经济发展与环境保护相脱离所致。中国乡村生态伦理困境的伦理出路，应是协调好乡村社会生产的经济效益与生态效益，使“自然荣”与“人荣”相统一，达成“人与自然共生共荣”之善。习近平总书记强调指出：“绿水青山就是金山银山。”这充分证明，在生态文明新时代，乡村的绿水青山是乡村发展的先进生产力，乡村生产的生态效益即是经济效益，经济效益即是生态效益。乡村生态伦理应当指引乡村以生态效益为优先，以生态效益、绿色发展引领乡村经济社会发展，实现乡村社会中人与自然的共生共荣。

① 陈金清主编：《生态文明理论与实践》，人民出版社 2016 年版，第 6 页。

一、乡村“人与自然共生共荣”之善

人与自然共生共荣是指作为生命共同体的人与自然之间维持可持续生存与发展的良好状态。单纯的人荣而自然不荣是恶，单纯的自然荣而人不荣也是恶，只有人与自然共生共荣才是善。人与自然共生共荣，是实现人的幸福与发展的价值基础，是人与自然和谐共生的至善境界，是乡村生态伦理的内在要求。人与自然相互作用、相互依存，一方的生存不能以损害另一方为代价，如果过分损害对方以至消灭对方，那么自己也就失去了生存的条件。

只有维持自然的生与荣才能给人类带来持续的发展以及生活质量的提高，进而带来人之生与荣。“自然界是人为了不致死亡而必须与之处于持续不断的交互作用过程的、人的身体。”①自然界是人类生存与发展的前提和保证，是人类生与荣的重要基础。反过来人类的生与荣也必须维护自然的生与荣，没有自然的生与荣，就没有人类的生与荣。自然界就像人的身体一样，为人类提供物质生产活动和实践活动所需的各种材料。人类为了自身的生存与发展必须要确保自然的生与荣，只有保证自然的生与荣才能有人的生与荣。

自然界是对象性的人，“通过工业——尽管以异化的形式——形成的自然界，是真正的、人本学的自然界”②。“全部历史是为了使‘人’成为感性意识的对象和使‘人作为人’的需要成为需要而作准备的历史(发展的历史)。历史本身是自然史的一个现实部分，即自然界生成为人这一过程的一个现实部分。自然科学往后将包括关于人的科学，正像关于人的科学包括自然科学一样：这将是一门科学。”③自然界是对象性的人的这一论述，表明人与自然环境具有同一性。人即自然，自然即人。这种同一性意味着，人道德地对待自然界就是人对自身善，人不道德地对待自然界也就是人对自身恶。自然界是人本质的对象化，自然之美即是人性之美的彰显，自然之丑恶即是人性之恶的显现。人要想确证自身是高尚的人，证明自己是合乎道德的人，必须要确保自然环境的和

① 《马克思恩格斯选集》第1卷，人民出版社1995年版，第45页。
② 《马克思恩格斯文集》第1卷，人民出版社2009年版，第193页。
③ 《马克思恩格斯文集》第1卷，人民出版社2009年版，第194页。

谐美丽。人与自然界和谐共生的过程即是人道德高尚的澄明过程，人之为人必须做到人与自然共生共荣。

就农民而言，农民与乡村自然生态环境具有同一性。乡村自然界即是农民无机的身体，农民依赖于乡村自然界而存在，农民应当为实现乡村自然生态环境的美丽尽自己的生态责任和生态义务。同时，乡村自然界也表现为农民存在和发展的对象性存在物。正是因为有了具有主观能动性的农民，才使杳无人烟、荒山野岭的自然界变成了勃勃生机、一派兴旺的乡村；正是因为有了农民在土地上的辛勤开垦与艰苦劳作，才使乡村自然环境具有了价值与意义。自农民在土地上挥下第一下锄头之日起，乡村生态环境逐渐被揭去其神秘的面纱，以对象性的人存在于农民面前。千百年来，农民在乡村生态环境中演绎了丰富多彩的劳动，让乡村环境得以生动地展现，这极大地增加了乡村自然界的价值与内涵。从这一伦理意义上讲，乡村自然环境也应该以农民为目的，为农民美好生活的实现而尽义务。因此，乡村自然界为农民而存在，农民也为乡村自然界而存在；农民即自然，自然也即农民，农民与乡村自然界具有同一性。著名历史学家斯宾格勒在《西方的没落》中曾感叹过农民最后变成了它们所亲手种植的植物："他生根在他所照料的土地上……敌对的自然变成了朋友；土地变成了家乡。在播种与生育、收获与死亡、孩子与谷粒间产生了一种深厚的因缘。"①农民为了自身的生存与发展，需要对其所处的自然心存善念，即尊重自然，爱惜自然，对自己的无机身体即乡村自然界施以善的态度；同时需要对自然行善之举，即善待自然，保护自然，与乡村自然界共生共荣。这体现了农民保护生态环境的道德要求，是农民对自然、对生态的价值取向和价值追求。一方面农民需要维持良好的乡村自然环境，保证乡村生态效益向上发展，这是农民的生态伦理的重要目的。另一方面农民保护乡村自然环境并不是为了保护而保护，不是为了单纯尽自然生态义务而尽义务，而是为了维护自身的生存环境。就是说，农民保护乡村自然环境所做的一切，都是基于有利于自身生存这个基础上的。农民在保护家乡环境的同时，能够获取相应的幸福权益，即获取经济效益的权利。否则，农民保护乡村自然界也就没有了任何价值与意义。

---

① ［德］奥斯瓦尔德·斯宾格勒：《西方的没落》（上），齐世荣等译，商务印书馆 1963 年版，第 198 页。

美好自然环境与农民获取经济利益是辩证统一的。农民既是乡村自然界之目的，同时也是乡村自然界之工具；乡村自然界既是农民之目的，又是农民之工具。农民与乡村自然界互为目的，又互为工具。割裂二者的统一关系，就会导致将农民与乡村自然界的关系片面化。“从对立观念上看待人与自然界的关系，要么导致人对自然界的征服与统治，从而使自然界工具化，要么导致人被自然界所奴役，使人工具化。”①所以，农民与乡村自然的对立不是善，单纯追求生态效益或者追求经济效益也不是善，这些都不能实现农民与乡村自然界的和谐共生。农民与乡村自然只有共生共荣，才能确保实现农民与自然的协同发展并达成自身的目的。我们应当看到，农民的生存与发展，是依存于保护自然环境责任的发展。农民保护自然环境责任，是农民在生产活动中应当自觉承担的保护自然环境在道义上的责任，它要求农民自觉保护生态环境、节约自然资源、维护生态系统完整。农民保护自然环境责任做得越好，农民获得生存与发展的条件就越充分、越丰富、越有保障。农民与自然应当共生共荣，既让农民荣，也让农民所处的乡村自然环境荣，如此才是乡村社会良序发展之善。

让农民荣，是让农民合理地利用和改造乡村自然环境追求幸福，也是农民履行环保责任的价值目标。追求幸福是人的最为重要的价值诉求。“幸福自身就是善的东西”“幸福是终极和自足的，它是行为的目的”②，亚里士多德认为，幸福即是至善，是人类最高的目的。“人们所做的一切活动的最终目的都是幸福，人们都是为了幸福而追求幸福，只有幸福是人一切活动的目的。”③幸福的获得是由各种具体的行善之举累积而成，并且这样的善举是通过合乎德性的实践活动去达至和实现的。财富是实现幸福这一最高善的有利条件，幸福离不开财富的支撑。“幸福也显然需要外在的善。因为，没有那些外在的手段就不可能或很难做高尚（高贵）的事。许多高尚（高贵）的活动都是需要有朋友、财富或权力这些手段。”④农民的幸福生活同样离不开财富的获取，乡村的良序发展离不开农民对于经济效益的追求。调研数据显示，农民的收入水平与

① 曹孟勤：《人性与自然：生态伦理哲学基础反思》，南京师范大学出版社2004年版，第321页。
② 苗力田主编：《亚里士多德全集》第8卷，中国社会科学出版社1992年版，第6页。
③ 苗力田主编：《亚里士多德全集》第8卷，中国社会科学出版社1992年版，第6页。
④ ［古希腊］亚里士多德：《尼各马可伦理学》，廖申白译注，商务印书馆2003年版，第24页。

农民对生活状况的满意程度正向相关。表3所示的农民对收入水平满意度与农民对自己生活状况满意度列联表说明了，对于自己家庭收入水平持满意态度的农民也大都对自己的生活状况表示满意；而对于自己家庭收入水平表示很不满意和不太满意的农民，也多数对于自己的生活状况不甚满意。这说明，农民的幸福生活离不开财富的支撑，经济收入达不到自己满意水平的农民很难对自己的生活状况满意。

表3　农民对收入水平满意度与农民对自己生活状况满意度列联表

单位：人

		农民对目前家庭的收入水平满意度						
		很不满意	不太满意	一般	比较满意	非常满意	不知道/说不清	拒绝回答
农民对自己生活状况满意度	很不满意	67	6	7	0	0	1	0
	不太满意	21	98	17	3	0	4	1
	一般	19	73	220	18	3	3	2
	比较满意	9	27	65	94	9	2	0
	非常满意	4	4	7	12	35	0	1
	不知道/说不清	0	0	0	1	0	3	1
	拒绝回答	3	2	0	0	0	0	9

农民在获取自身幸福以达成“人荣”的同时，需要保护好乡村自然界让“自然荣”。“自然荣”就是乡村自然生态系统平衡与稳定，乡村环境美丽，具有较高的生态效益。乡村生态环境是农民最为根本的生产要素，它对于乡村的生产效率的改善与提高至关重要。马克思曾指出：“同一劳动在丰收年可以对象化为两蒲式耳小麦，在歉收年或许只对象化为一蒲式耳小麦。在这里，因为自然条件的贫瘠还是富饶决定着受自然条件限制的特殊实在劳动的生产力，于是似乎是自然条件决定着商品的交换价值。”①马克思特别强调了生态环境对于农业发展的影响，他说：“农业劳动的生产率是和自然条件联系在一起的，并且由于自然条件的生产率不同，同量劳动会体现为较多或较少的产品或使用

① 《马克思恩格斯全集》第31卷，人民出版社1998年版，第430页。

价值。"[①]绿水青山是乡村的宝贵资源，是农民获取经济利益和实现美好生活的物质基础和先决条件。农民应"像保护自己的身体一样保护自然，像感觉自己的手足一样感觉植物动物的世界，并将自己的全部创造力用在日益扩展与自然界的对话中"[②]。农民在追求经济利益的同时必须要与自然和谐相处，在向自然界索取时必须要尊重自然规律，避免对自然造成破坏。只有这样，乡村自然环境才能更好地服务农民，才能更有效地满足农民的需要。

从农民的现实来讲，良好的乡村生态环境是农民生存与发展的物质基础，也是农民履行环保责任的价值追求。经过对实际调研的数据进行分析表明，农民的幸福感与乡村环境状况直接有关。根据表 4 所示的乡村环保宣传状况与农民对自己生活状况满意度列联表我们可以看出，具有环保宣传且可以自觉做到的乡村居民，对于自己生活状况的满意度较高。具体查看表中对于自己的生活状况满意度中选择"比较满意"和"非常满意"的村民，在乡村生活中本村村民大多能够自觉地做到如环保宣传所言。由此观之，村民的幸福感离不开良好的乡村环境，农民的美好生活与乡村的生态效益息息相关。

表 4　乡村环保宣传状况与农民对自己生活状况满意度列联表

单位：人

		乡村环保宣传状况				
		有环保宣传，村民也会自觉做到	有环保宣传，但是没有村民理会	没有环保宣传，但是村民很需要	没有环保宣传，村民也并不需要	不知道/说不清
农民对自己生活状况满意度	很不满意	44	8	11	5	13
	不太满意	72	21	23	7	20
	一般	209	53	28	8	39
	比较满意	130	29	28	1	17
	非常满意	45	4	5	3	6
	不知道/说不清	0	1	3	0	1
	拒绝回答	6	4	2	0	2

① 《马克思恩格斯文集》第 7 卷，人民出版社 2009 年版，第 924 页。
② 邓晓芒：《马克思人本主义的生态主义探源》，《马克思主义与现实》2009 年第 1 期。

农民能动性和受动性的统一，是实现农民与自然和谐关系的必要条件，也是农民履行环保责任的价值要求。人改造自然界的实践是人的现实的实现，是人的能动性和人的受动性之统一的实现。人在自然面前既有依赖于自然的受动的一面，同时又有积极改造自然以满足自身需要的能动的一面，能动与受动同时构成了人的本质，人的实践活动也是能动性和受动性的统一，是自在的制约性和自为的能动性的统一。因此，在乡村社会生产中，不能只注重农民的受动性，只顾及良好的乡村自然环境而忽视农民的利益，也不能只注重农民的能动性，只顾及乡村经济发展而忽视乡村生态环境状况。应该将能动性与受动性统一起来加以考虑。就乡村发展而言，就是将乡村经济发展与环境保护协调推进。笔者在七个村庄的调研中发现，村民被问及“经济发展和环境保护哪个更重要”时（如图 4），全部村庄的村民中有 42.3%的人认为经济发展和环境保护同等重要，占据所有选项的最高比例。

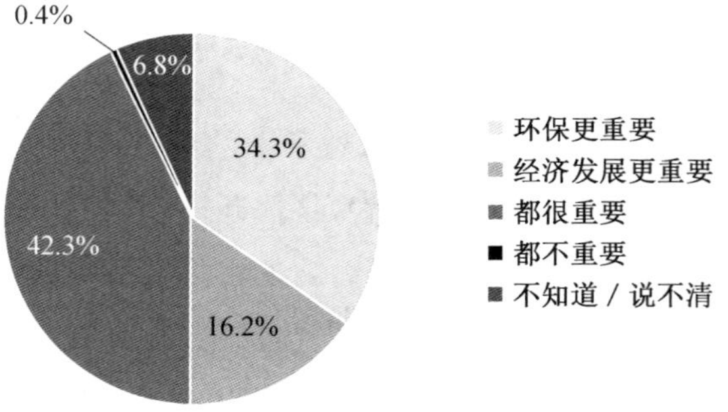

图 4　七个村庄的全部村民对于“经济发展和环境保护哪个更重要”的回答

分别查看七个村庄的村民对于“经济发展和环境保护哪个更重要”的具体回答状况（如图 5）我们可以发现，七个村庄的村民认为两者都很重要的比例均占大部分。由此可见，农民普遍追求的是经济发展与良好环境的协同一致，是经济效益与生态效益的辩证统一。

生态文明时代，崇尚生态、崇尚绿色已成为衡量人类文明程度、进步程度的重要标志。一方面，人们需要农业文明中尊崇自然、亲近自然、顺应自然的理念和精神，保留古代农耕文明中的诸多合理因素。恩格斯曾引用摩尔根的观点，表达了扬弃资本主义社会缺陷的新社会将在新的更高的阶段上，复活平

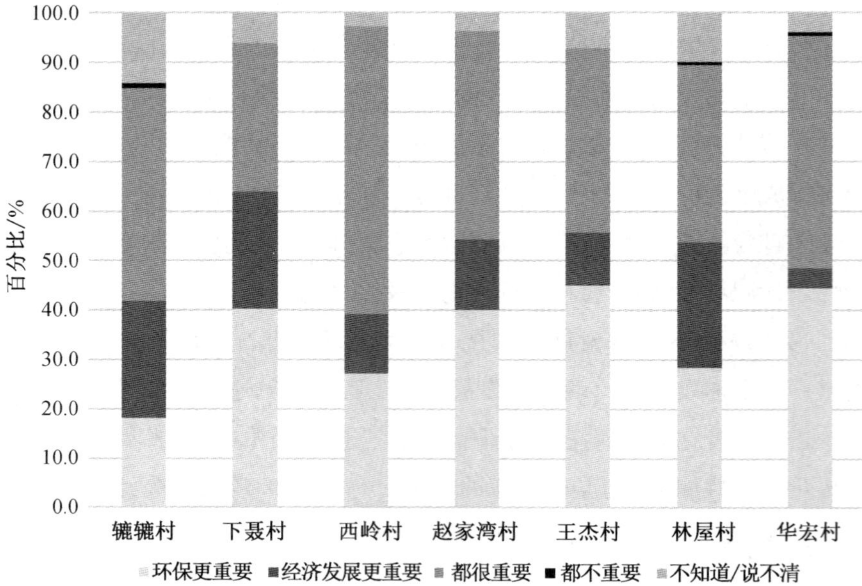

图 5　七个村庄的村民对于“经济发展和环境保护哪个更重要”的回答

等、自由、博爱的氏族社会、复活人与自然和谐的观点，他说：“管理上的民主，社会中的博爱，权利的平等，普及的教育，将揭开社会的下一个更高的阶段，经验、理智和科学正在不断向这个阶段努力。这将是古代氏族的自由、平等和博爱的复活，但却是在更高级形式上的复活。”①生态文明时代需要农业文明时代对自然合理的理念和精神的复归。另一方面，生态文明时代是站在比工业文明时代更高的历史阶段的新时代，人们需要在合理吸收工业时代发挥人的主体能动性优势的同时，必须要超越工业文明中人对自然的肆意妄为，做到正确地运用科学技术手段——这一工业文明的先进成果。正如恩格斯所言：“我们对自然界的全部统治力量，就在于我们比其他一切生物强，能够认识和正确运用自然规律。”②生态文明时代的乡村，既需要正确地使用工业文明的技术成果以满足农民对于幸福生活的向往，又要尊重自然、顺应自然、保护自然，按照自然事物的本来面目和本质规律去利用与改造自然。

乡村生态伦理是以道德的方式、运用道德的力量去反思和约束农民与自

---

① 《马克思恩格斯选集》第 4 卷，人民出版社 1995 年版，第 179 页。

② 《马克思恩格斯选集》第 4 卷，人民出版社 1995 年版，第 384 页。

然关系的行为，确保农民与自然共生共荣。它强调，“人荣而自然不荣”的现代工业文明的乡村不是善，“自然荣而人不荣”的传统农业时代的乡村也不是善，只有“人荣而又自然荣”的农民与乡村共生共荣才是善。黑格尔认为，主体与客体的真正统一是人通过改变自然来适应人的需要从而使环境人化的统一，即由人的活动而产生的主体与客体的协调一致。这种一致超越人被动无为的单纯自在状态，马克思在黑格尔的基础上，把主体与客体相统一的思想往前推进了一大步。他强调，人与自然的真正关系是人在改造自然界的过程中，既把自己的本质力量对象化到自然界中，使自然界的本质具有属人的意义，现实自然界成为人的作品和人的现实，成为对象性的人；同时也将自然界的本质内化为人性的一部分，人的本质被自然的本质所规定，人被自然化，在人的本质存在中体现着自然的本质，人能够体悟到自己与自然的本质同一性。① 人与自然的真正统一，是人尊重自然以让自然更加绚丽、丰富、多彩，又是人的主体能动性得到充分发挥以满足人的现实需要。在乡村社会现实中，农民与自然共生共荣的体现，就是农民既能保护好乡村环境，让生产绿色化，让环境生态化；同时又能合理地改造乡村自然环境，以满足农民发展经济的需要，让农民过上向往的幸福生活。在乡村社会生产中，必须要坚持人与自然共生共荣、和谐共处，做到经济发展和环境保护的有机统一。党的十九大指出，“让人民群众有良好的生产生活环境，必须走生产发展、生活富裕、生态良好的文明发展道路”②。乡村发展的良序状态，应是经济发展和环境保护的状态，是经济效益和生态效益互利互惠的“双赢”状态。

二、乡村绿水青山是先进生产力

自工业文明以来，经济发展与环境保护的内在张力，在于只是把生态环境视为经济发展的手段，生态环境本身所具有的价值被忽视。传统的生产力理论漠视人与自然相互依存、相互制约的一面，只注重人与自然相互分离、相互

---

① 曹孟勤：《人是与自然界的本质统一——质疑“人是自然的一部分”和“自然是人的一部分”》，《自然辩证法研究》2006 年第 9 期。

② 习近平：《决胜全面建成小康社会，夺取新时代中国特色社会主义伟大胜利》，人民出版社 2017 年版，第 24 页。

对立的一面,着眼于对大自然的掠夺、盘剥和征服,无视人与自然和谐共生的关系。相应地,人们的实践模式也只强调以经济发展为中心,拼命追求经济效益,而不考虑高产出、高污染、高排放的环境污染对自然生态所造成的危害,导致了资源能源枯竭、环境污染严重、生态环境恶化、环境承载能力下降等生态危机。习近平总书记指出:“我们在生态环境方面欠账太多了,如果不从现在起就把这项工作紧紧抓起来,将来会付出更大的代价。”随着经济社会的发展,以征服自然、改造自然为价值取向的传统生产力理论遇到了前所未有的挑战,主要是以污染和破坏生态环境为代价的生存挑战,以无节制消耗和浪费能源资源为代价的发展挑战,以及以物质和精神得不到有效满足为代价的享受挑战。这种状况如若发展下去,自然资源将难以为继,生态环境也将不堪重负,我国发展的潜力将越来越小,发展的空间将越来越窄,发展的后劲将越来越弱。生态环境是统一完整的自然体系,是各种自然要素和资源环境相互依存而实现良性循环的自然系统,是人类赖以生存和发展的物质基础和前提条件。我们不能忽视生态环境本身所具有的价值,特别是其作为生产力所蕴含的价值。

马克思强调发展先进生产力,认为先进生产力能够带来社会的巨大进步与飞速发展。先进生产力之所以先进,是因为它能够更好地促进社会的良序、健康发展,进而满足社会需求。工业文明生产力先进于农业文明生产力,关键在于工业文明以大机器生产创造出了较高的生产效率,极大地满足了全社会的物质生活需要而推动了社会发展。正如马克思在《共产党宣言》中所说:“资产阶级在它的不到一百年的阶级统治中所创造的生产力,比过去一切世代创造的全部生产力还要多,还要大。”①工业时代以效率和利润论取舍、论成败、论输赢,往往越是反自然的就越带来利益、越是被歌颂。在工业文明视域下,符合工业逻辑的满足人们掠夺自然界以获取财富的生产力就是所谓的先进生产力。然而,以牺牲自然环境为代价的工业文明生产力在20世纪以来所引发的生态危机表明,工业文明的生产力是破坏自然环境的黑色生产力,其所秉持的违背自然规律的价值理念是不可持续的。在生态文明时代,生态需要是全社会的主要社会需要,工业文明的黑色生产力此时已不是满足社会需要、推动社

① 《马克思恩格斯文集》第2卷,人民出版社2009年版,第36页。

会良序健康发展的先进生产力。生态文明时代所秉持的尊重自然、顺应自然、保护自然以及人与自然和谐共生的价值理念才是符合时代要求的思想观念。新时代,符合生态需要的生产,就是先进生产;符合生态需要的生产力,就是先进生产力。在生态文明的视域下,作为乡村生态环境的绿水青山,既拥有生产自然产品的能力,又拥有对人的作用、对财富和价值创造的作用的能力,已成为能够满足人们生态需要的先进生产力。绿水青山是适应时代发展要求的绿色生产力或生态生产力,是超越工业文明黑色生产力的先进生产力。

在人们的生存资料满足中,乡村的绿水青山是其中最为基础和最为关键的部分。如果乡村生态环境恶劣,就不能够为人们提供良好的生存资料,就会危及人们的生存。马克思和恩格斯曾指出:“我们首先应当确定一切人类生存的第一个前提,也就是一切历史的第一个前提,这个前提是:人们为了能够‘创造历史’,必须能够生活。但是为了生活,首先就需要吃喝住穿以及其他一些东西。”①值得注意的是,马克思在这一段的“必须能够生活”的页边上写着:“黑格尔。地质、水文等等的条件。人体。需要,劳动。”②马克思在页边中写的地质学、水文学等条件以及人体等,都属于人类在作为生态系统的组成部分时对生态系统的需求。只有具备这一定的地质、水文、大气和气候条件,人类才能在其中生存。人们生存资料的满足需要乡村的生态环境作为支撑。乡村的绿水青山在人们的生存资料层面本身就是一种生产力。马克思指出:“如果劳动的自然生产力很高,也就是说,如果土地、水等等的自然生产力只需使用不多的劳动就能获得生存所必需的生活资料,那么——如果考察的只是必要劳动时间的长度——这种劳动的自然生产力,或者也可以说,这种自然产生的劳动生产率所起的作用自然和劳动的社会生产力的发展完全一样。”③他还说:“绝对剩余价值的单纯存在,无非以那样一种自然生产力为前提,以那样一种自然产生的劳动生产率为前提。”④马克思把提高劳动生产力作用十分明显的劳动的自然条件称为劳动的自然生产力。很显然,提供人们基本生存资料的乡村自然环境是发展生产力的基础要素和“第一源泉”。生产力的发展离不开乡村

---

① 《马克思恩格斯选集》第1卷,人民出版社1995年版,第78-79页。

② 《马克思恩格斯选集》第1卷,人民出版社1995年版,第79页的“编者注”。

③ 《马克思恩格斯文集》第8卷,人民出版社2009年版,第370页。

④ 《马克思恩格斯文集》第8卷,人民出版社2009年版,第369页。

自然环境为人们提供生存的资源，乡村的自然资源是确保绿水青山先进生产力诸要素有机联系的重要因素。对乡村生态环境为先进生产力发展所做的贡献，可以通过马克思关于劳动自然条件决定劳动自然生产率的重要论述来加以认识。马克思指出："在农业中（采矿业中也一样），问题不仅涉及劳动的社会生产率，而且涉及由劳动的自然条件决定的劳动的自然生产率。"①可以说，整个乡村自然界的自然资源和生态条件，就是一种生产力。一方面，乡村的自然力是乡村自然界存在的一种自然力量；另一方面，乡村的自然资源、生态环境的条件既是生产力三要素的直接或间接来源，也是生产力所指的外部生态环境。马克思指出，"未开发的自然资源和自然力"，都是"无偿的生产力"。从这个意义上讲，乡村自然生态系统所具有的能力在本质上是自然力量或生态力量。绿水青山生产力作为乡村自然界给人们提供的纳入生产过程和未纳入生产过程，能够创造自然生态财富和社会经济财富的能力，在本质上是自然力量或生态力量，也是自然界的生态循环所产生的一种力量。

在人们的享受资料满足中，乡村生态环境也同样起着重要作用。马克思和恩格斯指出，人们"已经得到满足的第一个需要本身、满足需要的活动和已经获得的为满足需要用的工具又引起新的需要"②。这种在生产资料需要得到满足的基础上产生的"新的需要"，更多地包含了人的生态需求。比如，当人们还吃不饱肚子的时候，吃饱即满足基本生存需要就成了第一位。但当人们吃饱之后，人们就必然要有新的需要，那就是要吃得好一些，吃得健康一些。在居住条件方面，当人们的住房需要得到满足以后，人们往往要产生新的要求，如在海滨、江河边、风景区、气候适宜区等地区集聚。生态文明时代的人们，越发会从注重工业物质性消费转变为注重生态服务性消费，乡村就成为人们关注的地方，乡村生态环境便成为满足人们生态服务性消费需要的场域。

在人们的发展资料满足中，乡村生态环境同样至关重要。发展资料是人类发展和表现自身的体力、智力所需要的资料。过去，受经济发展水平的影响，人们体力和智力目的的实现还不能得到保证。生态文明时代要适应人民

---

① 《马克思恩格斯文集》第7卷，人民出版社2009年版，第867页。
② 《马克思恩格斯选集》第1卷，人民出版社1995年版，第79页。

群众对美好生活的向往,使人们的发展资料需要得以实现,就必须要有良好的生态环境条件作保障。良好的生态环境特别是乡村优美的自然环境和生态系统,是生态文明时代人们满足其发展资料需要的重要组成部分。离开了乡村自然生态环境这一重要条件,人们实现发展其体力和智力的目的就失去了物质基础和重要条件。在生态文明新时代,人们的生态需要越来越多、越来越强烈。要满足人们对于生存资料、享受资料和发展资料的需要,就必须满足人们日益强烈的生态需要,满足生态需要就成为新时代强劲的经济增长点。到那时,乡村的绿水青山,这一在现代性的视域下长期受到忽视的元素,将成为乡村发展的最大资本和最大优势。不仅如此,乡村的绿水青山还可以推动人们对生态生存资料、生态享受资料和生态发展资料全方位、多层次、宽领域需要的满足和释放,更好地解决人们对于生态产品和生态服务的强烈需求而有效供给却相对匮乏的矛盾,让乡村的社会生产不再是纯而又纯的经济过程,而是成为推动社会经济发展的重要力量。正如恩格斯指出,“政治经济学家说:劳动是一切财富的源泉。其实,劳动和自然界在一起它才是一切财富的源泉,自然界为劳动提供材料,劳动把材料变为财富”①。

由此可见,绿水青山是乡村发展最为重要的生产资料,也是乡村发展得天独厚的自然资源。绿水青山这一乡村的资源如果能够加以有效看管,当地农民如能肩负起“守土有责、守土负责、守土尽责”的管理人重担,绿水青山就不仅是乡村的自然资源,也是乡村现代化的重要资产。将绿水青山置于现代市场经济体系之中,以生态效益优先的理念为指导,对乡村自然资产加以生态农业、生态工业和生态服务业运作,重点塑造农业体验、观光游览、休闲养生、养老服务等多种功能,乡村的绿水青山就可以由“资产”变为“资本”。这一具有生态效益的“资本”可以给农民带来具有经济效益的“资金”。实地调研中,当村民被问到“可以通过建设美丽的乡村环境(比如农家乐、有机食品等)实现致富吗?”(如图6)的时候,七个村庄中持认可态度的村民均占有大多数,而持反对态度的村民均占较少数。即使是地处西部的辘辘村村民,认为不可以通过乡村生态建设实现致富的比例也只有15%左右。

生态文明时代,乡村社会生产提高经济效益的过程,就是以最小的活劳动

① 《马克思恩格斯选集》第4卷,人民出版社1995年版,第373页。

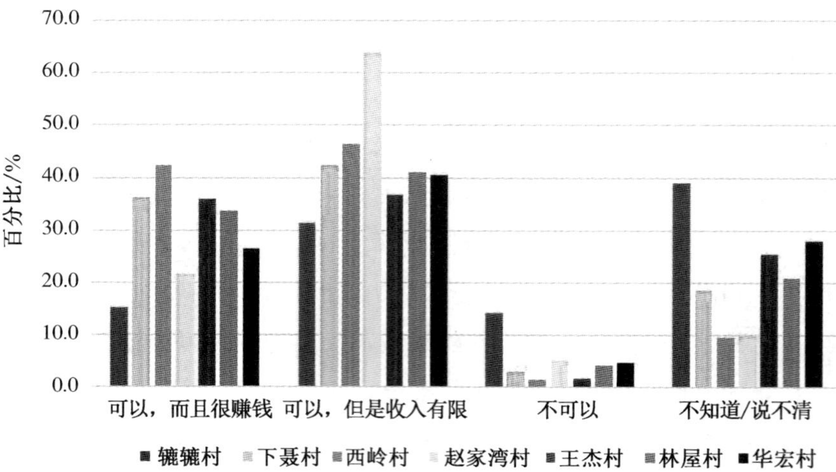

图6　七个村庄村民对“可以通过建设美丽的乡村环境实现致富吗?”的回答

和物化劳动的消耗取得尽量多的符合社会生态需要的生态产品和服务的过程。乡村提高经济效益的过程与各种生产要素的合理使用关系密切,而生产要素的合理使用,既包括劳动资源、财力资源等传统工业时代的生产要素,也包括乡村生态环境要素。当乡村的社会生产力发展到一定阶段以及经济效益提高到一定程度以后,包括自然资源在内的生产要素状况,就会直接地影响到乡村社会生产力的进一步发展和经济效益的进一步提高。如图7所示,对比

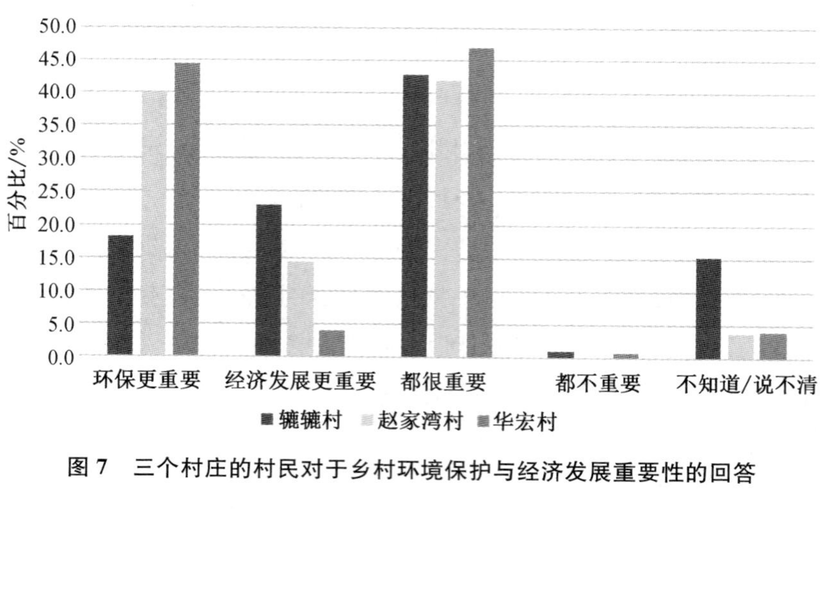

图7　三个村庄的村民对于乡村环境保护与经济发展重要性的回答

经济发展水平依次提高的西部辘辘村、中部赵家湾村和东部华宏村，我们发现三个村庄中认为“环境保护更重要”的村民占比依次提高，而认为“经济发展更重要”的村民占比依次降低。这说明，随着乡经济村发展水平的提高，乡村自然环境会越来越得到农民的重视，只有重视乡村自然资源不被破坏、只有确保乡村生态环境良好的情况下，才能做到乡村经济效益的不断提高。

“绿水青山就是金山银山。”乡村的绿水青山已经成了乡村在新时代的先进生产力。生产力是人类开发自然界以获取经济财富的能力，经济财富以满足人的社会需要为目的，发展生产力的根本目的是为了满足人的社会需要。马克思指出：“商品首先是一个外界的对象，一个靠自己的属性来满足人的某种需要的物。”①“一切劳动，另一方面是人类劳动力在特殊的有一定目的的形式上的耗费；就具体的有用的劳动这个属性来说，它生产使用价值。”②人类利用生产力以实现经济利益根本是为了满足人的社会需要，社会需要是衡量商品有无经济效益以及商品是否能顺利实现其经济效益的指标。在消耗劳动(活劳动和物化劳动)的过程中，生产出来的商品其使用价值越符合社会需要，其经济价值就越高。如果消费劳动过程中产生的产品不能满足社会大致的需要，那么这种经济过程中所耗费的体力劳动和脑力劳动就没有产生经济价值。正如马克思所指出的：“没有一个物可以是价值而不是使用物品。如果物没有用，那么其中包含的劳动也就没有用，不能算做劳动，因此不形成价值。”③因此，生产力就是人类利用自然资源满足自身需要的能力。“劳动生产力的提高，我们在这里一般是指劳动过程中的这样一种变化，这种变化能缩短生产某种商品的社会必需的劳动时间，从而使较小量的劳动获得生产较大量使用价值的能力。”④在这里，马克思把提高劳动生产力和获得较大使用价值等同。商品的使用价值以满足人的需要为目的。那么，衡量生产力水平的大小也是由人类利用自然界以满足人的需要程度来衡量。现阶段，乡村生态环境不仅仅是生产力的范畴要素，而且是生产力直接的“构成要件”，居于生产力系统中的核心地位，对生产力的发展具有至关重要的作用。更进一步说，生态文明视域

① 《马克思恩格斯文集》第5卷，人民出版社2009年版，第47页。
② 《马克思恩格斯文集》第5卷，人民出版社2009年版，第60页。
③ 《马克思恩格斯文集》第5卷，人民出版社2009年版，第54页。
④ 《马克思恩格斯文集》第5卷，人民出版社2009年版，第366页。

下的绿水青山，已经不仅仅是作为生态环境而存在，更为重要的是，它作为客观存在的自然生态环境拥有了直接或间接提供给人们生产和生活所需的物质能量的能力，成为满足人们生态需要和发展乡村经济的最大载体，成为推动社会经济发展、满足人民群众对美好生活需要的先进生产力。作为生态生产力的绿水青山，是一种低消耗、低污染、低排放、高品质、高效益的资源能源利用模式和先进的经济发展模式，它能够体现当代先进生产力的发展要求，促进生态效益与经济效益的共同发展，实现经济发展与环境保护的有机统一。

绿水青山作为新时代的先进生产力是一种善，是乡村生态伦理的本质要求。绿水青山生产力以农民与自然和谐共生为价值理念，以“绿色、生态、低碳、循环”为价值取向，着眼于改变不合理的乡村产业结构、资源利用方式、能源结构、空间布局、生活方式，强调不以牺牲乡村环境、浪费乡村资源为代价换取一时的经济增长，也不走“先污染后治理”的老发展路，更加自觉地推动乡村绿色发展、循环发展、低碳发展，实现农民和自然界矛盾的真正解决，推动乡村经济社会走上绿色增长之路。把乡村绿水青山作为先进生产力，要求农民把人与自然和谐共生的理念融入生产力的各个要素、各个环节、各个过程以及生产发展目标之中，形成绿色产业、绿色制造、循环经济、清洁能源、低碳经济，以最大限度地降低乡村自然生态过程资源消耗量和污染排放量，推动乡村生产要素、生产环节、生产过程和生产目标的生态化，实现经济效益、社会效益、生态效益相统一。绿水青山作为先进生产力体现了乡村经济发展过程中遵循生态道德的要求，体现了乡村社会生产经济效益和生态效益的统一，也体现了乡村生态伦理所追求的善。

通过对村民的访谈我们可以看出，很多农民把乡村的“绿水青山”看得格外重要。在西部的辘辘村，纵使该村土地相对贫瘠，种地不使用化肥和农药就很难有较好收成，但是辘辘村村民生态意识并没有因此而降低，反而在较大的脱贫致富压力下，村民们的生态意识普遍增强了。一位村民表示，乡村环境不能因为要赚钱就被污染：

我不会同意有污染的工厂到我村里来，哪怕再赚钱也不行，总之有污染就不行，我们既要能通过劳动获得经济收入，又要保护环境，因为我们还有下一代。

——2017 年 7 月 20 日下午在辘轳村村委会会议室与 BZA 的访谈

另一位村民明确表示不同意有污染的工厂进入村里来：

我认为家乡变得更美比变得更富裕要好，所以我不愿意有污染的工厂到村里来，尽管它可以赚钱，但我也不愿意它在我们村子。我觉得有机、绿色食品非常好……我们村村民还是有环保意识的。

——2017 年 7 月 20 日下午在辘轳村村委会会议室与 LMY 的访谈

在中部的下聂村，村民们也认为乡亲们的环保意识普遍得到了提高：

我希望村里能办工厂，但是如果办厂产生了污染那我不支持，这样宁可不办厂，因为环境比较重要，要办也要办没有污染的。村里环境好了什么都可以。城市空气就没有我们乡下好嘛。

——2017 年 7 月 26 日晚上在下聂村聂氏宗祠与 ZXL 的访谈

我们村的环境比以前好了，村民的环保意识也提高了，现在都发垃圾桶，不会到处乱丢垃圾。我觉得环境保护和经济发展，两者应该并驾齐驱。但是如果有污染的工厂要建到村里来，我肯定不会赞同，因为我们要在这里一辈子。

——2017 年 7 月 26 日晚上在下聂村聂氏祠堂与 FMX 的访谈

近几年村里环境变化很大，“新农村”搞起来了，水泥路修起来了，河边绿化也做起来了……环境越来越好了。每家每户都有垃圾桶，每天都会有垃圾车把垃圾桶清理干净，村里乡亲们的环保意识也变好了，村里住得很舒服。我平日种菜很少用农药，对身体好嘛。

——2017 年 7 月 26 日上午在下聂村聂氏祠堂与 NJC 的访谈

一般人现在都保护环境了，不乱丢东西，否则人家都骂。自从搞了新农村建设，现在环保意识都很强了，垃圾都放在垃圾站，今天放过去，明天拖走，要不就烧掉。此外，大家都爱栽树，爱讲卫生，现在比以前好得多。

——2017年7月26日上午在下聂村聂氏祠堂与NJW的访谈

赵家湾村的村民同样表达了乡村居民环保意识提高的观点：

就村民个人来说，环保的意识比以前提高了，乱扔垃圾变少了，牲口也都圈起来了。在环保方面村民还是比较配合的。

——2017年7月14日下午在赵家湾村村委会办公室二楼与LZH的访谈

现在到村里面走一下，垃圾成片的那种景象已经完全不见了，大家都已经养成了习惯，家家户户有垃圾桶，又有垃圾圈池，有垃圾就倒垃圾桶，平时就见不到很多垃圾。以前有人会烧一些垃圾，现在就没什么人这么干了，毕竟这么做污染空气。……现在人条件好，对于健康还是很注重的。……我觉得我们村的人对自己的环境还是挺满意的。

——2017年7月14日下午在赵家湾村村委会办公室二楼与WCH的访谈

在东部经过了工业化的华宏村，村民们的生态意识也都普遍得到了提高，他们看到了工业化的影响，将美好乡村的"绿水青山"看得格外重要：

华宏村是工业重镇，要说一点点不污染那是不可能的，但是工业又没有太大影响，小区里空气很清新。村民环保素养很高，生态觉悟也很高，有污染会举报。我们的思想是要绿水青山，要健康长寿。

——2017年8月20日在华宏村村委会与CYF的访谈

我们华宏村是工业出身，环境问题以前是有的。现在化工企业搬迁了，环境稍微好一点。我们村对污染看得重，认为工程对环境有很大影响。我们认为宁要绿山青山，不要金山银山。现在村里经济上来了，我们开始重视环境，投入资金去进行环境整治，关闭污染企业，我们认为经济重要，环境也重要，而且环境更重要，因为身体最重要。

——2017年8月20日在华宏村村委会与BHR的访谈

三、生态效益优先引领乡村经济发展

乡村社会发展的良序状态是“绿水青山”与“金山银山”的统一，是乡村社会生产的生态效益与经济效益的协调发展，是农民与自然环境的共生共荣。“绿水青山就是金山银山”表明，乡村的绿水青山是生态文明时代的先进生产力，乡村社会生产应当以生态效益优先引领经济发展，以发展生态效益的经济实现乡村社会的良序状态，进而促进农民与自然的和谐共生。目前，我国大部分乡村发展工业经济的基础薄弱，工业技术手段和人才匮乏，基础设施建设不充分、不平衡。在这种情况下，乡村很难在内部寻求出一个走工业化道路以实现乡村振兴的良方。乡村经济发展不足和经济发展不当的教训已经告诫人们，在发展工业经济上乡村没有自己的优势。在生态文明视域下，乡村振兴不能再走传统的工业强村之路，乡村可以依托城市寻找难以替代的生态优势，实现乡村生态式振兴。生态文明的时代浪潮突出了农业的生态价值，农业将不仅提供传统的农产品，农业将在绿色能源提供、生物多样性保存、资源与环境保护、提供旅游休闲服务等方面发挥重要作用。① 新时代的历史机遇，让乡村被工业文明遮蔽的生态价值凸显，乡村应立足于人们对绿色、有机、健康、环保的诉求，发展乡村生态产业、生态农业、生态服务业，以生态效益优先促进乡村经济的生态式转型与发展，实现人与自然之间的物质变换，在提升农民的物质生活水平的同时促进农民过上生态绿色、健康的生活。在生态文明时代，“绿水青山就是金山银山”，乡村的生态优势就是乡村的经济财富。

① 林卿、张俊飚：《生态文明视域中的农业绿色发展》，中国财政经济出版社2012年版，第15页。

2018年,中共中央颁布《关于实施乡村振兴战略的意见》,提出了乡村振兴战略的总体要求和重大政策举措,要求以绿色发展引领乡村振兴。① 为此,必须牢固树立和践行"绿水青山就是金山银山"的理念,实施节约优先、保护优先、自然恢复为主的方针,促进美丽乡村建设,实现农业强、农村美、农民富的目标。在生态文明视域下,乡村所独有的生态优势是乡村振兴的关键内源因素和发展动力。乡村依托自身的生态优势,可以走出一条不同于城市化、工业化的发展道路,以实现内源式发展。从生态文明理念看,农民与绿水青山亲密互动的思维方式、生产方式、生活方式和消费方式更加具有生态优势,更加符合"尊重自然、顺应自然、保护自然"的生态要求。"从生态文明的逻辑看中国乡村文明,恰恰具有城市化无法替代的独特功能,而且负载中国传统文明的乡村与生态文明的诸多内涵具有高度时代契合性。在生态文明时代的中国,如果继续延续工业文明的逻辑,来判定中国的乡村文明的命运,那就是时代的误判。"②在生态文明新时代,乡村可以依托自身的优势和资源,采用生态的生产方式和生活方式,提供优质的生态产品和生态服务,满足城乡人民日益增长的生态文明需求,走出一条新时代有中国特色的乡村振兴之路。"良好的生态环境是农村最大的优势和宝贵资源。"③可以说,以乡村的生态优势为切入点,是新时代实现乡村振兴的一条关键路径。从现实层面看,我国相当一部分乡村处于经济欠发达地区,虽然这些乡村在工业化进程中处于落后的地位,但是从辩证的视角来审视它们会发现,这些乡村恰恰由于没有受到工业化的过度侵袭而保留了良好的生态环境,这就是当地乡村经济可持续发展可以依托的"摇钱树"和"聚宝盆",从而使得乡村可以实现以生态效益为优先的绿色跨越式发展。新时代,广大乡村尤其是经济欠发达地区的乡村需要在经济与生态环境的关系上来一场"哥白尼革命",树立新的生态效益观,坚守"生态至上""环保优先"的理念,在维持生态平衡和环境可承载的基础上推进经济发展。④

---

① 《中共中央国务院关于实施乡村振兴战略的意见》,人民出版社2018年版,第8页。

② 张孝德:《中国乡村文明研究报告——生态文明时代中国乡村文明的复兴与使命》,《经济研究参考》2013年第22期。

③ 《中共中央国务院关于实施乡村振兴战略的意见》,人民出版社2018年版,第13页。

④ 解保军:《马克思生态思想研究》,中央编译出版社2019年版,第199-200页。

在生态文明时代，乡村的绿水青山内在地包含的经济价值，使乡村社会生产不再是生态效益与经济效益的二元对立，而是生态的即是经济的，生态效益即是经济效益的。这即是说，乡村生态效益的提高就意味着经济效益的提高，乡村生态环境的良好就意味着经济的发展。“注重生态效益，用生态效益促进经济效益，增大社会效益，使经济效益、社会效益和生态效益统筹起来，可以为我国的‘三农’问题的彻底解决提供一个有益的思路。”[①]在乡村生态伦理的视域下，乡村的经济发展不再与自然环境呈现剑拔弩张的对峙状态，不再是通过掠夺自然资源和破坏生态而换来经济效益的提高。秉承生态文明的价值理念，那些有益于农民与自然和谐共生的相处方式以及适应社会需要的生态生产方式、生态生活方式、生态消费方式，才是既符合时代发展要求又最有道德的方式。这种生态式的生产、生活、消费方式，可以满足人们对于生态产品和生态服务的多方面需求。它能够让人们品尝到有机农场中的生态食品，感受到乡村中田园牧歌般的生态生活，因而具有极高的经济价值。乡村可以通过挖掘生态优势，发展生态效益的经济，实现乡村社会现代化。

在乡村生态伦理的视域下，乡村生态效益具有伦理价值，乡村绿水青山具有道德的功能。良好的乡村生态环境是确保乡村经济发展和环境保护有机统一之善。秉持生态文明的理念，乡村发展应当坚持生态效益优先。生态效益优先，是指以保护乡村生态环境为核心，紧紧围绕生态效益来发展经济，通过营造美好的乡村生态环境，促进乡村经济发展和社会公平，达成乡村社会的良序发展。之所以要通过生态效益引领经济效益的实现，就在于乡村的“绿水青山就是金山银山”，乡村的生态效益就是经济效益。生态效益优先与经济效益优先是有机统一的，即以生态效益为出发点就是以经济效益为出发点，乡村生产的生态效益优先就是经济效益优先。就此而言，乡村生态效益优先是乡村社会人与自然共荣共生之善，符合乡村生态伦理的内在要求。

在东部的王杰村，村民认为生态优势和文化优势是王杰村的优势，应该紧紧围绕这个做发展的文章：

有些干部只想着引进大项目、大企业、建工厂，为此不惜污染环

① 周国文：《生态和谐社会伦理范式阐释研究》，中央编译出版社 2019 年版，第 154 页。

境、破坏传统，我们村的发展不能走这条道路，我们村的发展有属于自己的资源和特色，那就是红色资源与生态旅游，在加强文化和生态建设的同时也能够推动经济的发展。我们村有一定规模的大蒜、辣椒以及蔬菜、水果种植，我们以此建立生态园、采摘园，进而与红色文化和生态湿地建设联系在一起，这样一来，吸引的受众人群就可以从党员干部扩展到老年人、成年人、儿童等不同群体。文化、生态等基础性建设是不能一蹴而就的，需要一点点地积累，然而这给村民带来的各方面益处是持久而广泛的。

——2018 年 6 月 2 日下午在王杰村村委办公室与 MRH 的访谈

在中部的下聂村，一位文化局的干部谈到工业的发展方式不太适合乡村现状：

村办企业，引进外资，我不赞同，村规民约规定不允许办企业，我们的宗旨是绿以兴村，文以立族，注意生态。办企业办工厂在其他村可能比较合适，但在我们村不合适。……我们的目标是建立文化休闲村，通过产业化的休闲生态文化，将生态旅游建设好，这样人们还是可以回来的。

——2017 年 7 月 26 日上午在下聂村聂氏宗祠与 NJB(临川区文化局干部)的访谈

在赵家湾村，一位村干部也认为，乡村的发展应该充分发掘生态优势，致力于绿色经济：

如果我们乡村想要有更好的发展，我希望未来我们应该着力于发展绿色经济。在山区只能靠山吃山，我们这些山都是土山，林木资源都挺丰富的。发展旅游业也有前景，但是景点比较少，如果有资金的投入，还是能发展起来，隔壁村准备建造一个生态公园，预测投资在 16 亿元左右。由本村的一个富豪邀请十来个个人投资，同时也争取一下政府投资支持。

——2017年7月14日下午在赵家湾村村委会办公室二楼与TYQ的访谈

乡村发展以生态效益为出发点，不仅不会影响和阻碍乡村经济发展，反而会推动和促进乡村经济效益增长和经济水平提高，最终达成农民与自然共荣共生。乡村生态效益优先并不是说乡村社会生产不谋求生产的发展和经济的繁荣，而是说，在乡村生态伦理视域下，乡村经济的就是生态的、乡村生态的就是经济的；体现"环境保护"的绿水青山和体现"经济发展"的金山银山不再呈现出剑拔弩张的相互分离状态，绿水青山就是金山银山，绿水青山与金山银山浑然一体、和谐统一。正如恩格斯所说："事实上，我们一天天地学会更正确地理解自然规律，……那种关于精神和物质、人类和自然、灵魂和肉体之间的对立的荒谬的、反自然的观点，也就越不可能成立了。"①由此观之，新时代乡村应充分发挥自身的生态优势，以生态效益优先谋求乡村经济社会可持续发展。现实上看，水系发达的乡村可以体现水乡韵味，平原乡村可以展现田园风光，多山乡村可以呈现山村风貌，沿海地区可以表现海洋风情。乡村振兴不是简单模仿城镇搞建设，而是发挥其生态优势，通过绿色发展，把绿水青山变成永久的财富。② 中国的广大乡村应立足于美丽的生态环境这一乡村发展的最大资源和基础，立足于生态效益优先原则，发展有生态特色的优势产业，克服被工业化和城市化同质化的弊端，做到"一村一品一景，一镇一业一强项，一县一态一特色"，使产业发展与自然村落相融合，走出一条生态式发展的乡村振兴之路。

---

① 《马克思恩格斯选集》第4卷，人民出版社1995年版，第384页。
② 王兴国：《激发乡村的原生活力》，《大众日报》2018年5月30日。

第四章

中国乡村生态伦理规范建设

中国乡村生态伦理规范是指乡村中人与自然和谐共生的思想与行为准则，它规定了乡村中的人应恪守的价值观念、社会责任和行为标准。中国乡村生态伦理研究的规范价值主要有三个方面：一是明确乡村生态主体的道德责任，即明确农民之于土地的责任，让农民做到守土有责、守土尽责。二是重塑农民的生态美德，构建生态生产伦理、生态生活伦理和生态消费伦理，以适应乡村经济社会发展和生态文明建设的需要。三是破解城乡生态非正义，促进城市与乡村共生共荣，实现城乡生态正义。

第一节 看护乡村土地的道德责任

农民以土地为生。土地使农民扎根于自然世界之中，透过自身的生产与生活实践活动而获得在场的根据，同时展示自己丰富的生命和生存本性。土地不仅是农民生产与生活的重要载体，而且对整个乡村自然界生态系统的平衡与稳定起着至关重要的作用，是乡村社会赖以生存和发展的物质基础和客观条件。农民需要在自然环境中生产与生活，需要生息繁衍的大地以及与千姿百态的植物动物相伴的自然条件。因此，农民不仅守土有责，而且还要守土尽责，做到尊重土地、养育土地、守护土地，看护好乡村的绿水青山，保持乡村自然生态系统的平衡与稳定，做好家乡这片土地的“好家长”。

一、看护乡村土地的缘由

现代工业生产技术进入中国以后，土壤肥沃的乡村开始出现土地生态问题，直至产生土地危机。其中，尤以农业生产中过量使用化肥、农药以及城市“三废”排放对乡村土壤造成的危害最大。中国传统的农耕方式是封闭的循环农业方式，然而这种生产方式在现代性进入乡村后发生了快速的转变。循环农业遭到挑战始于20世纪八九十年代。随着大量的农村劳动力特别是青壮年劳动力离开乡村进入城镇打工，投入乡村生产中的劳动力迅速减少，而费工多、收益小、效率低的农家肥被逐渐退出农业生产领域，取而代之的是省工、省力且收益高、见效快的化肥。农民在耕种活动中希望从土地中快速获益，不断给土地注入化肥等各种催生“营养”，致使土地的功能遭到破坏。土地过度使用和地力透支是我国土地问题的重要表现。我国化肥使用量在全球处于高位，导致严重的土壤污染问题，给土地安全、生态安全、食品安全造成很大隐患。据统计，我国粮食产量占世界16%，化肥用量占31%，化肥用量居世界第一位，每公顷用量是世界平均用量的4倍。过量施用的化肥很快就会渗透到地下，残留于土壤之中，造成土壤的板结而破坏地力，影响土壤的营养平衡。除过量使用化肥外，农民还大量使用农药。每年，我国农药用量达180万吨，有效利用率不足30%。大量施用农药，不仅给土壤、环境、农作物等带来严重污染，也使各种农业病虫的免疫能力增强。农药和化肥是以外力的方式对土地进行人为促产，难以收到人与土地之间的自然反哺成效。

重金属污染也让乡村土地饱受伤害。长期以来，受城市“三废”排放和乡镇企业粗放式发展的影响，我国乡村土壤中的重金属超标问题严重，直接影响了土地质量，造成土壤重金属污染。时不时见于报端的镉大米、镉小麦事件，令人触目惊心，忧心不已。此外，当土壤中的重金属残留超出一定限度后，也会抑制农作物根系的生长和对土壤营养的吸收。许多企业受利益驱使，随意将污水直接排放到江河或者土壤中，给乡村土地环境带来极大破坏。

自人类诞生以来，人类依靠土地生存与繁衍，土地始终是人类赖以谋生的衣食父母。但是伴随着人类文明的进程，人对土地的关爱不是增加了而是消减了。美国学者弗·卡特和汤姆·戴尔在《表土与人类文明》中指出，人类在文明的进程中实施了对土地的暴行和虐待。人类在文明进步的过程中，虽然已经发展了多种技能，但是却没有学会保护土壤这个食物的主要源泉。作者认为："文明人跨越过地球表面，在他们的足迹所过之处留下一片荒漠。"①土地是人类文明之根本，人类有理由呵护好脚下的土地。

土地是农民赖以生存之根本。土地遭到污染，将会产生严重的后果。在生态环境效应方面，土地污染将直接导致土壤性质恶化、土壤肥力下降，使植被减少，生物多样性降低，还可能引起大气、地表水、地下水污染和人畜疾病等次生环境问题，威胁生态安全。在人体健康方面，土壤是污染物进入人体食物链的主要环节。习近平总书记指出："土地是农产品生长的载体和母体，只有土地干净，才能生产出优质的农产品。"②作为人类主要食物来源的粮食、蔬菜和畜牧产品等都是直接或间接来自土壤。化肥、农药、重金属等污染物在土壤中聚积，必然引起食物污染，最终危害人类身体健康。为生产绿色、有机、健康的食品，也为维护自身长远利益，农民需要呵护好土地使其免受创伤。看护土地就成了农民的道德责任。

二、尊重土地

土地是保障人类及一切生命体生存、繁衍的重要基石，被马克思誉为"一切生产和一切存在的源泉"③。土地是农民生产、生活、消费等一切活动最为重要的物质基础，也是农民的财富之母。法国社会学家孟德拉斯曾经指出："所有的农业文明都赋予土地一种崇高的价值，从不把土地视为一种类似其他物品的财产。"④农民是从事农业生产的人，农业则是利用动植物的生长发育规律，通过人工培育来获得产品的产业。大致来讲，农业有两层含义：一是"农学"，如育种栽培、植物保护、土壤改良等；二是"农经"，如种植业、林业、畜牧、渔业、副业等各项经济活动。对于以农业耕种活动为职业的农民来说，乡村土地是他们最重要、也是最基本的自然资源，土地为农民及乡村一切生命体提供了生存和繁衍的物质条件。农民的所有生产和生活活动都离不开作为最基础

① ［美］弗·卡特、汤姆·戴尔：《表土与人类文明》，庄崚、鱼姗玲译，中国环境科学出版社1987年版，第3页。

② 《习近平关于社会主义生态文明建设论述摘编》，中央文献出版社2017年版，第50页。

③ 《马克思恩格斯选集》第2卷，人民出版社1995年版，第24页。

④ ［法］孟德拉斯：《农民的终结》，李培林译，社会科学文献出版社2005年版，第51页。

的自然资源的土地。农民作为一个生命体，需要在自然环境中生产与生活，需要生息繁衍的大地以及与千姿百态的植物动物相伴等自然条件。农民为了自身的生存与发展，首先需要守护好脚下的土地，土地对于农民的生产、生活、消费等活动意义重大。马克思曾指出，农民是土地的占有者和利用者，"他们必须像好家长那样，把土地改良后传给后代"①。守护土地首先需要农民尊重土地。尊重土地是指农民以重视和敬重的态度对待生养、养育自己的土地，正确认识和看待土地的习性，尊重土地的自然习性和自然规律，让土地以本身的存在方式存在。对农民来讲，尊重土地是让土地以自己的存在方式存在，这既是一种朴素而真挚的情感，更是一种义不容辞的责任。

"土地使用权是农民生存的一个基本条件。"②马克思认为，对于人类来说，"土地是他的原始的食物仓，也是他的原始的劳动资料库。……土地本身是劳动资料，但是它在农业上要起劳动资料的作用，还要以一系列其他的劳动资料和劳动力的较高的发展为前提"③。农民直接利用土壤的特性作用于农作物，促使其生长发育，并形成最终的产品。正是从这个意义上，马克思把农产品生产的特点，概括为"自然就以土地的植物性产品或动物性产品的形式或以渔业产品等形式，提供出必要的生活资料"④。这样，土地之于农业生产与再生产的作用被深刻地揭示出来。农民以土地为本，寄予土地充分发挥其功效，这需要农民以尊重土地为已任。20世纪60年代，历史学家林恩·怀特在《我们的生态危机的历史根源》中谈到工业技术对农业的影响时说："它如此暴力地攻击着土地，以至于交叉耕作都不必要了，于是土地被构造成长长的田垄。"⑤工业技术广泛应用到农业生产之中，让农业所依赖的土地退化为工具。机械论、还原论和决定论，是工业化农业理论的机械自然观。这种观念把土地视作没有尊严的工具使用。在现代性的影响下，现代农民往往倾向于对土地使用工业技术以立竿见影地获取短期经济利益，而忽视了对于土地长期的生态影响。过多的工业技术施加于土地实质上是在慢慢损害土地的生态平衡，有损土地

① 《马克思恩格斯选集》第2卷，人民出版社1995年版，第574页。
② 《马克思恩格斯选集》第4卷，人民出版社1995年版，第487页。
③ 《马克思恩格斯选集》第2卷，人民出版社1995年版，第179页。
④ 《马克思恩格斯全集》第46卷，人民出版社2003年版，第713页。
⑤ White L., The Historical Root of Our Ecological Crisis, Environmental Ethics, Reading in Theory and Application. Wadsworth, 2001, p.16.

的长久肥力。对此恩格斯曾经谈道："那些只是在晚些时候才显现出来的、通过逐渐的重复和积累才产生效应的较远的结果，则完全被忽视了。"[①]在农业生产活动中，农民为了保持土地的长久肥力就要尊重土地的自然习性，采取适于土地生态系统规律的生产方式，以达成经济利益和土地生态效益的统一。农民需要尊重土地并与土地共生共荣，不应把土地视为没有尊严的工具而对其任意加以宰制。

农民尊重土地的自然规律，是要让土地以自己本身的存在方式而存在，对土地不加以人为的促逼。马克思认为，"农业劳动的生产率是和自然条件联系在一起的"[②]，"经济的再生产过程，不管它的特殊的社会性质如何，在这个部门（农业）内，总是同一个自然的再生产过程交织在一起"[③]。这就说明，农民在从事农业生产活动时要遵守自然规律，要实现农户的行为与土地生态系统的协调和平衡。土地是农作物自身露面、涌现之处，是农业生命体奠立于其上、建造自身的所在，同时土地又是一切农业生命的庇护者，它总是竭力维护生命有的样式，让生命可以在土壤之上自由绽放。这种自由的绽放是顺应生命体规律的绽放，是没有任何逼迫的绽放，需要容让一切生命在土地上生长、繁荣，让每一生命都可以在土地之上书写自身的生存历史。农民应在无所促逼的土地上养育农作物，按照土地的规律行事，如此才能真正将农业带入到自身的生存之中，使农业生产达成自己的需要和目的。对于亲手种植出来的产品，或亲手养殖出来的动物，农民需要在它们的生长与发育过程中加以带着人文关怀的生命的尊重。这种尊重，突出地体现在按照动植物所显示的本性在生存的意义上种植植物与饲养动物，需要按照时序、依照节令、顺应天时对待它们。可见，农民的生产必须要尊重土地的自然规律，不能强迫土地、不能促逼土地，以实现农民的行为与土地生态系统的协调和平衡。

三、看护土地

农民以土地为生。土地是农民生产与生活的重要载体和基本生存空

---

① 《马克思恩格斯选集》第 4 卷，人民出版社 1995 年版，第 385 页。
② 《马克思恩格斯全集》第 46 卷，人民出版社 2003 年版，第 924 页。
③ 《马克思恩格斯全集》第 45 卷，人民出版社 2003 年版，第 399 页。

间。对于农民来说，土地生产性收入是大部分农民的主要收入来源。土地对于从事劳作的农民和进城务工的农民工来讲都具有规避生存风险的保障功能①。农民为了获取生产与生活的基本资料，为了自身的生息和繁衍，在尊重土地的同时，也要看护好自己的土地。“看护”二字，“看”为照看、照料之意，“护”为守护、保护之意。看护土地是指农民精心照料和守护自己脚下的土地，正确掌握和运用土地的习性和自然规律。这应当是农民对于土地的一种态度、一种品格、一种情感、一种境界的体现。农民与土地难以割舍的关系，深刻地影响着农民的生产方式、生活方式、消费模式以及道德观念、价值取向等。对农民来说，悉心看护好土地，就是确保财富来源，确保生存发展，确保精神家园的寄托。农民对土地的情感从来无法割舍。生产实践中，农民会以深厚的情感、不屈的执着和辛勤的血汗看护好自己赖以生存的土地。农民最能体验到照料好、养育好土地与其生存的密切关系。经过农民照料的贫瘠土壤可以长出丰盛的庄稼。农业生产必须要注意对土地的养育，土壤肥力高才能保证农业产量好。《吕氏春秋·任地》提出的土壤利用的基本原则是“凡耕之大方：力者欲柔，柔者欲力；息者欲劳，劳者欲息；棘者欲肥，肥者欲棘；急者欲缓，缓者欲急。湿者欲燥，燥者欲湿”。汉代的思想家王充对改良土壤，培肥地力，作了深刻地阐述：“夫肥沃垅埆，土地之本性也。肥而沃者性美，树稼丰茂；垅而埆者性恶，深耕细锄，厚加粪壤，勉致人功，以助地力，其树稼与彼肥沃者相似类也。”土地对农民具有养育之恩。土地是山川之根、万物之本，不仅是农民的财富之母，也是他们的生命之母，土地为农民提供一切所需的生产与生活物质条件。农民对土地负有看守之责。农民始终与土地为伴，与山川河流草木共生，为了生命之母的健康长寿，他们需要看护好土地，采用有利于提高耕地质量的耕作方法，做好耕地的使用和养护，以促进农作物产量的增加。经过农民精心看护的土地，是可以大大提升肥力并收获较多产量农作物的。农民对于土地的悉心照料，土地会对农民加以回报。

作为土地的看护者，农民需要对土地加以养育以维护土壤肥沃。农民

① 参见王露璐：《新乡土伦理——社会转型期的中国乡村伦理问题研究》，人民出版社2016年版，第57页。

在生存的意义上需要听任土地的节律和时序，将种植植物和饲养动物看作自身生存的一部分给予体贴和关照，体现出对农作物和动物的照顾与料理。在这种照顾和料理中，如果没有对土地的精心呵护，农民就无法守住土地，也无法从事其所需的生产。因此，照料、养育土地是农民对土地的守候与企盼，体现出他们对土地深厚的情感乃至情结。“晨兴理荒秽，戴月荷锄归”，农民为了土地的肥沃，为了农产品的丰厚与优质，需要用自己的双手为农作物施肥、拔草和照顾，守护所饲养的动植物。在这种养育之中，农民会从生存的意义上亲近乡村自然并领会乡村存在的意义，使他们的生产劳动不是停留在一种仅仅为农民提供食物的层面上，而是将其纳入自身生存的一部分。乡村负载生命特征的动植物以其特殊的方式呈现在农民的生存之中，促使农民以养育的方式守候它们、企盼它们，给予它们的生存环境——土地以最好的对待。这样，土地之上的动植物才能以最好的方式回报于农民，使农民可以依赖农业而生存。农民在亲近土地、顺应土地的同时，对土地的改造也必须是在合乎规律中进行。就是说，养育守护乡村土地已成为乡村生态伦理中的又一条道德律令。农民在耕作活动中对土地不能是肆意地破坏和无尽地索取，而应是一种保护和仁爱地养育。农民对待土地不应以统治者的姿态而应当是园丁者的姿态。农民的生产活动应有助于保护土地的生态平衡，有利于增强土地的肥力。

农民照料、养育土地的目的是使土地肥沃。土地肥沃是物产丰盛的基础。所以，想尽方法提高耕地肥力、促使土地肥沃是农民最为关心的问题。农民照料土地、使土壤肥沃，需要农民按照土地的自然规律让土地肥力增加。然而，目前一些地方大量、超量使用化肥的做法，是逼迫土地增产，这违背了农作物的生长规律，导致土地越来越贫瘠，肥力越来越下降。调研显示，当前全国东、中、西部几个乡村的农民在使用化肥和农药上比较普遍。如图 8 所示，对于“种地时是否会大量使用农药和化肥”这一问题，地处东部、中部村庄的村民绝大部分人选择“会少量使用”，选择“不会使用”的也占有一定比例。然而地处自然条件相对较为恶劣的西部的辘辘村和山东的王杰村，由于土地相对贫瘠且干旱，有较多的村民不得不依靠化肥和农药等工业制品从事农业生产。

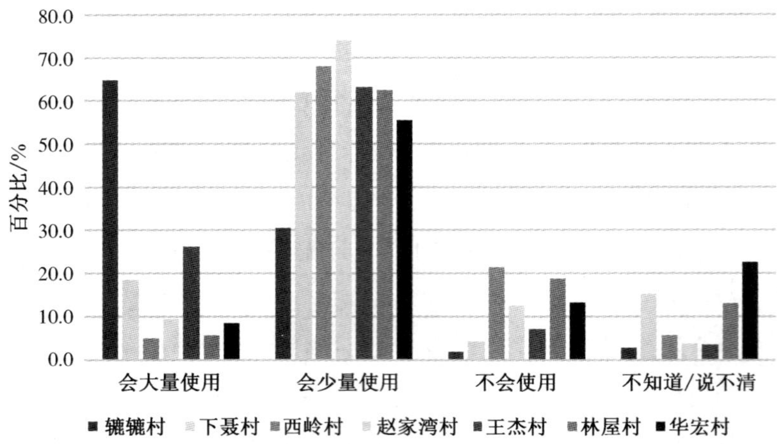

图 8　七个村庄的村民种地时使用农药和化肥状况

实地调研中，王杰村和镳镳村的村民表达了使用化肥和农药的无奈。西部的镳镳村村民表示，他明知化肥对土地有破坏，但是如果不用的话作物就不能生长：

> 对于有机食品、绿色食品，我也有听过，也认为化肥不好，但是没办法，不用药材就不生长。
>
> ——2017 年 7 月 20 日下午在镳镳村村委会会议室与 BZA 的访谈

一位村民表示，不使用化肥就很难增产，但是该村民认为不能打农药：

> 我觉得有机、绿色食品非常好，然而化肥还是要用的，但是不要打农药。
>
> ——2017 年 7 月 20 日下午在镳镳村村委会会议室与 LY 的访谈

山东的王杰村村民同样认为，不使用化肥和农药的话农作物的产量就会受损：

我觉得农民是有环保意识的，只是有时候没办法、做不到而已。比如现在大家种地都大量使用化肥，这对土地破坏很大，土壤板结严重，这直接影响大蒜根系的生长，以及产量的多少。以前我们这里每亩地能产 1 500 公斤大蒜，现在也就 1 000 公斤。但是，如果不用化肥，产量则会更少，这样就形成了恶性循环。

——2018 年 6 月 1 日下午在王杰村村委会图书室与 WWC 的访谈

农民在种植大蒜的过程中环保意识都是有的，也都知道绿色产品更好。但是现在的情况是不用化肥、农药，产量上不去，农民自己也没办法。

——2018 年 6 月 1 日下午在王杰村村委会图书室与 WZW 的访谈

然而在中南部和东南部的乡村，农民施用化肥和农药量明显较少。在中部的赵家湾村，农民们谈到种地会使用有机肥，即使使用化肥也是少量的：

村民的环保意识还比较强。村民现在用化肥农药的比以前少一点了，现在都比较注重绿色生态环保，种菜一般用农家肥，种田会用化肥。

——2017 年 7 月 14 日上午在赵家湾村村委会办公室二楼与 HDF 的访谈

村子里农民种植的时候会用一点除草剂等农药，减轻劳动强度，种植水稻时，会用除草剂除草，农药相对于往年而言，用得比较少，有的人觉得农药有副作用，有的人为了保产，会使用少量农药。

——2017 年 7 月 14 日上午在赵家湾村村委会办公室二楼与 LG 的访谈

现在跟以前比更注重生态。蔬菜不用农药，用了农药，吃了对身体不好。会用些化肥，不用的话，水稻长不起来，但是要适量，不能搞多。

——2017 年 7 月 14 日下午在赵家湾村村委会办公室二楼与 LCW 的访谈

在中部的西岭村，村民们也表达了同样的观点：

一般情况下村民种地不会打农药，经常卖菜的就会打农药，但还是比较注意环保因素的。我们这里不会因为发展而引进有污染的企业，到现在为止没有这样的。

——2017 年 7 月 9 日上午在西岭村村委办公室与 FYJ 的访谈

村民的环保意识都在增强。就我个人来说，我希望我们这经济也发展，美景同时还保留着。种地的话，我们这都种的是绿色产品，化肥放得很少，要用也是买有机肥。

——2017 年 7 月 9 日上午在西岭村村委办公室与 DSM 的访谈

守护土地是农民维系自身生存的重要之责。农民守护好土地，防止土地肥力下降，就应当在充分利用温光资源的同时，变化肥为农家肥、有机肥、冬绿肥、积制土杂肥等有机肥料。农民对土地施加农家肥，能够对保护土壤内部的生态平衡起到很好的作用。农家肥是以人畜排泄物为主要原材料沤制的肥料。因此，农民在耕作的过程中应更多地施用有机肥，少用以至于不用化肥、农药等工业化学物品进行耕种。马克思认为，人的消费排泄物如能恰当地加以利用，那么就能够成为农业循环生产的重要因素，“消费排泄物对农业来说最为重要”①。在这里，马克思所说的“最为重要”是指消费排泄物的利用，为农业生产提供更多的有机肥，可以保持与改良土壤，提高土地肥力，并保护乡村的生态环境。人和动物的排泄物这种所谓的废料，其实是最佳的农业生产有机肥料。人畜排泄物是一种可变的物质，它可以通过人们的再利用，投入到新的生产过程之中，可以“转化为同一个产业部门或另一个产业部门的新的生产要素”②，能够“再回到生产从而消费的循环中”③。这样一来，原本作为废弃物而存在的东西就不再是废料了，而是能够成为既有使用价值又有价值的物质资源。

① 《马克思恩格斯文集》第 7 卷，人民出版社 2009 年版，第 115 页。
② 《马克思恩格斯文集》第 7 卷，人民出版社 2009 年版，第 94 页。
③ 《马克思恩格斯文集》第 7 卷，人民出版社 2009 年版，第 94 页。

第二节
乡村生产生态伦理规范

农民对于土地的道德责任是其在乡土大地上进行生态生产的伦理根基。在农民尊重土地和看护土地的基础上，农民需要进行乡村生态化生产劳作。乡村生态生产是乡村生态发展的重要途径，是乡村生态伦理规范的一项重要内容。构建乡村生产生态伦理，应以生态道德为价值追求，以绿色发展为引领，推动乡村生产方式改造，改变高投入、高污染、高能耗、低效率的经济发展模式，摒弃落后、粗放、扩张、浪费的传统生产方式，实现乡村绿色生产与循环生产，达成乡村在生产领域中的经济发展与环境保护互利双赢。

一、乡村生产的生态价值取向

生态生产是指高质量地开发和利用自然资源，将生产活动纳入生态系统整个循环过程中。传统工业生产破坏了人类赖以生存与发展的自然生态环境，引发了气候反常、资源枯竭、自然灾害频发等诸多问题。当今人类正处于从工业文明向生态文明过渡和转变的重要阶段，保护生态环境，维护生态安全，是人们面临的共同挑战。生态危机作为在现代工业生产方式基础上所产生的消极环境成果，其最终解决必然地有赖于对现代工业生产方式进行变革，改变传统工业生产，促进生态生产，这既是生态文明的本质要求，也是实现人与自然和谐共生的内在需要。推进生态生产，有利于增强全社会践行节约意识、环保意识、生态意识，促进绿色发展、循环发展、低碳发展，构建全新的人与自然和谐共生的关系，促进社会的和谐与稳定；有利于转变发展方式，调整经济结构，加速对传统产业实施绿色化的改造，加快培育清洁、低碳、环保等战略性新兴产业，把节能低碳理念贯穿到生产全过程，促进经济的转型升级，推动经济社会发展和生态环境保护协同共进。

乡村生态伦理要求规范乡村生产活动，使之成为生态化的生产。现代乡村生产作为工业化扩张式的发展模式，在推动乡村经济社会发展的同时，也存在着高投入、高消耗、高污染等问题。据统计，目前我国耕地面积有 18.51 亿亩，农作物秸秆年产量达 6 亿多吨，其中每年 80% 的秸秆都被烧掉了，污染可想而知。此外，乡村生产造成的水环境污染、畜禽养殖场污染、生产垃圾污染等问题也不容忽视。过度消耗自然资源和破坏生态环境，大量排放各种污染物，导致乡村社会生态环境恶化。这既是自然的异化、生态的异化，也是人的异化、物的异化以及社会的异化，由此引发了农民与自然之间愈来愈尖锐的对立和冲突，已成为乡村经济社会发展的明显短板。如果再沿袭这种生产发展模式，自然资源将难以为继，生态环境将不堪重负，势必导致吃祖宗饭、断子孙路的不幸结局。现阶段，构建乡村生产生态伦理，为乡村生产方式确立生态伦理的价值取向，是促进乡村生产方式绿色化变革的一项紧迫任务。在生态道德视域下，乡村生产生态伦理的价值目标是：以绿色发展为引领，以节约资源、保护环境、自然恢复为取向，推动实现乡村生产的生态化。乡村生产生态化包括构建绿色生产方式和选择循环生产方式两个方面，做到既不会对生态环境造成污染，同时又能满足人们的生态需要。

乡村生态生产集生产发展、环境保护、能源再生利用、经济效益相统一，是最利于乡村自然环境保护的生产。在目标追求上，乡村生态生产追求生态效益与经济效益互利双赢，从战略上重视乡村环境保护和资源的集约、循环利用，有助于生产的可持续发展。在资源开发利用方式上，乡村生态生产兼顾经济效益和生态效益，对乡村资源进行合理开采利用，使各生产环节相互依存，达到资源的集约利用和循环使用。从废弃物处理方式上，乡村生态生产不仅从环保的角度尽量减少废弃物的排放，而且还最大限度地开发和利用资源，通过生态工艺关系，尽量延伸资源的加工链，将“原料—产品—废料”的工业乡村生产模式改为“原料—产品—废料—原料”的生态生产模式，既获得了价值增值，又保护了乡村生态环境，实现了生产产品“从摇篮到坟墓”的全过程控制和利用。

二、构建绿色生产方式

绿色生产是以天然、有机、健康为目标，在生产过程中少用或者不用化肥、农药等化学制品，在不促逼土地、不损害土壤肥力情况下的一种生态生产。农民从事的农业生产活动应当是符合生态伦理要求的绿色生产。农产品是农民进行耕种活动的最终目标。如何确保农产品卖得好、适销对路，可谓是农民最关心的问题。粮食等各项农产品是否安全、健康也是当前全社会都十分关注的问题。在这方面，农民肩负着为全社会生产放心、绿色、有机农产品的重任。当前，绿色产品普遍受到人们的青睐和喜爱。党的十九大指出："我们要建设的现代化是人与自然和谐共生的现代化，既要创造更多物质财富和精神财富以满足人民日益增长的美好生活需要，也要提供更多优质生态产品以满足人民日益增长的优美生态环境需要。"①为此，农民需要承担起绿色生产的道德责任。生产出绿色健康的生态产品是农民善的表现，因而农民需要构建绿色生产方式，在不逼迫土地、不破坏土地肥力的情况下进行绿色生产、有机耕种。这要求农民尽量少用甚至不用化肥和农药从事农业生产，以自然、生态的方式对待农业生产。也只有这样，农业生产才能以合乎自然规律的方式对待哺育生命体的土地。农业生产技术应是顺应生物成长规律的技术。在农业生产领域，无论采用什么样的科学技术，特别是工业技术在农业生产领域应用之时，都要注意保证在农业生产上让各种植物和动物发生的生物学过程合乎自然规律地进行。

然而，当工业生产技术快速而深入地进入乡村生产之后，农业生产技术在迅速取得进步的同时，却与乡村自然生态系统发生了尖锐的冲突。农民利用自然、改造自然的能力也加剧了对自然环境的不良影响。"随着自然科学和农艺学的发展，土地的肥力也在变化，因为可以使土地的各种要素立即被利用的各种手段发生变化。"②农民施以过度的化肥、农药，使用薄膜等，不仅会破坏土壤中的有机体，破坏土壤的生态平衡，造成土壤团粒结构，也会导致农产品的非生态化，造成农产品的安全隐患。农民的农业生产应是尊重自然规律的生态生产。农业生产的对象是有生命的植物和动物，农业生产不仅涉及无机物世界，也涉及有机物世界；不仅要利用经济规律，也要利用自然规律。农作物

① 习近平：《决胜全面建成小康社会，夺取新时代中国特色社会主义伟大胜利》，人民出版社2017年版，第50页。

② 《马克思恩格斯文集》第7卷，人民出版社2009年版，第870页。

的发芽、生长、开花、结果等环节,都需要按生物的生长规律进行。只有把土地之中的自然因素与自然规律有机结合起来,农民才能够顺利完成农业的生态生产过程,保证生长出来的农产品是绿色、有机、健康的。马克思曾经指出:"按照事物的本性,植物性材料和动物性材料不能和例如机器和其他固定资本、煤炭、矿石等那样按同样的程度突然增加,因为前二者的生长和生产必须服从一定的有机界规律,要经过一定的自然时段,而后面这些东西在一个工业发达的国家,只要具备相应的自然条件,在最短时间内就能增加。"①纵使再先进的现代工业技术,虽然可以对种植业与饲养业的自然周期产生积极影响,但却无法改变生物学运动的规律性。农业生产技术应是顺应生物成长规律的技术。正如马克思所说:"要在五年期满之前提供一个五年生的动物,自然是不可能的。但在一定限度内,通过饲养方法的改变,使牲畜在较短时间成长起来供一定的用途,却是可能的。"②在农业生产领域,无论采用什么样的科学技术,特别是工业技术在农业生产领域应用之时,都要注意保证在农业生产上让各种植物和动物发生的生物学过程合乎自然规律地进行。日本农业哲学家福冈正信借用中国道家"无为"哲学,认为农法的基本伦理即无主观的省力之道。这即是说,要保持自然界生物的协调性,应在任其自由的情况下,使草木生产结实。因此,农业的本来面貌应是任其自然,以土改土、以草压草、以虫治虫等不花费大量劳动的有益的农法。福冈正信还以顺应自然、花费劳力程度的不同将自然农法作了大乘和小乘的区分。大乘自然农法是归顺自然的、超时空的、达到最高境界的农法;小乘农法是人与自然的关系表现为眷恋而又乞求自然,为达到最终大乘农法目标而不断努力着。③

农民按照自然规律从事的农业生产活动,应是少用或者不用化肥、农药等化学制品的绿色生产活动。农民经过绿色生产方式产出的农产品是无污染、纯天然的生态产品,具有极高的生态价值和经济价值。2006 年,日本三家企业在山东莱阳市沐浴店镇的五个村租了 1 500 亩耕地。他们硬生生让租的良田荒废了 2 年,任杂草在地里疯长。这一幕,气得当地农民看后直跺脚,既心疼

---

① 《马克思恩格斯文集》第 7 卷,人民出版社 2009 年版,第 134 页。

② 《马克思恩格斯文集》第 6 卷,人民出版社 2009 年版,第 264 页。

③ [日]福冈正信:《自然农法——绿色哲学的理论与实践》,黄细喜、顾克礼译,黑龙江人民出版社 1987 年版,第 75-76 页。

又愤怒。两年后总算种了粮食，却不打药、不施肥、不除草，一亩地的产量也就相当于当地人的一半。5年后日本人行动了。他们先是引进1 800头荷斯坦良种奶牛在田间散养，目的只有一个：用牛粪来堆肥，改善土壤品质，种出无公害作物，作物再喂食奶牛，这样高品质的牛奶自然就能产出。可这样美其名曰“绿色农业”的方式，竟让一亩地农作物、果蔬的产量不足当地人一半，连续5年每年赔进去几百万，人们都说这“简直是犯傻”。但五年后，人们看到日企产出牛奶瓜果的价格，却是谁也不曾想到。牛奶每升22元，是当时国内奶价的1.5倍，草莓更是每公斤高达120元，甚至卖到过320元。这些价格昂贵的农产品供应到中国和海外的高端市场，可谓供不应求。由此可见，这种符合中国“天人合一”观念，遵循自然规律的绿色种植方式，是保证农产品绿色化的生态生产方式，也是能够促进人与自然共生共荣，达成生产生态效益与经济效益相统一的善的生产方式。我国地域广阔，不同地区的自然条件、经济状况等都有所不同，开展农业绿色生产必须要从实际情况出发，因地制宜地进行。南方乡村由于水分充足，土壤相对肥沃，可以少用甚至不用化肥和农药从事农事生产，但是北方干旱地区的乡村就不能盲目模仿南方乡村生产的特点，必须从自身的实际出发，走出一条适合自身情况的生态农业发展之路。

三、选择循环生产模式

循环生产是一种以资源的高效利用和循环利用为核心，以“减量化、再利用、资源化”为原则，以低消耗、低排放、高效率为基本特征，符合可持续发展理念要求的一种生态生产。在乡村生态生产方面，需要加速推进循环经济发展，推进资源节约和循环利用，推动绿色回收，提高回收效率，推动废弃物回收资源化，促进物质和能源的持久、有效利用，实现生产系统和生活系统循环链接。选择循环生产模式，既是推进乡村农业生态生产、绿色生产的内在要求，也是保护乡村自然环境和生态系统的实际需要。这要求农民尽量少地介入到农业产品的生长发育过程之中，把传统农业生产所主导的线性、非循环的生产方式转变为非线性、循环的生产方式。线性、非循环的农业生产方式，是以乡村自然资源“为我所需”、不计成本为前提，以节省支出获取最大收益为目的，以“原料—产品—废料”为生产过程的生产模式，是一种高投入、高污染、高耗能、低产出的非生态生产方式。“传统的工业经济是一种遵循因果规律的经济，而循环经济则不仅遵循因果规律，更遵循自然生态长期演化而来的自组织法则，它要求人们尊重自然的包括服务人类和自身的内在价值，注重自然的限度。”①循环生产方式则立足于保护乡村自然资源和生态环境，采取“原料—产品—废料—原料”的循环生产过程，是注重资源循环、转化和再生规律的生产方式，也是符合乡村生态伦理要求、克服工业文明生产弊端的生态化生产方式。

马克思、恩格斯认为，整个自然界是一个有机联系的整体，自然界的万物遵循着永恒循环和无限发展的规律。物质的循环运动是作为整体的统一的客观世界系统运动的基本形式。恩格斯按照辩证唯物主义的基本原理，通过研究物质形态的进化过程，认为运动是物质存在的形式，是物质的固有属性，所有的物质都处于永恒运动之中。他说：“整个自然界，从最小的东西到最大的东西，从沙粒到太阳，从原生生物到人，都处于永恒的产生和消失中，处于不断的流动中，处于不息的运动和变化中。”②整个生态系统是在永恒流动和循环运动中发展的，它是一个由低级向高级不断上升发展的过程，是一个周而复始的不断循环的过程。

马克思和恩格斯对资本主义工业生产方式所造成的人与自然之间的物质变换裂缝进行了尖锐的批判，指出这实质上是违背了物质循环规律。因此，人的生产方式应当遵循物质循环的生态规律，这样才能避免人与自然之间物质变换过程中出现裂缝现象，实现生态的良性循环发展。日本环境伦理学学者岩佐茂认为，人类生产的废弃物应能够重新还给自然：“(1)尽可能最大限度地减少废弃物；(2)对那些不得不向自然排出的废弃物，要以易于分解和净化的形式还原给自然。最终的‘废弃物处理的出发点是向自然的还原’。此外，(3)对有害的废弃物要采取以下措施：限制这些废弃物的生产及消费；将其处理成无害物质；对其进行严格管理等等。”③由此可见，循环生产是对人与自然

---

① 王国聘：《论“循环经济”中的环境哲学理念》，《南京林业大学学报》(人文社会科学版)2006年第2期。

② 《马克思恩格斯选集》第4卷，人民出版社1995年版，第270-271页。

③ [日]岩佐茂：《环境的思想——环境保护与马克思主义的结合处》，韩立新等译，中央编译出版社2006年版，第167页。

双方都有益的，能够促进和维持人与自然和谐共生的生产。

整个乡村生态系统也是处于永恒的流动和循环的运动之中，乡村生产应当遵循循环运动规律进行循环生产。农民把人畜的排泄物恰当地加以利用，可以使其成为农业循环生产的重要因素。废弃物转化成为新的生产要素并重新投入到生产环节之中，实现了变废为宝。马克思曾经多次指出，废弃物也是可以利用的资源。马克思曾论述到，农业中一部分产品（种子、畜牧等）本身也是本部门的原料，所以它们本身像固定资本一样永远离不开生产过程。比如，供畜牧消费的那部分农产品可以看作辅助材料。“在同一劳动过程中，同一产品可以既充当劳动资料，又充当原料。例如，在牲畜饲养业中，牲畜既是被加工的原料，又是制造肥料的手段。”①马克思针对工业技术进步时曾经指出：“机器的改良，使那些在原有形式上本来不能利用的物质，获得一种在新的生产中可以利用的形态；科学的进步，特别是化学的进步，发现了那些废物的有用性质。”②在《资本论》第 1 卷分析资本的积累过程中马克思指出：“化学的每一个进步不仅增加有用物质的数量和已知物质的用途，从而随着资本的增长扩大投资领域。同时，它还教人们把生产过程和消费过程中的废料投回到再生产过程的循环中去，从而无须预先支出资本，就能创造新的资本材料。”③马克思还指出，化学工业提供了废物利用的最显著的例子，“它不仅找到新的方法来利用本工业的废料，而且还利用其他各种各样工业的废料”④。作为废料重新加入生产过程，使其又构成新的生产要素，即转化为具有价值的物质产品。马克思认为，在“产品本身已经加入消费之后，……只有作为这个消费的废料，作为消费过程的残余和产品，才能作为生产资料重新加入新的生产领域”⑤。马克思强调，应当“把一切进入生产中去的原料和辅助材料的直接利用提到最高限度”⑥，也就是说应当最大限度地提高能源资源利用率。

在乡村，实行循环型生产模式，让生产废物重新进入生产环节，建立猪—沼—茶、猪—沼—田、猪—沼—菜等循环农业生产，不仅不会损害农业生态环

① 《马克思恩格斯文集》第 5 卷，人民出版社 2009 年版，第 213 页。
② 《马克思恩格斯全集》第 46 卷，人民出版社 2003 年版，第 115 页。
③ 《马克思恩格斯文集》第 5 卷，人民出版社 2009 年版，第 698-699 页。
④ 《马克思恩格斯全集》第 46 卷，人民出版社 2003 年版，第 117 页。
⑤ 《马克思恩格斯全集》第 33 卷，人民出版社 2004 年版，第 288-291 页。
⑥ 《马克思恩格斯文集》第 7 卷，人民出版社 2009 年版，第 117 页。

境,逼迫农作物以人力方式生长,还能确保农作物的高产稳产①,具有良好的生态效益和经济效益。浙江省青田县的“稻鱼共生系统”是世界上第一个“世界农业文化遗产”。“稻鱼共生系统”就是充分利用立体空间,在水稻田中养鱼。稻谷在水面上生长,鱼在水下生长,两者互不干扰。一方面鱼为水稻除草、除虫、翻松泥土,鱼屎还可成为肥料;另一方面水稻为鱼提供了良好的食物来源和庇护场所。最终形成了“稻鱼共生”的生态循环系统。等水稻成熟之时,又可收获田鱼,可谓一举多得。不仅额外增加收益,还可使稻谷增加产量5%至15%。金秋八月,稻谷收获的季节,家家户户“尝新饭”:一碗香喷喷的新米饭,一盘鲜美扑鼻的红烧田鱼。因为田鱼是吃稻花长大的,原生态,所以肉质非常鲜美。特别是鱼鳞柔软可食,深受人们的喜爱。今天,“青田田鱼”成了青田县的拳头产品,全县稻田养鱼面积达10余万亩。“青田田鱼”获评国家地理标志证明商标,另外“青田田鱼和田鱼干”也被列入国家生态原产地保护产品名单。

在笔者调研的湖北罗田县赵家湾村,有一位陈姓村民早年出村谋生,后来回到村里开了一家生态桃园——老陈桃园。老陈自己摸索出了一套养鸭与种桃结合的生态养殖方式。他将鸭子散养在桃园里,把鸭子的粪便收集起来后作为桃树的肥料,这种养殖结合的方式使得鸭子与桃子都是生态的,在市场上获得了普遍的好评,老陈自己也获得了不错的经济效益。对此,老陈对自己的经历娓娓道来:

> 我觉得在农业上应该会有出路,农业资源多,只要路子找对了应该没问题。现在搞农业的多,当时来的时候想搞出点成就,但是来了还是走了很多弯路。先是种板栗、甜柿子,结果这个地方的土壤不行,还有气候的原因,就没有成功。后来搞过药材。现在搞出了一个模式,种桃子,桃树下面养番鸭,有几十亩。就在这后面一片,原来的板栗都砍了。种养结合起来,番鸭就利用桃树林这个资源,土地多,可以散养,草料也多,空气环境好,番鸭的粪便收集起来种桃子,桃树就不用化肥,结的是生态的果子。之前桃子是拉出去销售,现在是直

① 参见林卿、张俊飚:《生态文明视域中的农业绿色发展》,中国财政经济出版社2012年版,第220页。

接过来自己采摘来卖；番鸭供应市场。番鸭主要是卖肉，我是第十家卖这个的，他们后来都没怎么坚持下来，现在罗田真正做这个的只有我一家。鸭子一般四到五个月就能卖，鸭苗是外面进的货，品种比较好，瘦肉多。鸭子有老的有嫩的，一般像这个四五个月的，批发卖九块，自己卖的卖十二块。老一点的，专门用来熬汤的就要贵一点，一般十七八块。老鸭一般养十个月到一年。番鸭的红包要长起来。我这里的番鸭都用网围起来，在棚舍里面养五十天，然后再放进地里，放进地里白天不喂料，让它去活动，吃草、捉虫子，晚上再喂料。虽然也吃饲料，但是它们都是生态鸭，不吃饲料营养会比较单一，通过散养之后肉质要好一些。罗田整个市场都是我做，菜市场，还有私人餐馆里，我都给送。还有的人过来买桃子，看到这里有鸭子，顺手带一只回去吃。后来他们想要会提前给我打个电话，我弄好送过去或者他们过来拿都没问题。目前就是这样一种模式，算是一种生态模式吧，一年要养七八千只鸭，养鸭也没有太大的臭味，粪便我都给收集起来了，通过管道到池子里，再用机械抽到地里。这个模式是我自己慢慢摸索出来的。种桃子的技术是在省农科院那里学的，和番鸭结合在一起是我自己想出来的。我现在这个桃园模式申请了国家专利，说是今年下半年能批下来。

我这卖桃子一年能卖十几万块钱。比如今年的早熟桃不太熟，天气不好，收入就不好。一般纯收入是十几万块钱。村里说另外有一片几百亩的地方，书记来找我交流过，但是那个地方条件要差一些，没有水源。村里说水源他们帮忙解决。他们想搞股份的形式，他们也愿意参加。其实搞一片出来，搞个几百亩，搞采摘的形式，农家乐的形式，应该还是可以的。

我这边人流量还是挺大的。我这里的桃子是这样的：第一，在季节上把它区分开来；第二，品种好，全部都是农科院优化的品种，都是适合现代人的口味的，脆的甜的；第三，在种植方法上，完全没有使用化肥，都是用自然肥、生态肥、有机肥，直接用鸭粪。鸭粪发酵之后种出来的东西，效果不一样。所以我的货比较好销。现在已经有很多人打电话过来预约了,问我黄桃什么时候上市。打电话来的基本上都是个人,也不是水果经销商,也不是零售商,都是市民。

现在也有年轻人想搞。年轻人普遍都有些吃不来苦。其实我已经摸索出来了一条道路,如果有人愿意按照这样的道路走的话,应该挺好的。毕竟把土地的价值发挥出来了,而且收益也还不错。我这里种桃树是不用化肥的。不施化肥,纯粹用自然肥,就是我养鸭子所产生的肥料。要是这样做的话,桃树的生长速度也不慢,跟使用化肥的效果差不多。化肥是那种施下去之后见效快;生态肥这样的肥料,要提前施下去,生长的效果比化肥还要好。比如说化肥,壮谷肥,谷子膨大的时候,提前半个月把化肥施下去,它就马上见效,但是这个要提前一两个月。正月二月就把肥料提前追下去,才能达到那个效果。关键是施这种肥可以改良土壤;化肥,它的效果好,但是无法改良土壤,而且还破坏土壤。只要土壤改良好了之后,其他的才能受益,要从这个方面来考虑。从产量上来说,使用化肥的产量是要大一些,这种产量还是要小一点,但是品质高。施化肥,水分重了,桃子味道比较淡。使用生态肥,甜度高一些。在市场上卖的话,这种价格也会高一点,现代人有这样的一种观念:好吃的贵点也没有关系;不好吃的给你吃,你都不吃。现在市面上卖的桃子基本上都是使用化肥的。他如果卖四块的话,我可以卖六块。还有就是这个效益好的话,可以把产量少的这一部分弥补起来。我自己的销售过程是这样的。

从劳动强度上看,施农家肥是要比施化肥的强度大一些。化肥很简单,你开一条沟,然后把肥料倒进去,需要的劳动力也少一些。这个就要复杂得多。这个肥料先要收集,然后再发酵,然后再搞到地里面。我现在是用机械在搞,用专门抽粪的。但是你品质好的话,价格就起来了,收入也比原来多一些。我觉得在前几年,没有很大的区别,化肥的也好,自然肥的也好,现在慢慢地人们的观念改变了。

现代人生态的观念比较强,只要绿色的,生态的。施过化肥的,或者是使用生态肥的，从口感和外观上，对于市民来说，他们是不太容易观察出来的，但是我这个地方他们了解。比如说我施肥的过程，管理的过程，他们都非常清楚。他们到这园子来都亲眼看得见。再加上在市面上买的一样的桃子，我这的味道就跟他们买的不一样。慢慢地人家就接受了。大多数人是到我的园子里面去买的，现在在罗田市场上是没有我的果子，我的果子完全在园子里面，也就是他们能过来完全地看到我生态的这个过程。市场上卖，如果是我自己去卖就比较好卖，其他人就不行。因为我在市场上搞过几年，罗田就只有那么大，都认识骆驼坳的老陈，我现在上街，就算没有卖桃子，人家也会跟我打招呼：怎么没有你的桃子呢？我就跟他说到我家园子里去挑。慢慢地他们就到这边来了。也就是说很大程度上是靠着口碑口口相传卖起来的。但刚开始几年在罗田卖得不那么好，后来卖得比较好。卖桃子，有卖桃子的味道。你把桃子装到车上，人家喊你，打电话说，先预约你到我这边来，之后就好卖。百来斤桃子只需要两个小时就能卖完。后来慢慢转变为人家到我这边来买桃子。要是你有桃子好吃，营养健康，无论花多少钱，就算比市场上的价格高一些，人家也愿意买。

——2017 年 7 月 14 日在赵家湾村村委会办公室二楼与 CHZ 的访谈

第三节
乡村生活生态伦理规范

生产决定生活。农民生产方式的生态化必然要求农民生活方式的生态化。构建乡村生产生态伦理，内在地要求构建乡村生活生态伦理。乡村生活生态伦理规范应以生态道德为价值追求，提倡简约生活、融洽生活、绿色生活，营造“关爱自然、爱护环境”的良好风气，推动形成文明健康、绿色低碳的生活方式，最终达成宁静生活、和谐生活与美丽生活。

一、乡村生活生态伦理规范内涵

生态生活是指将生态环境保护与人们的日常衣食住行的生活融为一体的新文明、新风尚的现代生活方式，也是一种新的生活价值取向。生态生活既让人们享受生态化发展所带来的舒适性和便利性，也引导人们不断增强生态道德的责任感和义务感，以文明健康、节俭环保的方式生活。生态生活要求人们认识到自然环境对人的价值以及对人自身生活方式的限制，重视经济社会可持续发展，确立人与自然和谐共生的价值取向。在现实生活中，对人们的生活起着根本性的调节作用的是一定的世界观、价值观和生活观。作为影响一个人生活方式的深层力量，一定的世界观、价值观和生活观对人们的传统民俗、行为习惯、社会风气等具有很强的导向作用。时代在变，人们的生活方式也在改变。推进生态生活，有利于弘扬传统美德，树立科学、理性的生活观念，优化生活结构，合理引导生活方式，提倡简约生活、绿色生活，注意节约资源和能源，把环保和绿色要求融入生活的各个方面，使践行绿色化生活方式成为人们的自觉行动，让每个人都能感受到生态生活带来的快乐和幸福，实现满足合理生活需要与杜绝浪费相统一，满足生活欲望与符合社会主义道德原则相统一。

就乡村而言，生态生活是符合乡村生态伦理的善的生活。自进入工业文明以来，现代性的快车驶入乡村，打破了乡村原本的生活方式，把乡村裹挟进工业文明的大机器之中，农民过上了工业式的生活方式。乡村特有的生活方式逐渐被现代性“同质化”，传统村落的生产方式、生活方式、消费模式以及乡风民俗、文化习俗等逐渐解体。这对于拓宽农民的视野，增长农民的见识，提高农民的综合素养和文化生活水平具有积极的一面。然而“千村一面”的背后是传统村落原有文化底蕴和生活方式的颠覆，其结果就是乡村的原汁原味特色的丧失。而乡村与自然亲密接触的特点没有改变，农民以工业化的生活方式生活于乡村之中必然出现与乡村原本宁静、和谐、美丽生活不相适应的现象。例如，当前一些农民文化水平较低，乡风不是很文明；生态观念淡漠，不讲卫生，乱倒垃圾，随意丢弃废物；不少乡村文化建设缺乏，农民文化生活单一；一些人封建思想严重，大搞封建迷信活动；讲排场、比阔气，互相攀比，大吃大喝等。这些问题的存在,直接影响了乡村精神文明建设,也是与新时代对农民生态生活的要求相背离。如果农民彻底摒弃原本“天人合一”式的宁静、和谐与美丽的生活而完全投入到工业生活方式之中,那么农民的生活方式将有损于乡村生态环境与人文环境的和谐,这实际上体现为一种恶的生活。党的十九大明确提出:必须坚持节约优先、保护优先、自然恢复为主的方针,形成节约资源和保护环境的空间格局、产业结构、生产方式、生活方式,还自然以宁静、和谐、美丽。宁静、和谐、美丽的乡村是乡村的本真模样,宁静、和谐、美丽的生活方式是乡村应当追求的、善的生活方式。农民应结合乡村特有的生态优势,找回乡村特有的宁静、和谐与美丽,寻求宁静生活、建设和谐生活、追求美丽生活。这样,农民的生活既能够保持本真的亲近自然、顺应自然的特色,又能够让农民赶上生态文明新时代的时代潮流,过上现代化的生活方式。乡村生活生态伦理指引着农民秉持生态发展、绿色发展的理念,促进乡村生活领域的绿色化变革,逐步实现乡村生活方式的生态化,在让乡村自然环境保持宁静、和谐、美丽的同时,也让农民的生活充满宁静、和谐、美丽。

二、寻求宁静生活

宁静生活是指恬淡、平和、悠然的生活,或简单、朴素、寻常的生活,是人们追求不受外界干扰的有质量的生活境界,也是一种积极的生活态度和方式。现在,越来越多的人开始远离城市的喧嚣与浮躁,追求乡村淡泊的宁静生活。爱因斯坦说:“宁静谦逊的生活比纷纷扰扰地追逐成功更让人快乐。”“宁静”是乡村的内在特性,千百年来农民在岁月静好的“天人合一”生活中循环往复、传宗接代。从生态伦理的角度来看,乡村的宁静生活不仅给予了农民本真的塑造,也给予了农民悠闲的快乐。农民利用田园景观、自然生态及环境资源,结合农林渔牧生产、农业经营活动、农村文化及家庭生活,在享受自然赋予的劳动成果的同时,也得到了喜悦和满足。在农业活动中,农民可以根据需要,种植自己喜爱的作物,享受播种和收获的快乐。在如今快节奏的生活中,都市的喧嚣,环境的恶化,工作节奏的加快,使城市人生活在异常紧张的状态之中,很多人开始寻找一种心灵深处的返璞归真,乡村田园风格开始广受追捧,力求在钢筋混凝土之外寻找属于自己的宁静空间。法国教育家、哲学家卢梭曾在《爱弥儿》中批判了城市的喧杂对人性的抹杀，指出宁静的乡村对人性教育具有重要的价值。“人类之所以繁衍，绝不是为了像蚂蚁一样地挤成一团，而是为了要遍布于他所耕种的土地。人类愈聚在一起，就愈要腐化。身体的不健全和心灵的缺陷，都是人类过多地聚在一起的必然结果……城市是坑陷人类的深渊，经过几代人后，人种就要消灭或是退化；必须使人类得到更新，而能够更新人类的，往往是乡村。”①置身乡村其中让人得到放松和心灵的解脱。因此卢梭呼喊道：“把你们的孩子送到乡村去，可以说，他们在那里自然而然地能够使自己得到更生的，并且可以恢复他们在人口过多的地方的污浊空气中失去的精力。”②生活在大都市中的很多居民在饱受城市的拥挤和喧闹之后都会有“到乡村去”的愿望，宁静的乡村是让人身心健康的空间。宁静是乡村的优势之一，农民应当寻求宁静的生活，在让自己获得身心愉悦的同时，对接生态文明时代的发展趋势。“负载中国传统文明的乡村与生态文明的诸多内涵具有高度时代契合性”③人们重燃回归自然的渴望，对“采菊东篱下，悠然见南山”的田园生活充满遐想，对农耕生活、美丽的乡村和农民这一古老的职业心驰神往。正如黑格尔所言：“世界精神太忙碌于现实，太驰骛于外界，而不遑回到内心，转回自身，以徜徉自怡于自己原有的家园中。”④

人类生活自始至终都与自然环境无法割裂，人类也从来没有脱离过土地而生存过，在享受到现代的物质生活之后，在工业文明让人与自然渐行渐远之时，人们崇尚自然、贴近自然的本性将愈发显现，这是现代都市人对安宁平和生活的向往。当前，“逆城市化”运动方兴未艾。“随着城市污染病的加剧、城市中产阶层对有机食品和绿色生活的需求、乡村互联网经济发展，在多种综合力量的作用下，出现了一部分城市的知识分子、各类民间组织、新乡贤下乡的新趋势。”⑤在此背景之下，有越来越多的城市居民选择到乡村旅游和居住，促使乡村换发了新的生机与活力。因此，农民应该利用好乡村的生态优势，让乡

① [法]雅克·卢梭：《爱弥儿·论教育》，李平沤译，商务印书馆 2015 年版，第 48 页。
② [法]雅克·卢梭：《爱弥儿·论教育》，李平沤译，商务印书馆 2015 年版，第 48 页。
③ 张孝德：《中国乡村文明研究报告——生态文明时代中国乡村文明的复兴与使命》，《经济研究参考》2013 年第 22 期。
④ [德]黑格尔：《小逻辑》第 1 卷，贺麟译，商务印书馆 1980 年版，第 31 页。
⑤ 张孝德：《2016 中国生态主义思潮新趋势》，《人民论坛》2017 年第 1 期。

村更加安宁、恬静、闲适，也让自身的生活符合时代的潮流与趋势。

一位林屋村的村民认为，相比于城市的紧张压抑，悠闲的乡村生活比城市要好：

> 早上村子里的空气比较好，村子里修的路也比较平坦，总的来说，大家生活的比在城市里要舒服，在村里想买什么也都能买得到，去哪里也都很方便，因此就会觉得在村里生活比较悠闲，不像在城市里精神会比较紧张，生活压力也很大。
>
> ——2018 年 8 月下午在林屋村村委会办公室与 LQ 的访谈

在地理位置较为偏僻、自然环境相对较差的甘肃辘辘村，村民也表达出了乡村社会生活的满足感以及对于乡村生活的热爱：

> 总的来说，我感觉我们农村变得越来越好了，国家对农民的政策也挺好的……现在看病报销的也很多，在我们镇上看病可以报销 90%。虽然有人说现在大家都有钱了但社会风气变坏了，然而我觉得从总体上来说现在村里的风气比以前是要好一些的。我觉得我们村还是很好的，即使以后有了钱，等我老了我还是愿意回到我们村生活。
>
> ——2017 年 7 月 20 日下午在辘辘村村委会会议室与 BJQ 的访谈
>
> 总的来说，我对我们村的整体还是比较满意的，村民道德观念也是比较可以的，而我自己的家庭生活也是幸福的。
>
> ——2017 年 7 月 20 日下午在辘辘村村委会会议室与 LMY 的访谈

乡村宁静生活寻求与自然和谐融洽，不以统治者的姿态对待自然，不逼迫自然，不破坏自然，在与自然亲密互动之中实现身心愉悦与精神满足，体现为一种善的生活。当下，城市的生活十分纷繁和忙碌，由于各方面的快速发展，不少城市都在高速运转之中。反观接近自然、接近生态、接近绿色的乡村，农民日出而作，日落而息，在接近大自然、拥抱大自然、感受大自然的原生态的同时，吃着自己动手种植的粮食、蔬菜、水果等，享受自己的劳作成果，农民能够在岁月静好的宁静生活中刻画出人与自然共生共荣的动人画卷。乡村的宁静生活朴实无华、恬淡悠然，不污染环境，不影响生态，这让久居城市中的人们为之羡慕、心生向往。市民们有时候不免感觉工作和生活很累，很想放一放现有的一切，找一块远离尘世的净土，沉淀自己和心情，回到大自然中去，感受朴实美好的乡间田园生活，领略那份来自天地的博大赠予。一项关于荷兰小型农场的研究表明，很多小型农场是非农业人口如教师、警察、卡车司机和木匠等为成为农民而投资建立的。① 在我国台湾地区，回到农村当农民或许会成为年轻人新的生活时尚。2012 年台湾地区“农委会”网站举办的“心田园，新梦想”网上调查显示，有高达 90%的民众表示有过回归田园的梦想，其中，“真的非常想”占了 27%，高达 65%的人表示很向往，但不知道怎么开始。②

三、建设和谐生活

和谐生活是指协调融洽、文明健康的生活，也是一种积极的生活态度和方式。和谐是对立事物之间在一定的条件下具体、动态、相对、辩证的统一，是不同事物之间相互影响、相互作用、互促互补、共同发展的关系，和谐也是人类社会共同追求的美好的价值观。当前，构建和谐生活对于构建和谐社会具有重要的意义。和谐社会由社会主体及其生存活动的存在方式等结构要素构成。和谐生活作为和谐社会的基本结构要素，是和谐社会的重要内容。和谐社会以崇尚和谐、追求和谐为价值取向，体现了社会主义的理想追求。和谐生活作为一种科学的生活价值理念，是和谐社会的重要条件。此外，和谐社会倡导社会安定有序，人民群众安居乐业。和谐生活作为一种合理的生活模式，是和谐社会的重要基础。

现代性在中国乡村的迅速推进使得农民从以往相对固定和凝固的传统生

---

① ［荷］扬·杜威·范德普勒格：《新小农阶级：帝国和全球化时代为了自主性和可持续性的斗争》，潘璐、叶敬忠译，社会科学文献出版社 2013 年版，第 44 页。

② 谌淑婷、黄世泽：《有田有木，自给自足：弃业从农的 10 种生活实践》，华中科技大学出版社 2014 年版，第 214 页。

活方式转变为高度流动和变化的现代生活方式，农民的生活呈现为多样化和多元化的现代图景，人们的生活方式和思想观点也在发生着悄然变化。英国当代著名哲学家吉登斯曾这样描述过现代性带给传统社会的变化："现代性以前所未有的方式，把我们抛离了所有类型的社会秩序的轨道，从而形成了其生活形态。在外延和内涵两方面，现代性卷入的变革比过往时代的绝大多数变迁特性都更加意义深远。"①在现代性的条件下，人们的生活规范和社会关系被大大拓展。就中国乡村而言，现代化使人们对传统农业社会的依赖性关系大大减弱，个体农民在现代乡村社会中表现出了更多的独立性、流动性和适应性。这其中最为显著的一点就是，在现代性的影响下，农民的自我意识和个体观念逐渐高扬，在乡土社会中构建和谐的人与自然、人与人的关系就显得尤为重要。

对于乡村的和谐生活来讲，"和谐"可以从两个方面来理解：一方面，和谐的生活是农民与所处的乡村自然环境之间的和谐。亲近自然、拥抱生态环境的农民，需要尊重大自然中的一草一木，与大自然和谐相处以维持乡村生态平衡。依照生态文明的伦理观念，城市是死气沉沉的工业厂房，是不亲近自然的、与本真自然相隔绝的地方，而有着鸟语花香的乡村，在亲近自然中能够亲近到鲜活的生命。"我们的先民在赞美自然的歌声中春播，在吟诗虫鸣中度夏，在感恩祈祷中秋收，在静思养性中过冬。农业生产所提供的食物也许只能果腹，但他们仍然感到满足与快乐。因为在生产过程中得到的精神愉悦远超过收获本身。即使在颗粒不收的灾年，他们也从未抱怨与诅咒自然，而是不断地反省自身。正是在这样一种人与自然的和谐关系中，古代先民创造了一个超出现代文明人能够想象出的丰富多彩的文化生活。"②贴近自然的乡村不同于远离自然的城市，乡村的生活也与城市的生活有着显著的区别。由于自然地理的原因，乡村生活相比于城市生活而言，其最大的特点是亲近自然、亲近绿色、亲近生态。"农业文明的一个突出特点是人与自然的亲近，人与人之间的亲情"③。乡村的淳朴生活是贴近于自然的绿色生活，农民的日常生活所面

① [英]安东尼·吉登斯：《现代性的后果》，田禾译，译林出版社2011年版，第4页。

② 张孝德：《古代农业文明对人类文明的四大贡献》，《中国经济时报》2009年11月23日。

③ 严火其：《传统文明 传统科学 传统农业》，江苏人民出版社2016年版，第156页。

对的是五谷杂粮、瓜果蔬菜、猪马牛羊等各种作物和家禽家畜，他们日常生活的诸多行为，是直接与自然界相关的耕地、播种、除草、管护、浇水、采摘、贮存等。根据乡村的特点与农业生产的自然规律，乡村生活应不同于城市的工业生活，乡村应构建符合自身特征的与自然和谐共处的生活方式，即与大自然节奏合拍的生活方式。这种贴近于自然、贴近于绿色的生态生活是农民最为本真的生活方式，也是农民美好生活的真谛所在。乡村应是农民的诗意居所，这种诗意体现在乡村是农民与大自然、与生命密切接触的怡然自乐的本真乐园。

亲近自然、拥抱自然的乡村拥有城市工业文明所无法比拟的特色和优势。城市的发展日益疏离于自然，被束缚于钢筋水泥之中的人们对于乡村的小桥流水、鸟雀蝉鸣充满了向往。“随着硬地的扩展，自然被赶得越来越远，整个日常事务本身越来越和土地完全分离，和真实可见的生活存在，和生老病死相分离，屠宰场和墓地同样远离我们的视线，它们的整个程序也同样不为人所知。欢欣鼓舞庆贺诞生或者是沉痛悼念死亡的仪式，只能以非常微弱的形式在残存的教堂中勉强维系。季节的节奏消失了，或者说除了印在历史书上之外不再和自然的活动相联系。成百万人在大都市的环境中成长，除了城市街道，他们对其他的环境一无所知，生活向人们展示它的魔力，不再是通过生命出生、成长的奇迹，而是通过在投币口塞一枚硬币然后取出一块糖或者一份奖品。这种和自然的分离可能导致严重的心理危机，是最小心谨慎的医学治疗也无法调适的。”①农业劳动是在大自然中进行的，农民的劳动充满了自然性，这使农民在与自然和谐相处中收获劳动成果的同时，也能够获得精神上的愉悦和满足。“生命世界的安定和永恒是在多样性中实现的，人类世界的身心健康和生活安定也只有在生活内容的多样性中才会成为可能。”②在与自然万物和谐相处的多样化生活中，农民既可以感受身心的愉悦和满足，又可以感受生活的安定和富足。“人类世界的身心健康只有在生活多样性的环境中才能保持。多样化的农业劳动避免了单一流水线式的工业劳动给人们造成的枯燥和单调情绪，使人们感受到劳动过程中的多种乐趣，而且农业劳动是在大自然中进行

① ［美］刘易斯·芒福德：《城市文化》，宋俊岭等译，中国建筑工业出版社 2009 年版，第 292 页。
② ［日］祖田修：《农学原论》，张玉林等译，中国人民大学出版社 2003 年版，第 152 页。

的，这可以让农民的劳动充满自然性，在感受自然和欣赏自然中愉悦心情，缓解劳动带来的疲劳。”①

另一方面，乡村的和谐生活是农民与他人的和谐。农民自身的和谐只有在集体、在他人中才能实现，农民与自然之间的和谐是农民与他人之间和谐的特殊表现。实现农民与他人之间的和谐相处，应当成为构建和谐生活的重心。目前，农民之间、农民与集体之间还有各自相对独立的经济利益，如果农民之间缺乏一定的和谐交往则不利于乡村和谐生活有序展开。马克思曾以“一袋马铃薯”的形象比喻，分析了缺乏合作的小农生产不适应社会发展趋势。马克思指出，如果小农在自己的小块土地上重复着自给自足的生产劳动而不加以合作，那么他们不会有任何的进步而且会逐渐落后。在《路易·波拿巴的雾月十八》中，马克思指出：“小农人数众多，他们的生活条件相同，但是彼此间并没有发生多种多样的关系。他们的生产方式不是使他们互相交往，而是使他们互相隔离。”②由于相互隔离且缺乏适当的合作，导致了小农的生产没有任何的发展，社会关系活动更是没有得到丝毫的丰富，“每一个农户差不多都是自给自足的，都是直接生产自己的大部分消费品”③。如果农民生存的劳动产品只是为了满足自身的需要而不是去与社会发生交换关系，那么农民的居住形式就只能是简单同名数的相加，“好像一袋马铃薯是由袋中的一个个马铃薯所集成的那样”④，“各个小农彼此间只存在地域的联系”⑤。在马克思看来，如此缺乏社会交往与合作劳动的小农是与社会发展趋势背道而驰的。我国学者张思考察了近代华北村落农民在农业生产中的相互协作，认为农村存在着多种农户间的农耕结合，除了搭套之外，还有劳动力与劳动力、劳动力与畜力、畜力与畜力间的换工，有役畜和农具的无偿借用，以及代耕、帮工、伙养役畜、共同租种、共同雇工等形式。⑥ 农业生产需要和谐的共同协作，和谐的农业劳作关系是乡村和谐生活的重要部分，农民应当在实现人与自然和谐的同时，保持人与

---

① 朱启臻、赵晨鸣、龚春明：《留住美丽乡村——乡村存在的价值》，北京大学出版社2014年版，第241页。

② 《马克思恩格斯选集》第1卷，人民出版社1995年版，第677页。

③ 《马克思恩格斯选集》第1卷，人民出版社1995年版，第677页。

④ 《马克思恩格斯选集》第1卷，人民出版社1995年版，第677页。

⑤ 《马克思恩格斯选集》第1卷，人民出版社1995年版，第677页。

⑥ 张思：《近代华北农村的农家生产条件·农耕结合·村落共同体》，《中国农史》2003年第3期。

人之间的和谐关系。

乡村和谐生活要求农民实现人与自然和人与人的和谐,体现为关爱环境、善待自然与关爱邻里、善待他人的善生活。实现人与自然的和谐生活,农民就要树立环保意识和环保责任,从日常生活垃圾处理到农业劳动,从屋内家居到户外活动都涉及环保问题,对农作物能自然生长的就不要施化肥、农药,能自然储存和隔离的就不要用薄膜,努力为保护乡村生态环境作出贡献。实现人与人的和谐生活,农民就要和谐友爱地与乡村其他人进行交往与互动,构建关系密切、守望相助、休戚与共的乡村社会共同体。社会学家滕尼斯认为乡村传统共同体是让人具有安全感和归属感的集体,人与人之间可以向善共生地有机聚合在一起;而社会中的人却是基于冰冷的工具理性机械结合而成。因而乡村中人与人和谐稳定、亲密无间的传统共同体具有善的价值:“一切对农村地区生活的颂扬总是指出,那里人们之间的共同体要强大得多,更为生机勃勃:共同体是持久的和真正的共同生活,社会只不过是一种暂时的和表面的共同生活。因此,共同体本身应该被理解为一种生机勃勃的有机体,而社会应该被理解为一种机械的聚合和人工制品。”①中国传统乡村也表现为“重人情”的熟人社会。例如熊培云认为乡村家族亲情基础上的互助与酬劳,是乡村社会关系的动力源与黏合剂。② 改革开放以来,虽然传统乡村共同体逐渐式微,以身份为主的熟人社会日益转变为身份与契约同在的半熟人社会,但是中国乡村并没有完全转变为如同城市陌生人社区一样,建立在劳动分工和异质性个体基础上的机械聚合社会,村民与村民之间的往来互动、交往信任和村民对村庄领导者的认同、服从依然在乡村发挥着关键作用。因此乡村人与人之间的和谐应当建立基于村民间的互助团结和村民对村干部的“经济—政治—伦理”认同基础上的新型人际关系。③ 乡村人与人之间的和谐是乡村人与自然的和谐的重要支撑和关键保障,人与自然和人与人的和谐共同构成乡村和谐生活。

---

① [德]斐迪南·滕尼斯:《共同体与社会:纯粹社会学的基本概念》,林荣远译,北京大学出版社2010年版,第44-49页。

② 参见熊培云:《一个村庄里的中国》,新星出版社2011年版,第328页。

③ 王露璐:《新乡土伦理——社会转型期的中国乡村伦理问题研究》,人民出版社2016年版,第34页。

四、追求美丽生活

美丽生活是指自然生态良好、绿色发展井然、人居环境适宜的生活，是一种积极的生活态度和方式。构建美丽生活是构建美丽中国、构建美丽乡村的应有之义，也是生态文明建设的内在要求。当前，构建美丽生活对于乡村发展具有重要的意义。一方面，构建美丽生活有利于提高农民的幸福指数。经过40年的改革开放，农民生活水平有了明显提高，已经由过去的“求温饱”到现在的“盼发展”。他们希望生活水平更加提高、生活条件更加改善、生活环境更加优美。构建美丽生活正是承载着这一美好愿景，它将使农民获得更多的幸福感、获得感。另一方面，构建美丽生活有利于凝聚美丽中国、美丽乡村的建设合力。目前，美丽中国和美丽乡村建设还存在着一些突出的环境问题，需要农民以更加良好的行为习惯促进环境质量的改善。构建美丽生活就是要把美丽中国、美丽乡村建设的短板补好，让农民明方向、知责任、见行动，形成建设美丽中国、美丽乡村的思想自觉和行动自觉。

贴近美丽的大自然是乡村相比于城市来说最大的优势。乡村拥有多方面的美的气质和深蕴。英国城市学家埃比尼泽·霍华德在《明日的田园城市》说：“我们以及我们的一切都来自乡村。我们的肉体赖之以形成，并以之为归宿。我们靠它吃穿，靠它遮风御寒，我们置身于它的怀抱。它的美是艺术、音乐、诗歌的启示。它的力推动着所有的工业机轮。它是健康、财富、知识的源泉。”①美丽生活是自然生态良好、绿色发展井然、人居环境适宜的生活，它要求农民自觉保护自然环境和维护生态系统，不破坏自然，因而是一种善生活。美丽生活倡导自然生态之美。美丽生活首先美在农民生于斯长于斯的乡土大地。在广袤的田野上，山林植被郁郁葱葱，江河湖海日夜奔腾，五岳山川巍巍耸立，大自然生机勃勃，阳光雨露恩泽万物。构建美丽生活，就是让自然生态美景永驻农民的心间、常存他们的心灵，让人们情不自禁地生起建设美好家乡的自豪感和满足感。除了自然之美以外，美丽生活还倡导绿色发展之美。习近平总书记指出：“坚决摒弃损害甚至破坏生态环境的发展模式和做法，决不

① ［英］埃比尼泽·霍华德：《明日的田园城市》，金经元译，商务印书馆出版2010年版，第9页。

能再以牺牲生态环境为代价换取一时一地的经济增长。”①在绿色发展理念的指引下，一些乡村逐渐减少化肥、农药和薄膜的使用量，淘汰了一批落后产能，促进了绿色经济、循环经济的发展。构建美丽生活，就是要让绿色发展的理念更加深入人心，推动乡村可持续发展。美丽生活还倡导人居环境之美。构建宜居的乡村人居环境，就要加强对乡村人居环境的规划管理，保持村庄自然环境与整体风貌相协调，维护自然景观与田园景观，绿化美化农房院落和村庄风貌，修复水塘、沟渠等乡村设施，推进居民生活区和规模化畜禽养殖区的科学分离，引导养殖业规模化发展，治理农村垃圾和污水，进一步整治乡村人居环境。

农民置身于青山绿水、生态良好、环境优美之中，亲身感受自然的亲近和美好，得到了有益于身心健康的喜悦和欢乐。在笔者调研的几个村庄中，东部、中部和西部村民都表达了建设美丽、干净、整齐的乡村是他们理想居住地的想法。如图 9 所示，七个村庄的村民对于“是否愿意继续在本村居住下去”的回答中，绝大部分村民表示愿意继续住下去，而这其中又有很大比例的村民选择了“是的，因为在这里生活得很好”这一选项。这表明村民们热爱乡村、热爱家乡，他们感觉乡村的生活是美好的。

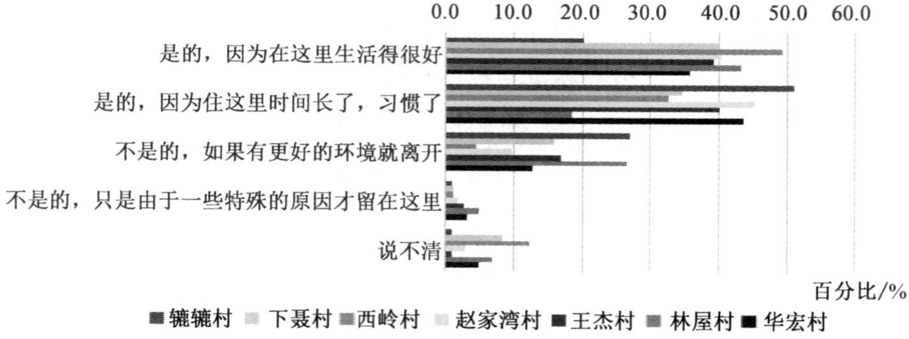

图 9　七个村庄的村民对于“是否愿意继续在本村居住下去”的回答

探究农民愿意生活在家乡的原因，便会发现，农民的居住愿望和乡村的环境状况呈现正相关性，乡村的清洁、整齐、美丽是农民选择愿意居住在乡村的重要原因。如“您打算继续在本村住下去吗?”和“乡村是否有关于环保的宣

① 《习近平谈治国理政》第 2 卷，外文出版社 2017 年版，第 210 页。

传?”的交叉列联表(表5)所示,在认为乡村“有环保宣传且村民会自觉做到”的村民中,有近一半的人认为乡村生活很好,而在愿意继续住在乡村且认为乡村生活很好的人中,有超过三分之二的人认为本村村民可以自觉做到环保宣传。这说明,村民的生活满意程度是与乡村的环境状况密切相关的。乡村越干净、越整齐、越美丽,村民的生活满意度就越高。

表5　村民是否打算继续在本村住下去和乡村是否有关于环保的宣传列联表

单位:人

		乡村是否有关于环保的宣传?				
		有,也会自觉做到	有,但是没人理会	没有,但是大家感觉需要	没有,大家也并不需要	不知道/说不清
您打算继续在本村住下去吗?	是的,因为在这里生活得很好	231	51	20	4	23
	是的,因为住这里时间长了,习惯了	172	40	45	10	44
	不是的,如果有更好的环境就离开	68	20	25	11	15
	不是的,只是由于一些特殊的原因才留在这里	12	2	4	0	2
	说不清	22	5	4	0	11

在访谈中,村民们也普遍表达了喜欢家乡的美丽和宁静,也热爱家乡人的纯真和质朴。在林屋村,一位村民表示,乡村自然环境是美好的,他感到非常满意和幸福:

> 我对我现在的生活挺满意的,村里的自然环境很好,没有什么大的污染,给我们的福利也不错,跟熟人在一起也挺热闹,生活也很开心,没有觉得人们有钱了,人际关系就不好了,环境就污染了。
>
> ——2018年8月14日下午在林屋村便利店与LSD的访谈

在位于中部的西岭村，一位村民表示现在乡村清洁状况改善得很快，自己在这样的乡村环境中感到生活很幸福，也很知足：

> 现在我对我的生活环境是比较满意的。村里有专门搞卫生的，进行垃圾填埋。厕所都是冲水的，没有茅房了。以前搞沼气池，厕所就拆了，厕所拆一个可以补几百块钱。……现在农村很不错，我的家庭也很幸福，我很知足。
>
> ——2017 年 7 月 9 日上午在西岭村村委办公室与 FYJ 的访谈

第四节 乡村消费生态伦理规范

生产不仅决定生活，生产也决定消费。农民生产方式和生活方式的生态化必然要求农民消费方式的生态化。构建乡村生产生态伦理和生活生态伦理，内在地要求构建乡村消费生态伦理。乡村消费生态伦理规范应以人与自然的和谐共生为价值目标，引导农民树立科学、理性的消费观念，优化消费结构，转变消费方式，推动形成简约适度、节约资源的消费方式，力戒奢侈浪费和短缺消费，让农民在充分享受绿色发展所带来的便利和舒适的同时，履行好应尽的绿色发展、可持续发展的责任和义务，使适度消费、节俭消费成为农民的自觉行为。

一、乡村消费的善恶之辩

生态消费是指以满足人的合理需要为价值目标，以有益健康和保护生态环境为基本内容，追求人与自然和谐共生的适度消费方式。生态消费又称适度消费，是一种绿色化或生态化的消费模式，既符合物质生产的发展水平，又符合生态生产的发展水平，是对自然资源的适度利用。生态消费与传统消费具有明显区别。传统消费属于非持续的资源耗费型消费，它把人与自然摆在对立的位置，以“人战胜自然”为价值追求，谋求无节制数量的消费，无视资源的节约、回收和再生利用，给自然资源和生态环境带来严重的危害。生态消费是适度节制的可持续消费，它把人与自然摆在共荣共存的位置，以“人与自然和谐相处”为价值追求，反对传统消费中片面的人类中心主义，以人与自然“和睦相处”为伦理追求，倡导人与自然的一体化和有机统一，注重生态系统的平衡与稳定。

生态消费注重保护自然环境、维护生态平衡系统的平衡与稳定、节约利用资源，不仅讲求人与自然、人与人的和谐，而且讲求人的身心和谐与全面发展。生态消费是可持续消费、有节制的消费，是保持物质与精神之间平衡的消费，是人类社会发展过程中的根本要求，也是低碳经济发展的必然选择，反映了当代人对社会、对后代的负责任态度。从这个意义上说，这种利人利己的消费模式不仅应该得到提倡，更应该成为全体民众的自觉行动。以生态消费方式为荣，应该成为全社会的共同价值取向，成为建设节约型社会的重要内容。由上可见，生态消费是对于人的合理需要以正常满足的适度消费，是既不压抑人的需要也不过度满足人的需要的可持续消费，是一种合乎伦理的消费，不会对生态环境造成危害，因而是一种善。

消费与农民的日常生活须臾不可分离，农民生产方式和生活方式的生态化必然要求农民消费方式的生态化。在经济社会发展水平较低的情况下，农民对于消费的理解仅限于为维持最基本的生存而进行的物质交换和消耗，这时农民并没有所谓“高消费”的概念，而只有简单的“衣”“食”“住”的概念。随着乡村经济的发展，农民的生活水平普遍达到了温饱水平，部分农民达到了小康。这时候的农民已从“衣”“食”“住”为主要的消费结构进入到“衣食住行游乐”等多样化的消费结构阶段。如图 10 所示，调研中七个村庄的村民家庭经济支出中“穿衣吃饭”仅占 17.5%，子女教育、住房和人情往来等支出占据着村民日常生活的重要消费比例。

农民的消费方式是多样化的。这种多样化的消费方式如果是基于客观条件的制约和生活需要的满足，是不会造成乡村资源浪费与生态环境恶化的。这时的消费属于适度消费，是善的消费。而如果农民的消费是脱离客观条件、出于对物质欲望过分满足的过度消费，或农民有意压抑自身的消费需要而造

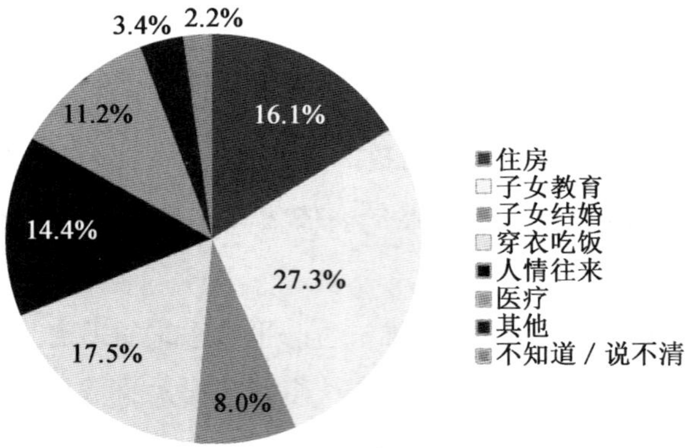

图 10　七个村庄的村民家庭经济支出情况

成短缺消费，这两种消费都会对乡村自然环境造成负面影响，是恶的消费。人不是空灵神性的存在物，作为血肉之躯，人是实实在在的存在物，有其合理正当的生活需要，而且应当得到满足。需要是人对生活必要条件的正当要求，是人生存于世必不可缺的绝对需求。需要的生成往往与现实生活条件的供应状况相关联，它的满足和满足方式也是相对确定的，受生活条件限制，因而具有较高的价值合理性和社会正当性。需要的表现形式是主观的，内容是客观的。基于需要的消费是人们的正常生活消费，是自然资源的适度利用，不仅具有经济合理性，而且具有道德合理性。然而，超过人的需要之上的“欲望”，无论其形式或是内容都是个人主观的需求，缺乏确定的客观内容，其本质是贪婪。基于欲望的消费必然成为超越人的基本需要的过度消费、奢侈消费，进而对资源的适度使用和环境可持续保护造成负面影响。如果过度消费变为另外一个极端，即压抑正常需要的满足而走向禁欲型消费，则同样是恶。“没有需要，就没有生产。而消费则把需要再生产出来。”①人如果不满足正常的需要，不仅会造成人自身的压抑，而且也会有损社会的正常秩序。而且，人在消费需要无法满足的情况下，同样会向自然界伸出魔掌而造成社会生态效益的负面影响。因此，现代社会中的消费已经不仅仅关乎个人需要的满足，它已与人的文明素养、社会和谐以及生态环境都息息相关。现代人的消费应是合度的生态消费，

① 《马克思恩格斯文集》第 8 卷，人民出版社 2009 年版，第 15 页。

生态消费是一种善,不合度的过度消费与短缺消费都是不利于生态环境的恶。

现代乡村中存在着过度消费与短缺消费现象。我们统计七个村庄的农民对家庭支出态度,如图 11 所示,可以看出有 22.6%的村民认为"要尽可能地少花",有 60.6%的村民认为"该花的花,不该花的不花",9%的村民持有"赚得多,花得多,赚得少,花得少"的观点,另有 0.6%和 2.1%的村民认为"有多少花多少,享受最重要"和"花钱是为了赚钱"。

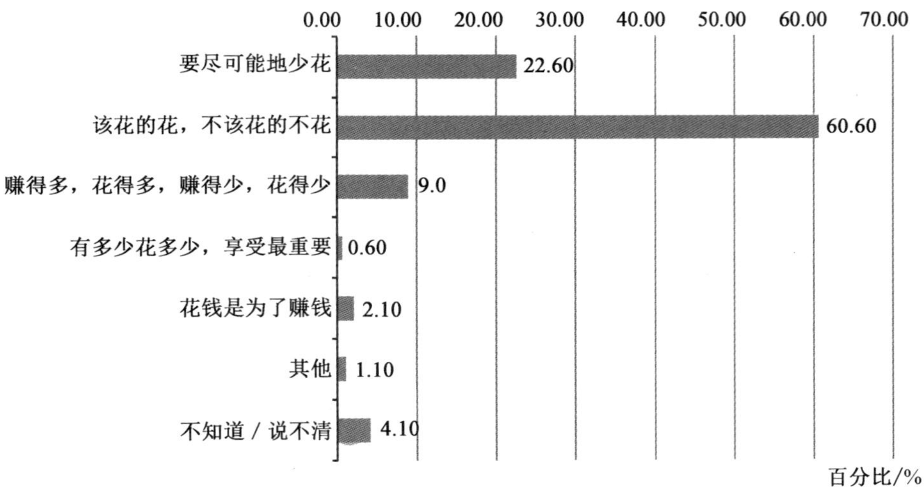

图 11　七个村庄汇总的村民对家庭支出的态度

分别观察七个村庄的村民具体消费态度(如表 6 所示),会发现目前一些乡村中的村民普遍存在着与他们经济收入水平不相符合的挥霍型消费和短缺型消费的现象,两者都将对乡村生态环境产生不好的影响。

表 6　七个村庄的农民对家庭支出的态度

百分比：%

	辘辘村	西岭村	下聂村	赵家湾村	王杰村	林屋村	华宏村
要尽可能地少花	21.2	21.7	26.3	32.1	32.4	20.9	7.8
该花的花,不该花的不花	52.9	65	54.7	61.3	61.1	57.7	68.8

（续表）

	辘辘村	西岭村	下聂村	赵家湾村	王杰村	林屋村	华宏村
赚得多，花得多，赚得少，花得少	14.4	4.2	9.5	2.8	2.8	10.4	18
有多少花多少，享受最重要	1	0.7	1.1	0	0	0.6	0.8
花钱是为了赚钱	4.8	2.1	1.1	1.9	3.7	1.8	0
其他	1	0.7	1.1	0	0	3.1	0.8
不知道/说不清	4.8	5.6	6.3	1.9	0	5.5	3.9

当前，从加强生态文明建设的角度，推进消费方式转型需要抑制过度消费和异化消费，提倡“生态消费”，实现由过量消费向生态消费的转型。同时，又要提升短缺消费，解决贫困者消费不足的问题，满足群众的基本需要。过度消费和短缺消费都是与适度消费相对应的消费模式，都属于消费不合理之恶，它们不仅与构建和谐社会的要求不相适应，也与乡村振兴的目标与理念背道而驰，亟待加以改变，形成适度消费之善。在生态道德视域下，乡村生态消费伦理的价值目标是：以绿色消费、文明消费、健康消费为引领，以简约、合理、适度为取向，推动实现乡村消费的生态化。

二、乡村现代消费批判

与生态消费对立之一的，是过度消费。过度消费是指脱离客观经济条件与合理消费需要，欲望不断膨胀，超出基本生活需要的消费。这种消费追求无节制的消费，无视资源的节约和利用，给自然资源、生态环境带来严重的危害，因而表现为一种恶。经过 40 多年的改革开放，我国乡村经济发展有了大幅度提高，农民的物质生活得到空前的改善。但是与此同时，部分农民的物质消费出现了膨胀的现象，产生了过度消费。如 2016 年农民个人总收入水平与农民家庭支出的态度列联表（表 7）所示，持有“有多少花多少，享受最重要”和“花钱是为了赚钱”的过度消费理念的部分农民，个人全年收入在

8 000元以下。这表明，有部分较低收入的农民不顾自身收入水平去消费，表现为“过度型消费”。

表7　2016年农民个人总收入水平与农民家庭支出的态度列联表

单位：人

<table>
<tr><td colspan="2" rowspan="2"></td><td colspan="7">农民对家庭支出的态度</td></tr>
<tr><td>要尽可能地少花</td><td>该花的花，不该花的不花</td><td>赚得多，花得多，赚得少，花得少</td><td>有多少花多少，享受最重要</td><td>花钱是为了赚钱</td><td>其他</td><td>不知道/说不清</td></tr>
<tr><td rowspan="8">2016年农民全年的个人总收入水平</td><td>3 000元以下</td><td>76</td><td>150</td><td>24</td><td>2</td><td>9</td><td>2</td><td>13</td></tr>
<tr><td>3 000—7 999元</td><td>32</td><td>103</td><td>15</td><td>0</td><td>3</td><td>1</td><td>4</td></tr>
<tr><td>8 000—19 999元</td><td>25</td><td>68</td><td>10</td><td>1</td><td>1</td><td>1</td><td>4</td></tr>
<tr><td>20 000—49 999元</td><td>21</td><td>77</td><td>11</td><td>1</td><td>2</td><td>0</td><td>6</td></tr>
<tr><td>50 000—99 999元</td><td>7</td><td>30</td><td>4</td><td>1</td><td>0</td><td>0</td><td>1</td></tr>
<tr><td>100 000元以上</td><td>2</td><td>10</td><td>2</td><td>0</td><td>0</td><td>0</td><td>1</td></tr>
<tr><td>不知道/说不清</td><td>20</td><td>40</td><td>5</td><td>0</td><td>2</td><td>2</td><td>3</td></tr>
<tr><td>拒绝回答</td><td>6</td><td>27</td><td>2</td><td>0</td><td>0</td><td>1</td><td>1</td></tr>
</table>

过度消费是受到工业社会消费主义思想影响而使然的一种消费。现代性凭借“我自己是凡人，我只要凡人的幸福”的启蒙口号冲击了中世纪的禁欲主义，进而开启了追求欲望满足的时代。中世纪以禁欲主义为宗旨，压抑人的欲望。中世纪所秉持的神学人性论认为，人要想脱离世俗的苦海从而使灵魂得救，就必须皈依上帝和自我忏悔。也就说，人只有摆脱物欲和享乐的诱惑，个人必须要禁欲修行，一心追随上帝，上帝才会拯救人类，解除人类的原罪。人类进入天国的代价是压抑和控制个人的欲望，舍弃现世的快乐和享受，甚至是完全禁欲，使灵魂摆脱肉体的羁绊而回复于上帝。中世纪在禁欲主义的笼罩下人的消费需要满足程度较低，消费处于短缺与不足的状态。

文艺复兴与启蒙运动主张用人性取代神性，用世俗生活代替禁欲主义，提倡人性的解放。人们开始逐渐重视现世的世俗生活中的幸福和欲望的满足。特别是进入工业社会以来，消费支撑着工业大机器的运转，现代工业社会表现为消费社会。桑巴特认为,奢侈消费促成了近代资本主义的形成。现代战略家拉茨勒认为,奢侈会带来富足。消费主义的兴起与泛滥,给人造成了消费与幸福之间是正比例关系的感觉,也就是说,消费得越多,幸福就越多。过度消费当然就意味着更多的幸福。当把过度消费赋予了太多的社会意义,把奢侈浪费等同于幸福的时候,人的肆意挥霍就获得了道德的正当性。勤俭节约的传统美德受到了工业文明消费主义的冲击,“以致过度消费成为一种新的道德信仰,这就为过度消费在消费时代的盛行提供了伦理支持”①。然而,奢侈消费实质是异化的消费。西方马克思主义者马尔库塞认为,发达工业社会中的奢侈浪费等过度消费是异化的消费,实质是受到虚假需求的唆使。虚假需要是“那些在个人的压抑中由特殊的社会利益强加给个人的需求”②,虚假的消费需求是人们受到广告影响下的消费意愿,不是人们真实的需求表达。西方马克思主义者弗洛姆认为,工业社会中的人已经将消费由手段看作目的,人需要通过消费来维系自身的生命存在、实现自我完善。马克思对奢侈消费给予了批判。他指出,资本家的奢侈是对人的蔑视,是一种狂妄放肆,是对物的践踏。这种奢侈消费主要根源于财富的异化,马克思对这种异化的本质进行了揭露和批判。

过度消费实质是人“纵欲”心理的必然表达。它不对人的欲望加以任何限制,因而使得为这种痛苦得到了缓解,但是让“‘欲望—占有—欲望的更大发动—更大规模的占有’,成为消费活动对现代社会的具体把握”③。这样,过度的消费方式使得人们不再根据生活的实际需要来确定消费品种和数量,使得奢侈与浪费大行其道,让人们的欲求心理在消费的刺激下得到畸形的满足。

据农民对家庭收入满意水平与农民家庭支出态度列联表(表8)显示,持“有多少花多少,享受最重要”和“花钱是为了赚钱”消费理念的部分农民,实际上是因为对于自己的家庭收入水平满意度较低。

---

① 曾建平:《消费方式生态化的价值诉求》,《伦理学研究》2010年第5期。
② [美]郝伯特·马尔库塞:《单向度的人》,张峰、吕世平译,重庆出版社1988年版,第6页。
③ 曾建平:《消费方式生态化的价值诉求》,《伦理学研究》2010年第5期。

表 8　农民对家庭的收入满意水平与农民家庭支出的态度列联表

单位：人

		农民的家庭支出态度						
		要尽可能地少花	该花的花，不该花的不花	赚得多，花得多，赚得少，花得少	有多少花多少，享受最重要	花钱是为了赚钱	其他	不知道/说不清
农民对家庭收入水平满意度	很不满意	40	62	8	1	3	2	6
	不太满意	49	127	19	0	3	2	7
	一般	63	203	26	2	7	2	12
	比较满意	25	77	16	0	5	1	3
	非常满意	10	28	6	1	0	0	2
	不知道/说不清	3	6	1	0	0	0	3
	拒绝回答	1	9	0	0	0	2	2

疯狂地进行物质消费是建立在大量物品和资源消耗的基础上的。“消费是在全球环境平衡中被忽略的一个量度。”①现代消费社会的运行逻辑就是通过大量生产来保证大量消费，又通过大量消费来保证生产的持续进行，试图在内部开拓一个可无限发展的空间。然而人的欲望是无限的，资源却是有限的。过度消费就意味着对于资源的过度消耗。“消费问题是环境危机问题的核心，人类对生物圈的影响正在产生着对于环境的压力并威胁着地球支持生命的能力。从本质上说，这种影响是通过人们使用或耗费资源和原材料所产生的。”②过度消费必然会损害环境。在人们过度追求个人的享受时，即使生产扭曲，也使消费变态——“无度和无节制成了货币的真正尺度”③。正是生产和消费、消费主体和消费对象的“无度和无节制”，给社会带来了生态危机。

现实中，农民的过度消费必然会对乡村的生态系统造成严重的影响，导致乡村资源浪费与环境恶化，使其成为破坏乡村环境之恶。农民的过度消费使原本埋头劳作的农民，由最初只能赤手耕作的人一跃成为高档轿车驾驶者、豪

① [美]艾伦·杜宁：《多少算够：消费社会与地球的未来》，毕聿译，吉林人民出版社 1997 年版，第 36 页。

② [圭亚那]施里达斯·拉尔夫：《我们的家园——地球》，夏堃堡译，中国环境科学出版社 1993 年版，第 13 页。

③ 《马克思恩格斯文集》第 1 卷，人民出版社 2009 年版，第 224 页。

华楼房居住者、高档奢侈品拥有者、豪华墓地建造者……这种经历身份巨大转变的农民必然为此要付出沉重的代价，而乡村环境的破坏就是其中的代价。如表 9 所示，考察农民的消费态度和农民的生态意识相关性表明，农民的消费态度越偏向于挥霍与过度，农民的生态意识越低。

表 9　农民的消费态度和农民的生态意识相关性

		您在从事种地或养殖的时候是否会考虑环保、生态、健康等因素？
您对家庭支出的态度是怎样的？	皮尔逊相关性	.138**
	显著性（双尾）	.000
	个案数	828

另一个与生态消费相对立的，是短缺消费。短缺消费，即消费不足，是指受客观条件的影响，消费不能满足人的基本生存需要的状况。短缺消费不仅有违人们的基本生存需要，影响人们的幸福，而且有违社会公正生活的价值目标追求，因而也是一种恶。过度约束人的物质生活需要及其满足，势必有害于商品经济的正常交易和繁荣，有损于人的社会化生活及其丰富性，其结果只能是吝啬者的孤独。① 短缺消费同样不利于生产的发展和社会的进步。就乡村而言，勤俭节约被视为乡村的传统美德，但是乡村中存在的短缺消费与勤俭节约的传统有着本质的区别。短缺消费是受客观条件的影响，人们过分压抑自身需求，以达到节制消费的目的。它是一种不得已的限制性消费，是无法满足人的正常生活需要的消费，也是违背人性的消费，因而是一种恶。而节约之人尽管也是对自身欲求有所节制，但他们更懂得珍惜，更有爱心，具有乐观、积极的品质。节约不仅是一种健康文明的表现，更映衬出一种精神追求。实际上，大部分持有短缺消费理念的农民并不认可节俭美德。据“农民认为最重要的美德与农民家庭支出的态度列联表”（表 10）所示，在“农民对家庭支出的态度”一栏中，在认为“要尽可能地少花”的 190 位农民中，仅有 12 人认为节俭美德最为重要。由此也表明，农民消费低并不是节俭的表现。

① 参见万俊人：《道德之维》，广东人民出版社 2000 年版，第 291 页。

表 10　农民认为最重要的美德与农民家庭支出的态度列联表

单位：人

		农民对家庭支出的态度						
		要尽可能地少花	该花的花，不该花的不花	赚得多，花得多，赚得少，花得少	有多少花多少，享受最重要	花钱是为了赚钱	其他	不知道/说不清
农民认为哪个美德最为重要	勤劳	94	152	22	3	3	1	13
	节俭	12	38	5	0	1	2	0
	诚信	34	206	34	1	8	3	8
	宽容	14	27	1	0	2	0	0
	公正	12	35	5	0	1	0	5
	无私	1	3	0	0	0	0	0
	其他	1	5	3	0	0	0	0
	不知道/说不清	22	44	6	0	3	3	9

农民的短缺消费同样会给乡村环境带来不良影响。对于消费能力不足的农民来讲，环境污染的危害同基本生存的需要相比，一定会毫不犹豫地选择后者。这些农民为了尽快从缺衣少食的贫困中摆脱出来，首先想到的是能够吃上饱饭、穿上暖衣、住进可以御寒的房子，而不是乡村环境是否良好，进而对环境污染无动于衷。消费不足会增加人与环境的压力，使得人类对环境资源的掠夺不择手段，不顾后果，从而造成环境破坏。① 据"农民种地使用农药和化肥状况与农民家庭支出的态度列联表"（如表 11）显示，短缺消费的农民使用化肥和农药的人数甚至比适度消费的农民还要多。由此可见，农民的短缺消费同样属于不利于环境保护之恶。

表 11　农民种地使用农药和化肥状况与农民家庭支出的态度列联表

单位：人

		农民对家庭支出的态度						
		要尽可能地少花	该花的花，不该花的不花	赚得多，花得多，赚得少，花得少	有多少花多少，享受最重要	花钱是为了赚钱	其他	不知道/说不清
农民种地用农药和化肥情况	会大量使用	38	78	20	2	7	2	4
	会少量使用	116	318	39	2	7	2	17
	不会使用	24	62	9	0	4	2	1
	不知道/说不清	8	51	8	0	0	3	12

① 洪大用：《关于适度消费的若干思考》，《社会科学研究》1999 年第 6 期。

三、实现乡村消费生态化

纵欲的过度消费与禁欲的短缺消费都属于不利于环境保护之恶。在生态文明新时代，应当倡导合理、适度、健康和可持续的生态消费。作为符合生态伦理要求的生态消费，适度消费符合理性、有节制、多样化消费的需求。适度消费要求人们在“度”的范围内进行适当消费。“度”是事物保持其质与量的界限和范围，要求有分寸、有底线、别过火。适度消费强调对自然资源和生态环境的合理利用，既主张提高生活水平，改善生活质量，满足人们的获得感和幸福感，同时又反对铺张浪费和纵欲无度。

就乡村而言，农民的消费无论是消费过度还是消费不足都是消费的极端形式，都会对乡村生态环境产生不好的影响。农民的消费既不应过度，也不应短缺，而应适度；既不应“纵欲”，也不应“禁欲”，而应合度，这才是符合生态伦理的消费方式。中国古代主张“过犹不及”“执两用中”的观点。古希腊的亚里士多德也秉持“中道”思想。在他看来，“德性是两种恶即过度和不及的中间。在感情与实践中，恶要么达不到正确，要么超过正确。德性则是找到并且选取那个正确。所以虽然从其本质或概念来说，德性是适度，从最高善的角度来说，它是一个极端。”①由此看来，中道就是“适度”“适中”“执中”，具体说来就是“在适当的时间、适当的场合、对于适当的人、出于适当的原因、以适当的方式感受这些情感，就既是适度又是最好的”②。在亚里士多德的思想当中，人的意志有三种状态或品质：“过度”“中间”和“不及”。“过度”与“不及”在亚里士多德看来都是“恶”，唯有中间才是“善”，才是德性③。从现实来看，农民既不能过度消费，又不能短缺消费，应做到“中道”，即适度消费。走向纵欲极端的过度消费是种恶，而走向禁欲极端的短缺消费也是种恶，只有做到适度消费才是善。“把消费限定在一个过于狭窄的范围，就会使人得不到他的资产所允许的满足；相反，过多的豪爽的消费则会侵蚀到不应该滥用的财富。”④适度消费，就

① ［古希腊］亚里士多德：《尼各马可伦理学》，廖申白译注，商务印书馆2003年版，第50页。
② ［古希腊］亚里士多德：《尼各马可伦理学》，廖申白译注，商务印书馆2003年版，第49页。
③ ［古希腊］亚里士多德：《尼各马可伦理学》，廖申白译注，商务印书馆2003年版，第49页。
④ ［法］萨伊：《政治经济学概论》，陈福生、陈振骅译，商务印书馆1997年版，第567页。

是合理、健康、适当的消费，其消费的数量和质量都与客观生态环境状况与资源供应状况相匹配，同时也与当时的经济发展水平与生产力发展水平相适应。从环境与资源的角度来讲，适度消费充分考虑了人与自然之间的关系，严格按照环境承载能力和容量进行消费，有利于生态环境的保护。适度消费是对环境资源的合理利用，是环境道德的本质表现。农民的消费既不应过度以表现“纵欲”之恶，也不应短缺以表现“禁欲”之恶，应当对消费欲望进行合理的表达，走向适度消费之善。适度消费是与乡村客观自然界和乡村经济社会发展水平相适应的一种合理性选择，既吸收了“崇尚节俭”等传统农业文明时期的道德原则，又适应了社会发展的当代道德要求。适度消费不仅是合乎伦理的消费，而且充分考虑了人与自然的关系，是属于按照乡村环境的承载能力和容量所进行的生态消费。这种消费方式较好地处理了人与自然的关系，有助于发挥消费在自然生态系统循环中的调和作用。在生态文明新时代，乡村应倡导适度型的生态消费方式，以与社会经济发展水平相适应。

农民的生态消费即适度消费，有利于保护乡村自然环境，农民适度消费是对乡村环境友好的合理消费的体现。生态消费（适度消费）以获得农民基本需要的满足为标准而不鼓励农民对物质资源的无止境占用，也并非倡导农民过度节制利用自然资源去过禁欲式的生活。农民的适度消费体现为一种生态消费，既不是过度消费，也不是短缺消费，是与乡村生产力水平、发展阶段的生态环境相适应的消费方式。在新时代的乡村，农民的消费既要满足物质生活需要所必需，又要有利于乡村的持续生存与发展。农民适度消费就是符合乡村社会发展健康持续要求的，也是符合乡村生态伦理的善消费。生态消费要求农民在消费活动中，“发展一种使用物质资源的新道德，这应导致产生一种与正在到来的匮乏时代相适应的生活方式。这要求有一种新的生产技术，其基础在于最低限度地使用资源，同时生产寿命长的产品，而不是那种建立在最大限度生产量的生产制。人们应当以节约和积储为荣，而不是以花钱和弃旧为荣”①。农民需要有生态的消费伦理意识，正确认识自身的消费行为可能对社会和自然环境造成的影响，在生态伦理许可的条件下合理选择消费方式，既追

① ［美］梅萨罗·维克、［德］佩斯特尔：《人类处于转折点：给罗马俱乐部的第二个报告》，梅艳译，生活·读书·新知三联书店 1987 年版，第 142-143 页。

求必要的物质消费以满足需要，又以高尚的精神消费陶冶情操。适度消费是农民具有高尚生态道德的体现，是内化生态伦理的现实表现。正如美国学者艾伦·杜宁所言："当大多数人看到一辆大汽车首先想到它所导致的空气污染而不是它所象征的社会地位的时候，环境道德就到来了。同样，当大多数人看到过度的包装、一次性产品或者一个新的购物中心而认为这些是对他们的子孙犯罪而愤怒的时候，消费主义就处于衰退之中了。"①

第五节 城乡生态正义的伦理考量

乡村生态伦理建设与城乡发展关系有着紧密的联系。乡村生态环境出现的困境，不仅需要乡村加强生态环境保护，而且需要从正义的视角审视城乡关系。正义的本质是得其所应得。城乡在发展过程中出现的城市侵占和剥夺乡村环境利益的现象，没有体现城乡发展的得其所应得。城市对于目前乡村的生态环境困境负有不可推脱的直接责任。在生态文明新时代，乡村有无可比拟的存在价值，乡村的生态优势应当被充分挖掘和充分发挥，需要构建符合生态正义价值取向的城乡关系，同时对城乡融合的现实做法加以重新评判。

一、城乡关系的正义透视

所谓正义，其最基本含义是得其所应得，是给每个人——包括给予者本人——应得的本分②。应得可以说是正义概念中的那个正。正就是本体、真实、正确和正当。"应得"表示在资源有限的情况下人们有权利得到。在哲学的视域中，应得是指一个人本应具有的，也是指其行为所导致的后果。在亚里士多德的思想中，正义就是中道、平衡和相称，它不仅意味着应当得其所应得，

① ［美］艾伦·杜宁：《多少算够：消费社会与地球的未来》，毕聿译，吉林人民出版社1997年版，第102-103页。

② ［美］麦金太尔：《谁之正义？何种合理性？》，万俊人等译，当代中国出版社1996年版，第56页。

而且意味着不要去“不义地多得”。“不义地多得”就是人所取得的部分超过了人所应得的部分，就会伤害他人的利益。因而，正义是社会性、政治性的品德，是确立和维护社会秩序的基础。进入契约社会后，社会以契约的形式保障正义的“得其所应得”。罗尔斯认为：“正义的首要主题是社会基本结构，或更准确地说，是社会主要制度分配基本权利和义务，决定由社会合作产生的利益之划分的方式。”①他将正义视作对社会利益的冲突要求之间一种恰当的平衡，并且认为，“正义是社会制度的首要价值，正像真理是思想体系的首要价值一样”②。

正义是社会中的人应当得其所应得，而人应当得其所应当是因为社会资源并非无限地向人类提供，人需要公平合理地分配社会资源。环境是人类获取资源的重要载体，在环境利益的分配上也应当体现“人所应得”的含义，即实现环境正义。自环境正义的研究产生以来，学者们纷纷从种族、平等、承认、参与、能力以及功能等方面进行探讨，虽然很难对环境正义的概念和内涵达成一致，但是普遍认为环境正义是关于环境利益如何公平分配的学说。在环境利益上，体现“得其所应得”与“不得其所不应得”是环境正义的主要考量，环境正义的关键与核心是环境利益的分配正义。温茨认为：“与环境正义相关的首要议题涉及分配正义。”“它的焦点在于，在所有那些因与环境相关的政策与行为而被影响者之间，利益与负担是如何分配的。”③日本学者户田清也从分配正义的角度进行理解：“所谓环境正义的思想是指在减少整个人类生活环境负荷的同时，在环境利益（享受环境资源）以及环境破坏的负担（受害）上贯彻“公平原则”，以此来同时达到环境保全和社会公正这一目标。”④

在城乡发展问题上，也应当体现城市与乡村各得其所应得的环境利益，实现城乡生态正义。城乡生态正义是指，城市与乡村应当各自得到各自应得的环境利益，不应当承担不属于自身所应得的发展环境代价。自然资源与生态环境是一种普惠的社会财富，是实现社会稳定的基本善，也是实现社会公平正义的关键因素，不均衡地分配自然资源就是在破坏公平正义。城乡之间就生

① ［美］罗尔斯：《正义论》，何怀宏、何包钢、廖申白译，中国社会科学出版社 1988 年版，第 5 页。
② ［美］罗尔斯：《正义论》，何怀宏、何包钢、廖申白译，中国社会科学出版社 1988 年版，第 1 页。
③ ［美］彼得・S. 温茨：《环境正义论》，朱丹琼、宋玉波译，上海人民出版社 2007 年版，第 4 页。
④ 韩立新：《环境价值论》，云南人民出版社 2005 年版，第 177 页。

态环境而言应当实现各得其所应得，实现公平分配的正义善。罗尔斯在《作为公平的正义——正义新论》中认为，社会基本善是那些被假定为一个理性的人无论他想要别的什么都需要的东西。那么，自然资源与生态环境很明显是社会成员实现美好生活目标的重要内容，也应当进入社会基本善的视野之中。城乡之间达成公平正义最基本的一点是要维护好生态环境这一基本善。城市应当依托城市的生态环境发展自身优势，乡村也应当以乡村生态环境为基础实现自身发展。侵袭任何一方的生态环境都是在破坏社会基本善，就是城乡生态非正义。要达成城乡生态正义，城乡之间不应当以一方的牺牲生态环境为代价获取另一方的发展，城乡应当共同守护好城乡的生态环境，正义地共生共荣。

二、城乡非正义批判

以城乡生态正义的视角为参照反观当前中国的城乡关系，可以看出，我国城乡之间存在着严重的生态非正义现象。这种城乡非正义严重地危害着乡村环境和农民的身体健康，没有体现出城乡之间关于环境资源的"得其所应得"之正义，更没有实现城市与乡村共生共荣之善。

城乡非正义很明显地体现在城乡与工农之间的"剪刀差"上，城市与工业靠盘剥乡村和农业资源而获得自身发展。根据国务院农业发展研究中心1986年推算和温铁军引用，1953—1978年计划经济时期的25年间，工农业产品价格"剪刀差"总额估计在6 000—8 000亿元。而到改革开放前的1978年，国家工业固定资产总计不过9 000多亿元。因此可以认为，中国的国家工业化的资本原始积累主要来源于农业①。尽管不同学者的计算方法不尽相同，计算的具体数据也有所出入，但结论几乎是一致的，中国工业化的原始积累来自农业，是以牺牲农民的利益为代价的。"三农"之所以成为中国社会的核心问题，根本原因在于中国的工业化进程是靠从"三农"提取剩余来完成原始积累的，"三农"对国家的工业化作了巨大的贡献。② 城乡"剪刀差"是城乡之间非正义

① 温铁军：《中国农村基本经济制度研究》，中国经济出版社2000年版，第177页。

② 温铁军、杨海霞等：《对话温铁军：三农问题与中国道路》，《中国投资》2013年第11期。

的体现，它没有体现城乡之间资源利用的各得其所应得，反而是城市获得了“其所不应得”的部分，而乡村失去了“其所应得”的部分。

目前，我国城乡生态非正义还体现在乡村承受了大量的城市污染和环境风险转移，广大乡村往往被视为城市的“公地”而频繁遭遇“公地悲剧”之痛。主要表现就是，乡村被当作“公地”遭受着城市不同程度和不同方面的污染转移。城市对乡村的环境污染转嫁，又突出地表现为城市工业生产直接将污染转移到农业生态环境之中，尤其是城市重污染企业转移到乡村。伴随城市环境保护的加强，为改善城市环境，城市向农村转嫁生态污染成本，将一些高能耗、高污染的企业转移到了乡村，从而也把环境污染与伤害非正义地带给了农民。可以说，农业在为工业发展输送大量“营养”的同时，农业也为工业牺牲了良好的生态环境，使得农业优质耕地减少，土壤有机质严重下降并且毒化严重。伴随着城市将工业生产的污染转移到农村，城市的生产和生活垃圾也在大量转嫁到乡村。就垃圾填埋而言，不仅会占用大量乡村土地，而且很多有毒化学制品也会严重污染农田。

愈演愈烈的城乡“剪刀差”以及城市向乡村转移污染，实质上是城乡之间资源不公平分配所致，没有体现资源与环境方面的“各得其所应得”的生态正义。城市为了自身的发展而不均衡地占有其所不应得的乡村资源，直接向乡村环境转移污染、破坏乡村生态环境的行为是破坏社会公共环境这一社会发展的基本善，它直接地造成了城乡环境之间的非正义。基于城乡生态正义的视角，城市为了自身的发展不正当地占有不应得的乡村资源，从而造成城乡发展失衡与城乡生态非正义，这不是公平的城乡发展模式，也不是新时代城乡共荣共生的良序模式。

三、城乡生态正义指向

在正义的视域下，城市与乡村的发展应当各得其所应得，各自保留各自的特色与优势，做到共生共荣。城市是工业文明的伟大结晶，乡村是生态文明的开路先锋，在现代化的征途上，我们既需要汲取工业文明的先进成果，同时又要克服工业文明中人与人、人与自然的矛盾，迈向生态文明新时代。城市与乡村，在工业与生态上有着各自的优势，两者应当共生共荣，同时保留城市与乡村各自的特色，各自按照各自所应当的特点发展自身。城乡应当有明确的分工，应当获得各自所应当的发展。城乡生态正义的指向是，生态文明时代乡村的最大优势是生态，城乡在发展过程中应充分确保、发扬乡村的生态优势，城市不应当以发展工业为名肆意侵袭乡村的生态环境。保护好乡村生态环境对于振兴乡村以及构建公平的城乡关系，实现城乡生态正义都具有积极的促进作用。

在生态文明新时代，生态文明的抓手在乡村，乡村在国家生态文明建设中占有举足轻重的地位。在大城市人满为患、环境质量越发糟糕且物价高昂之时，人们普遍认为乡村的生活质量会高于城市，乡村的美好生态环境可以满足人们的生态需求，乡村逐渐被人们重新认可和向往。长期以来，由于技术发展和制度创新方面的落后，与发达国家和我国发达地区相比，我国农业、农村发展相对滞后，这是我国农业进一步发展的瓶颈所在，但从另一个角度来看，恰恰是这种滞后，使中国农业保留了良好的生态环境，从而为发展生态文明的现代农业留下很好的基础。[①] 面向生态文明新时代，一方面，乡村可以凭借得天独厚的亲近自然、顺应自然的生态优势，利用有机农业、绿色农业和循环农业等生态的生产方式发展生态农业。在我国，随着国家和人民群众对食品安全的日益重视，生态农产品将具有十分广阔的市场潜力和极大的经济效益。另一方面，乡村可以利用人与自然和谐亲近的生态生活方式和消费方式发展生态服务业，为城市居民提供绿色的开放空间，为城市建设美丽的休闲娱乐后花园。在生态文明的逻辑之下，人们对环境保护的重视和对绿色生活的追求越来越强烈，乡村优美的环境适合旅游业和养老业等第三产业发展。随着服务业在中国全面发展，乡村的生态优势将促进乡村第三产业的蓬勃发展。

由此而论，建设乡村与建设城市应当是平等的，需要公平地加以对待。乡村生态优势的发挥有利于构建公平的城乡关系。乡村生态农业与生态服务业能够顺应生态时代的要求，促进乡村经济发展和乡村的社会认同度，提高农民的经济收入和社会地位，从而缓解城乡“剪刀差”，让农民与市民在共享现代化

① 林卿、张俊飚：《生态文明视域中的农业绿色发展》，中国财政经济出版社 2012 年版，第 148 页。

的美好生活，实现乡村与城市的协调同步发展。在此过程中，乡村的生态价值得以充分挖掘和提升，乡村也可以在与城市的物质和服务交流与交换过程之中，借鉴和吸收城市的先进科技和管理。同时，乡村发展起生态优势可以让城市补足生态上的短板，满足城市居民对于生态食品、生态服务的需求。在保护乡村生态环境、协助发展乡村生态农业和生态服务业的过程中，城市可以得到乡村的生态产品、生态服务和生态理念，与自然疏离的城市能够重新拥有良好的生态环境，被工业和钢筋、水泥所笼罩的城市也能够有亲近自然、体验绿色生活的空间。城市会切身地感受到"一个有小农存在的世界要比没有小农的世界更加美好[①]"。以现代都市的标准衡量，偏远山村就是穷乡僻壤，但若以另外一种生活方式看待，这就是宝山一座，有世间所稀有的难寻之物。城市与乡村与其在文化上苦苦寻求一致，还不如各自焕发精彩，也就是让不同追求的人各取所需，得其所哉。[②] 由此而言，乡村的生态优势应当是在生态文明时代所应充分发挥的，乡村的生态环境不容任意践踏，良好的乡村环境是乡村所应得的自身特色与发展优势。乡村借由其生态优势可以获得与城市同样的道德尊严与社会地位。城市的经济发展与工业发展不应当以破坏乡村生态环境为代价，城市应充分发挥其工业优势，同时要保证乡村可以充分发展其生态优势，保护乡村亲近自然、顺应自然的特殊性，还乡村以宁静、和谐、美丽，如此才是城市与乡村之间体现"得其所应得"的公平的城乡关系。

保护好乡村生态环境同时也是在促进城乡生态正义的实现。构建良好的乡村生态环境是创造最公平的生存和发展的家园，是在为市民和农民等全体社会成员构建诗意的栖息之地。保护乡村生态环境，让乡村不受城市的侵袭和污染转移，让乡村拥有清新的空气、干净的水源、安全的食品、丰富的物产、优美的景观，就是保证了城市和乡村共同生存和发展的美好希望。生态环境的好坏决定着社会公平正义的实现与否，乡村生态环境的好坏也直接关系到城乡正义的实现与否。因此，保护与改善乡村生态环境就是确保城乡社会公平正义的体现。人与自然关系的好坏决定着社会中人与人的关系的好坏。当

---

① ［荷］范德普勒格：《新小农阶级》，潘璐等译，社会科学文献出版社 2013 年版，中译者序第 24 页。

② 王君柏：《乡土与现代之间》，知识产权出版社 2018 年版，第 89 页。

乡村生态环境不再作为城市谋取自身发展的对象而是成为受到保护的宠儿的时候，乡村生态环境的交换价值之手段功能就会回归于使用价值之目的作用，人与自然便可实现根本的和谐，城市与乡村之间的剥削利用关系便不复存在。当工业时代人对自然的控制意味着对人的控制和压迫时，推翻人对自然的控制以实现人与自然和谐共处，也就解除了人对于人的控制和压迫。解放了的自然将从人的掠夺中解脱出来，在使自然的潜能得以解放的过程中，人使其自身的潜能也获得解放，能够实现人与人、人与社会的和谐共处。生态社会主义认为，追求社会公平的视角应当从“分配正义”转向“生产正义”。当以生态学眼光关注生产过程的正义、在实现生产与自然的和解之后，社会正义也就到来了。良好的生态环境有利于实现人与人关系的和谐稳定。在生态文明时代，乡村生态环境是城市与乡村居民都非常需要的栖息地，是城市与乡村借以生产力实现社会发展与进行资源分配的调节器。生态文明理念下乡村生态环境的改善就意味着乡村社会民生的改善，也就意味着城乡非正义的解除。保护乡村自然生态，构建美好的乡村人居环境，改善人与自然的关系，能够促进乡村与城市之间人与人的和谐相处，进而促进城乡社会公平的实现。一个公平的社会，是人人可以享有同等的机遇和权利以达到最终资源分配上均衡的社会。而实现社会的公平，就必须要保证社会全体成员具有栖息在美好自然环境中平等的生存和发展的权利。生态文明时代，城乡居民更加注重的是生态化的生存与发展，需要的是诗意的栖息地。乡村沁人心脾的空气、绿色有机的食品、清澈洁净的水源、环境优美的景观，全都展现了明显的普惠性和公平性，是保证人们生态地生存和发展的美好公共产品。因此，构建良好的乡村生态环境，就是在为城乡居民创造最公平的生存和发展的家园，就是在为城乡社会全体成员营造诗意的栖息之地，就是在为城乡居民供给最普惠的民生福利。

四、城乡融合的正义思考

当今中国乡村发展，城乡融合是学术界探讨的热点话题。城乡融合是指相对发达的城市和相对落后的农村，打破相互分割的壁垒，逐步实现城乡经济和社会生活紧密结合与协调发展，逐步缩小直至消灭城乡之间的基本差别，从而使城市和乡村融为一体。可以说，城乡融合可以有效打破长期的城乡分离与城乡对立，对于促进城市与乡村的良性互动具有积极意义。

城乡融合是对于长期城乡之间的分离与对立的超越，有其重要的进步意义。在市场经济和工业化兴起之后，城乡的区分逐渐显现，城乡之间产生对立是社会发展的必经过程。在城乡出现分离与对立之后，特别是人类迈入工业文明的门槛以后，城市作为了社会发展的主宰而存在，乡村走到了社会的边缘位置。现代性让城市成了时代的宠儿，乡村逐渐被边缘化成了城市的附庸。就我国乡村发展而言，改革开放之后，乡村的经济社会发展取得了前所未有的成绩，农民的生活水平站在了有史以来的新高度。但是乡村和城市的对立与横向差距越来越大。我国城乡间的对立又加速了城市工业社会的集中发展，城乡生产生活状态的分裂已经不可阻挡，正如马克思指出的，“城市已经表明了人口、生产工具、资本、享受和需求的集中这个事实；而在乡村则是完全相反的情况：隔绝和分散”[①]。所以应当“把城市与农村的生活方式的优点结合起来，避免二者的片面性和缺点”[②]，实现城市与乡村融合发展。在马克思看来，城乡融合不仅是城乡关系的理想状态，而且还是实现共产主义社会的必要条件。

但是，我国当前在实现城乡融合的过程中存在着过于重视城市而忽视乡村的现象，城市与乡村的一体化走向了以城市的方式建设乡村和改造乡村的城乡趋同化方向。目前的城乡融合的普遍做法是建设小城镇以吸收农村剩余劳动力，以此实现城市与乡村之间的要素流动与资本互动。目前学术界关于城乡融合的探讨也大多局限于以城市取代乡村的城乡一体化方式，找到的路径有这样两条：一条路径是城市化，让更多的农村流动人口转变为市民，让他们享受城市文明，缩小农村人口规模。如陆学艺认为，解决农村问题的最好办法是减少农民人数。林毅夫也认为，我国城乡发展之间的不协调是因为农村的发展水平低，农民的收入低下。要长期增加农民的收入就要创造一个农村劳动力逐渐、大幅度地转移到城市来的政策环境。[③] 另一条路径就是让农村建

① 《马克思恩格斯文集》第1卷，人民出版社2009年版，第556页。
② 《马克思恩格斯选集》第1卷，人民出版社1995年版，第240页。
③ 张腊娥、朱淀等：《城镇化与城乡融合》，黑龙江人民出版社2011年版，第68页。

设得更像城市那样好，让农村纳入城市高度发达的产业发展链条中。现实中，许多地方政府都按城市的标准去改造、建设新农村。① 当前城乡融合实质上是乡村小城镇化，是以乡村需要被城市改造，甚至需要被城市取代的思路在实现城市与乡村的趋同化，以城镇化的标准“建新路、建新楼、建新村”是当下现实中农村建设的普遍做法。这种做法实际上是打着“消灭城乡差别”的旗帜在斩断“乡土文化”之根。总而言之，当下乡村建设的隐性主题在一定意义上可以说是“驱逐”农民②。

以建设小城镇为核心的城乡融合在现实中的做法是在逐渐消灭乡村，这非但不能从根本上解决城乡之间的对立从而实现乡村现代化，反而有可能会给乡村带来新的压迫。乡村是人类最古老的生产聚落。然而，原本有着优美的田园风光和悠久历史、灿烂文化的乡村，却会在城乡融合之中丧失属于自己的优势。在城乡融合发展的理念下，乡村会在城市面前失去本真自我，将会失去存在的价值，只依附于城市的发展轨迹，任由城市与现代工业体系侵袭和摆弄。在这一过程中不仅乡村自身优势得不到发展甚至是被消灭，而且城市也难以独善其身，将受到加剧的食品危机和城市危机的伤害。③ 在城乡生态正义的视域下，城市与乡村应当各自按照自身的优势发展自身，乡村应当充分发挥其生态优势。现阶段，如果走发展小城镇的城乡融合道路，乡村会在新型工业化和城市化的浪潮下逐渐丧失其自身的生态优势和特色，导致乡村环境可以合理地被城市工业文明所占用。城乡融合的发展模式是西方的城市化发展模式的延伸。应当指出，这一发展模式不能在泯灭乡村的生态优势和特点，或者让乡村完全仿照城市化模式的情况下来推进，否则它将不适合中国国情。西方国家由于城市人口比重大可以让城市吸纳乡村人口，但是我国是农业大国，农民比重多于市民，所以让城市完全接纳乡村是不现实的。环境污染、生态破坏、人口拥挤、交通堵塞等城市病便是我国试图以城市替代乡村不当模式之明证。城市与乡村的共生共荣不是以城市消灭乡村，而是城市在繁荣的同时，乡

① 王春光：《超越城乡——资源、机会一体化配置》，社会科学文献出版社 2016 年版，第 24 页。

② 申端锋、王孝琦：《城市化振兴乡村的逻辑缺陷——兼与唐亚林教授等商榷》，《探索与争鸣》2018 年第 12 期。

③ 练新颜：《食我所爱：城市发展和农业工业化的哲学反思》，中国政法大学出版社 2018 年版，第 186-187 页。

村也在保留美丽。习近平总书记指出:“搞新农村建设要注意生态环境保护,注意乡土味道,体现农村特点,保留乡村风貌,不能照搬照抄城镇建设那一套。”①

乡村的自然生态价值、旅游欣赏价值、传统文化价值等是如今生态时代下城市所缺少的,也是城市人所向往的。城市人虽然离开了农村,但是他们的根还在农村。按照城市的理念建设乡村,将乡村原貌破坏,甚至把乡村连根拔起换成城市的模样是不适合中国国情的。城市需要乡村作为生态乐园和文化家园,市民需要留住乡村,需要留住乡愁。城市的发展理念可以是工业的,乡村的发展逻辑应当是生态的,美丽的乡村需要城市去呵护,需要把乡村建设得更像乡村,而不是按照城市的模子刻画乡村。在生态文明新时代,乡村有其不可忽视的生态优势,乡村应当成为宁静、和谐、美丽的花园。通过乡村生态环境这一纽带,城市与乡村不会再是一大一小、一高一矮、一近一远的隔阂式发展,而是可以实现公平地协调互利和有效地互动交流、进而实现社会整体进步的发展。合乎生态伦理与城乡生态正义指向的城乡发展模式应是,城市与乡村在人与自然和谐互动、共荣共生之中达成环境正义。就目前中国而言,走建设小城镇道路以消灭乡村不如大力振兴乡村,让乡村以其优美的环境充分展现自身的存在价值,这是乡村应获得的发展模式,也是城乡之间生态正义的价值指向。工业文明将山水移出城市,生态文明要将山水纳入城市。在工业社会的城市,自然要么被赶出城市,要么边缘化。在生态文明时代,不止是要将自然请回城市,而且更重要的是要让自然居于中心的地位。② 习近平总书记在2013年中央城镇化工作会议上指出,要把城市放在大自然中,把绿水青山保留给城市居民,“不要花大气力去劈山镇海,很多山城、水城很有特色,完全可以依托现有山水脉络等独特风光,让居民望得见山、看得见水、记得住乡愁”③。在生态文明时代,城市与乡村之间的融合发展不应只是城市唱独角戏,乡村也需要以生态优势在新时代绽放其美丽的光彩,这才是合乎城乡生态正义之善。

---

① 《十八大以来重要文献选编》(上),中央文献出版社2014年版,第683页。

② 陈望衡:《环境美学》,武汉大学出版社2007年版,第403页。

③ 《习近平关于社会主义生态文明建设论述摘编》,中央文献出版社2017年版,第48-49页。

第五章

中国乡村生态伦理主体建设

乡村生态伦理在从理论走向实践的过程中，应引导农民自觉自愿地发展自身的才能、施展自身的力量并转向实施生态化，促进乡村生态伦理发挥其伦理道德的价值作用。中国乡村生态伦理应明确农民的主体地位，不断充实农民的精神世界，全面提高农民的综合素质，激励和促进农民主体实现“生态觉醒”，让农民不再逃离家乡，真正获得主体性价值满足，认同自身作为农民的身份并能得到社会的尊重，让农民能够以自己成为农民而自豪。

第一节 农民是中国乡村生态伦理的主体

马克思主义的伦理学是人的伦理学。在马克思主义的视野内，无论是理论研究还是实践活动，都是为了人，忘记了人就丢失了根本。马克思主义始终以人民为中心。就人及其所处的社会来讲，人是最为重要的，人始终是社会的主体。社会的发展是实现人之发展的手段，社会发展的根本目的是满足人的需要、实现人的发展，否则社会的发展就失去了意义。就农民及其所处的乡村来讲，农民是乡村的主体，乡村是身处其中的农民之乡村，乡村发展应始终体现居于其中的农民主体性的发展。只有构建以农民为本的乡村生态伦理，才能保证作为乡村主体的全体农民在共建共享中不断增强获得感、幸福感和满足感，从而实现农民的全面发展和乡村社会的不断进步。

一、谁之乡村？为谁振兴？

乡村是农民的乡村，农民是乡村的主体，乡村的任何建设都应以农民为中心。我国农村地域辽阔、差异很大，乡村的建设与发展很难找到统一的模式。新时代振兴乡村，不仅要从农民的需要和愿望出发，也要考虑到各地区人力、物力、财力、资源和文化特性等实际情况，找到适合乡村自身建设与发展的类型和方式，而其中最为根本的是始终坚持农民的主体地位，发挥好农民的主体作用。然而，纵观百年中国乡村建设实践，建设主体可谓轮番登场，却唯独没有农民的身影。这期间，各种乡村建设类型主要有：

以地方乡绅和实业家为主体的乡村自救。第一次鸦片战争后，历经多年的内忧外患，中国传统的农村经济和小农乡土社会濒临崩溃。20世纪初，以地方良绅和实业家为主导，在不同范围内自发形成了“自下而上”的挽救乡村、探索地方自治的社会改良运动。这场运动的最终目的，是通过乡村自救来维护当时的社会制度和秩序，稳固地方乡绅作为权贵阶级的统治基础，带有强烈的阶级局限性。乡绅是本地的统治者阶层的代表，需要为自身阶级利益代言；而以“实业救国”为己任的实业家，由于自身所处时代的限制，也没有找到解决乡村问题的良方。这场乡村自救运动虽然取得了一定的成效，但其影响力却非常有限。

以知识精英和开明人士为主体的乡村自治。20世纪20至30年代，以知识精英和开明人士为主要倡导者，发起了一场旨在以乡村教育、乡村改造、乡村建设来解决中国出路和前途问题的乡村建设运动。其中，梁漱溟的“邹平模式”、晏阳初的“定县模式”和卢作孚的“北碚模式”最具代表性。他们主张“村治”“乡村自治”“平民教育”等思想，认为乡村是最缺乏教育的地方，乡村建设应当通过兴办“乡学”“村学”，对广大村民进行“教化”和改造，以提高他们的品行与素养，塑造出新式农民来挽救衰败的乡村社会。在特定的历史环境中，“知识分子推动的乡村建设运动，只能建立在既有知识框架下，对乡村问题作出判定，进而开出药方，再身体力行为乡村‘疗伤’，固然能取得一定成绩，但知识分子推动的乡村建设运动，后来被梁漱溟承认是‘自己运动、乡村不动’，由外到内的‘疗伤’也许并未精准治疗在病灶上”①。并非生发于乡村的知识分子，没有真正地掌握身处乡村之中的农民所关注的问题，因而无法适当整合资

① 周立：《乡村振兴战略与中国的百年乡村振兴实践》，《人民论坛·学术前沿》2018年第3期。

源以作出切实有效的行动。[①] 由于各方面的局限性，这场乡村自治运动也无法真正促成乡村建设。

以行政力量为主体的乡村建设和发展。我们党是中国农村革命和建设的引路人。新中国成立前，我们党以为农民分配土地为发端，开展了土地改革运动。新中国成立以后，我国又开展了农业合作化运动、人民公社化运动以及实行家庭联产承包责任制和新农村建设。这期间，国家对农村实行了一系列的改革举措，促进农村建设在曲折中不断发展，推动农村社会和城乡关系发生了深刻变革。但值得深思的是，与城市日新月异的发展和繁荣相比，不少乡村呈现的却是清冷凋零之势，农村的“空心化”问题以及生态环境问题日渐突出，城乡收入差距不断拉大，农业农村现代化明显滞后。在以往农业农村建设与发展的过程中，“国家主导”和“行政推动”的色彩体现得比较充分，政府不仅承担了主导之责，有时甚至是包办代替，而农民则始终居于从属、被动的地位。乡村问题的核心之一是农民，但从现状来看，政府方面、行政力量似乎成了乡村振兴的“代言人”。这样做，虽有可能在短时间内改善农民的生存状况，但长期来看，“国家主导”和“行政推动”很难从根本上解决农民的问题。

以资本为主体的资本下乡运动。2013 年中央提出，鼓励和引导城市工商资本到乡村发展适合企业化经营的种养业。此后，越来越多的城市工商资本涌入乡村，并通过土地流转等方式进行现代农业生产活动。有学者认为，“资本下乡是政策推力、乡村拉力、逐利动机等多重因素的共同作用下产生的结果”[②]，这一措施可谓激活了传统生产要素，培育和发展了乡村的新型经营主体和经营方式。但应指出，目前的资本下乡还处于运作不够有序、流入不够规范的阶段，甚至某种程度上积累着农业农村发展的风险。目前，流入企业的承包地面积年均增速很快，加重了下乡资本长时间、大面积租赁农地的趋势，一些乡村耕地出现了“非粮化”“非农化”倾向。另外，一些下乡资本缺乏种地经验，对农产品价格波动的风险抵御能力不足，当遇到农产品价格下降、收不抵支时，这些下乡资本常常出现毁约弃耕的行为。事实表明，乡村建设和发展完全

① 赵旭东：《乡村成为问题与成为问题的中国乡村研究——围绕“晏阳初模式”的知识社会学反思》，《中国社会科学》2008 年第 3 期。

② 赵祥云、赵晓峰：《资本下乡真的能促进“三农”发展吗？》，《西北农林科技大学学报》（社会科学版）2016 年第 4 期。

依靠资本的力量具有很大的风险性，农民在强大的资本面前往往显得无能为力。

纵观百年乡村建设，各派主体真是“你方唱罢我登场”。应明确的是，农民始终是乡村的主体，乡村振兴是为了农民的振兴，振兴乡村需要紧紧依靠农民。百年中国乡村建设实践，无论是“非政府”力量的推进，还是国家行政力量的主导，归根结底，其基本的动力来源都来自乡村外部，而忽视了作为乡村主体的农民的真正需求和内心愿望，忽视了农民主体作用的充分发挥。在乡村建设中，要取得农业农村现代化的良好效果，切实把乡村建设与发展落到实处，必须始终依靠农民。马克思主义始终以人民为中心。马克思指出：“全部历史是为了使‘人’成为感性意识的对象和使‘人作为人’的需要成为需要而作准备的历史。”①马克思这里所说的人，不是孤立的单个人，而是现实的人，这些人“不是处在某种虚幻的离群索居和固定不变状态中的人，而是处在现实的、可以通过经验观察到的、在一定条件下进行的发展过程中的人”②。马克思始终把“现实的人”作为研究的出发点与落脚点，把人的彻底解放与自由发展作为思想理论的根本价值目标。“在社会中进行生产的个人，——因而，这些个人的一定社会性质的生产，当然是出发点。”③“现实的人”是社会发展的出发点与落脚点，“现实的农民”也应是乡村发展的出发点与落脚点。乡村是农民的家园，农民是自己家乡发展的主体力量和根本依靠。乡村发展应当紧紧围绕农民的价值诉求和价值满足、推动实现农民对美好生活的向往与追求来进行，绝不能忽略农民的主体地位，绝不能漠视农民的需要和愿望。就一个社会来讲，身处其中的人的进步、人的发展是社会进步的最高目的。每个人全面自由的发展是评价社会进步的最高尺度或最高标准。④ 就乡村而言，乡村发展的根本所在应是身处其中的农民按照其意愿与追求实现他们个人能力与综合素养的提高。如果乡村发展仍旧是被裹挟、农民仍旧是“被推动”“被提高”“被幸福”的话，那么这种发展不仅是一种不符社会发展规律的反发展，也是一种有违伦理道德的恶行为。

---

① 《马克思恩格斯全集》第 3 卷，人民出版社 2002 年版，第 308 页。
② 《马克思恩格斯选集》第 1 卷，人民出版社 1995 年版，第 73 页。
③ 《马克思恩格斯选集》第 2 卷，人民出版社 1995 年版，第 1 页。
④ 李秀林等：《辩证唯物主义和历史唯物主义原理》，中国人民大学出版社 2004 年版，第 327 页。

调研发现(如图 12 所示),对于乡村发展的事务的决策上,有 16%的村民认为村中事务是村干部自己决定的,所占比例虽然不大,但是只有 46%的村民认为村里事情是由村民开会自己讨论后决定的。这表明,目前部分村民不拥有村庄事务的决定权。图 13 所示的七个村庄村民对“有关乡村发展的事情,你们村一般如何解决?”问题的具体回答状况显示,中西部的辘辘村和下聂村两村的村民认为,村干部自己决定村庄发展事情的比例在 30%左右。

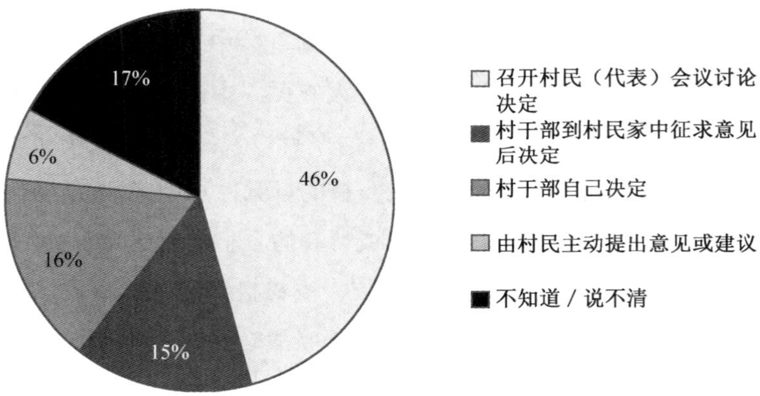

图 12　村民对于“有关乡村发展的事情,你们村一般如何解决?”的回答

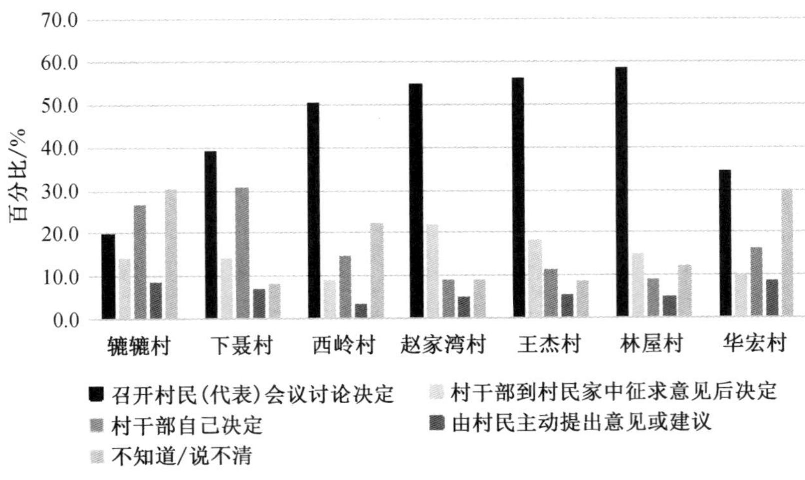

图 13　七村庄村民对“有关乡村发展的事情,你们村一般如何解决?”的回答

乡村发展的主人翁必须是而且始终应当是农民。农民是乡村生命力之所在，也是乡村发展的最基本动力，农民在乡村发展中不应当被边缘化。乡村振兴应当坚持农民的主体地位，充分发挥农民的主体作用，这是走出一条中国特色乡村振兴之路的关键所在。乡村振兴要依靠亿万农民，它是亿万农民参与的振兴，也是让农民获得利益的振兴。仅仅依靠强力式的扶贫，或者输血式的扶贫，既解决不了乡村发展的根本问题，也缺乏持久、深厚的人文伦理基础，不是一种恰当的、合乎德性的善。“农民是乡村的主体，没有农民的参与、投入及由此带来的观念转变，乡村发展便失去了根基。”①中国革命依靠的是广大农民，现代化建设、乡村振兴同样要依靠广大农民。中国农民有着巨大的创造性，乡村振兴应充分挖掘农民的内生力量，坚持以农民为本，承认和尊重农民的主体地位和首创精神，激发他们建设乡村的自觉性和创造性，使他们对自己的家乡建设有着共同的思维和情怀，形成特有的乡土文化认知，从根本上助力乡村振兴，进而促进乡村社会的全面发展。乡村振兴必须尊重农民的主体地位。2018 年中央 1 号文件《关于实施乡村振兴战略的意见》将尊重农民主体地位作为实施乡村振兴战略的基本原则之一，明确指出：“充分尊重农民意愿，切实发挥农民在乡村振兴中的主体作用，调动亿万农民的积极性、主动性、创造性，把维护农民群众根本利益、促进农民共同富裕作为出发点和落脚点，促进农民持续增收，不断提升农民的获得感、幸福感、安全感。”②2019 年中央 1 号文件《关于坚持农业农村优先发展做好“三农”工作的若干意见》进一步指出：“发挥好农民主体作用。加强制度建设、政策激励、教育引导，把发动群众、组织群众、服务群众贯穿乡村振兴全过程，充分尊重农民意愿，弘扬自力更生、艰苦奋斗精神，激发和调动农民群众积极性主动性。”③

乡村中沉淀着国家和民族最本质、最真实的一面。它蕴含的文化扎根于土壤环境之中，表现在生活方式之上。这份“巨大”与“原生”不仅是财富，也是建设与发展中的难点。乡村振兴是满足农民对美好生活向往的一种手段，同

---

① 王露璐：《谁之乡村？何种发展？——以农民为本的乡村发展伦理探究》，《哲学动态》2018 年第 2 期。

② 《中共中央国务院关于实施乡村振兴战略的意见》，人民出版社 2018 年版，第 7 页。

③ 《中共中央国务院关于坚持农业农村优先发展做好“三农”工作的若干意见》，人民出版社 2019 年版，第 27 页。

时更是一种目的。它要求通过乡村社会的物质文明、精神文明、政治文明、生态文明和社会文明的全面振兴，促使农民过上美好生活。在这个目标实现的过程中，离不开农民的参与。乡村振兴更需要的是农民自下而上变“强力”为“内生”、变“输血”为“造血”的革新。从某种意义上讲，农民的参与既是乡村振兴的基本动力，也是乡村振兴的根本依靠，农民是乡村振兴的参与者、创造者、推动者、受益者。一切的人力、物力、财力都应围绕着乡村、农民来实现振兴，而不能使乡村振兴异化成为“振兴”而振兴，正如“安息日是为人设立的，人不是为安息日设立的”所蕴含的道理是一样的①。

综上，实施乡村振兴战略，是一项系统性工程，需要政府、市场、社会和农民多方参与，形成强大合力。政府主导顶层设计，市场有效配置资源，社会各界合力帮扶，落实行动则需要依靠广大农民。所以，乡村振兴应当形成既发挥乡村自身优势又符合现代化要求的内源式发展方式，调动亿万农民建设家乡的积极性和创造性，激活乡村振兴内生动力，确保农民内生主体力量的充分发挥。总之，推动乡村振兴，应把保障农民主体地位、发挥农民主体作用摆在突出位置，把广大农民对美好生活的向往化为乡村振兴内生动力。

二、立法者与守法者的统一

就农民及其所处的乡村来讲，农民是乡村生态伦理的主体。据此，农民应是乡村生态伦理规范的制定者和执行者，即农民应是乡村生态伦理之立法者与其守法者的统一，这样才能保证乡村生态伦理的有效实施和贯彻执行。康德认为，要想让道德成为人人都愿意遵守的准则，必须要依据道德主体的意志自律。没有理性存在者的意志自律，就不能有道德。“意志自律是一切道德律和与之相符的义务的唯一原则；反之，任意的一切他律不仅根本不建立任何责任，而且反倒与责任的原则和意志的德性相对立。”②而要让主体意志自己按照自己的规律对自己加以规范，道德就必须具有普遍性。“只有从意志的自由出发，才能建立真正的道德律，也只有体现为道德律的意志才是真正自由的意

① ［美］德尼·古莱：《发展伦理学》，高铦等译，社会科学文献出版社 2003 年版，第 21 页。

② ［德］康德：《实践理性批判》，邓晓芒译，人民出版社 2003 年版，第 43 页。

志，自由与道德律作为意志的自律，无非是一个东西。”①道德律最为彻底的贯彻方式，就是人是道德的立法者的同时，也是道德的守法者。只有让立法与守法相统一才能让主体意志自律具有可能性。如果立法者将所立之道德外在的施加给守法者并命令其去遵守，那么守法者就不能拥有遵守道德律令的积极性。理性存在者作为道德的立法者与道德的守法者实现统一的根基，应当是道德具有广泛适用于一切理性存在者的普遍性。在康德看来，符合他所规定的道德律的特征的道德律只有一条，那就是“要这样行动，使得你的意志的准则任何时候都能同时被看作一个普遍立法的原则”②。道德律需要“不仅对于人，而且一般地，对于一切有理性的东西都具有普遍的意义；不但在一定条件下，有例外地发生效力，而且是完全必然地发生效力”③。

乡村生态伦理作为农民遵循的乡村生态“道德律”，同样应具有让每个农民都可以遵守的普遍性，否则它就不具有让农民自觉遵守的可能性。这要求乡村生态伦理不应是强制农民遵循那些强加于他们的外在规制，而应是农民自己量身制定出来的、有助于实现农民对美好生态生活的向往与追求的、具有普遍意义的生态道德规范。这就内在地规定了乡村生态伦理应以农民的价值理念为根据。“每个有理性东西的意志的观念都是普遍立法的观念。按照这项原则，一切和意志自身普遍立法不一致的准则都要被抛弃，从而，意志并不是简单地服从规律或法律，他之所以服从，由于他自身也是个立法者，正是由于这规律，法律是他自己制订的，所以他才必须服从。”④就是说，要让每个理性生命被普遍法则所束缚，就必须保证他自身是这个普遍法则的立法者，同时又是该法则的执行者。因为只有这样，才能保证每个理性生命必须去服从这个普遍法则。这是理性生命意志自我立法的自律原则。农民是具有主体意志的理性存在者。乡村生态伦理是农民意志的产物，他们应当既是乡村生态伦理规范的制定者，也应是乡村生态伦理规范的执行者。否则，农民就构不成乡村生态伦理的主体，农民就会缺乏遵守生态伦理规范的积极性和自觉性。要让农民成为乡村生态伦理的主体，就应确保农民既是乡村生态伦理规范的立法

---

① 杨祖陶：《德国古典哲学逻辑进程》，人民出版社 2016 年版，第 82 页。
② [德]康德：《实践理性批判》，邓晓芒译，人民出版社 2003 年版，第 39 页。
③ [德]康德：《道德形而上学原理》，苗力田译，上海人民出版社 1986 年版，第 58 页。
④ [德]康德：《道德形而上学原理》，苗力田译，上海人民出版社 1986 年版，第 51 页。

者，同时又是乡村生态伦理规范的守法者，这就要求乡村生态伦理必须具有适合于农民的普适性。当农民能够以乡村生态伦理的立法者的姿态服从乡村生态伦理法则的要求时，才能够拥有将乡村生态道德规范内化于心、外化于行的积极性和主动性，促使他们形成生态自觉。

鉴于农民在乡村社会生产与生活方面有着自己的利益，而这种利益有可能与保护环境相冲突，因此乡村生态伦理规范也可以由政府先行提出。但是，即使政府为农民提出了生态伦理要求，也需要内化为农民的自我意识，成为农民的生态自觉。政府可以起到监督的作用，发挥必要的"他律"作用，而不能完全包办代替。实现生态伦理要求，是农民内在的"自律"与外在的"他律"相统一。康德指出，在每一个理性存在者成为一个普遍立法者并遵循目的性原则的时候，就形成一个目的王国。在这个王国中，不同的理性存在者遵循着共同的法则，每个理性存在者都是这个目的王国的最终目的。农民作为乡村的主体，他们是乡村生态伦理研究的最终目的。要让乡村生态伦理具有普遍适合于农民的普遍性，就要求无论是农民为自己谋划的乡村生态伦理还是政府为农民所谋划的乡村生态伦理，都能够满足农民对于美好生活的向往。"规则本身丝毫没有为我们提供目的。它们在告诉我们什么事是不可做的意义上告诉我们如何行动，但它们并没有把任何明确的目的提供给我们。"①真正的道德行为，应是基于行为者自觉自愿的行动。如果伦理学所设计和强调的道德理由不能被人们内化为遵守规范的道德心理，甚至会给人们的道德心理施加生硬的拉扯力量，其结果便是使道德谋划沦为空洞说教。乡村生态伦理研究从根本上是为了确保农民与乡村自然环境和谐共生，确保农民对其所处的环境施以生态道德之心，从而以生态化的方式过上美好生活。农民之存在，不是仅仅依赖于其乡村生产与生活的感性体验和认识，同时也是有着美好道德追求的理性存在。建构乡村生态伦理应确保农民不是作为某种工具和手段而存在，而是作为一种鲜活的、有着独立意识的目的而存在。唯有以满足农民对于美好生活的向往和追求为价值取向的乡村生态伦理，才能让农民不仅"为自然立法"，同时也"为自身立法"；既是乡村生态伦理规范的立法者，又是生态伦理规范的守法者；既是乡村生态道德法则的建立者，又是生态道德法则的遵守者。

---

① ［美］麦金太尔：《伦理学简史》，龚群译，商务印书馆2003年版，第149页。

诚如习近平总书记所言，要“把广大农民对美好生活的向往化为推动乡村振兴的动力”。

美好生活是由一个个价值追求连接而成的。满足农民对美好生活的向往与追求，就要满足农民在生产与生活中的合理价值追求。然而，在当前的农村社会中，却出现了农村生态环境逐渐得到改善而农民纷纷逃离家乡的伦理怪象。究其根本原因，就在于农民从事农业生产和保护环境的同时，不能满足其自身对于美好生活的向往与追求。进一步说，是由于农民以自豪感为核心的本体性价值满足和以成就感为核心的社会性价值满足发生了严重缺失，农村生态文明建设的主体不能为作为农民而感到自豪，不能为作为农民而拥有较高的社会地位和道德尊严。农民为追求缺失的本体性价值满足和社会性价值满足而纷纷逃离农村奔向城市，以求在城市获得较高的社会地位和物质收入。只有让农民为成为农民而感到自豪时，才能充分激发乡村主体的积极性和自觉性，才能让农民安心地留在农村从事农业生产，确保他们以极大的劳动热情投身于乡村生态文明建设之中。从这一意义上讲，提高农民对自身的自豪感，尤其是通过乡村生态文明建设提高农民的社会地位和物质财富以增加农民的自豪感，就很有必要。实现农民对美好生活的向往与追求、满足农民在现实生产和生活中的主体性价值诉求，是乡村生态伦理的根本价值导向。

第二节 乡村生态伦理的主体困境

在乡村生态文明建设中，出现了生态环境日益得到改善但农民不断逃离乡村的现象，使乡村生态文明建设因主体流失而面临瓶颈的制约。农民逃离乡村现象背后所体现的，是农民最为根本的人生价值这一伦理问题，亦即农民的主体性价值满足问题。贺雪峰教授在《新乡土中国》一书中提出了人的价值分为“本体性价值”和“社会性价值”两种，人的价值满足应该同时是两种价值的满足。而农民逃离乡村的关键，就在于农民的“本体性价值满足”和“社会性价值满足”同时缺失，导致农民争相涌入城市的怀抱。

一、农民逃离乡村的现象分析

当前，在蓬勃开展的农村生态文明建设中，出现了农民纷纷逃离家乡的现象。一方面，随着农村生态环境的不断改善，城里人特别向往乡村的田园风光，纷纷到环境优美的乡下旅游、生活和居住；另一方面，大量的农民却不断“逃离”乡村这个世世辈辈生长的地方，竞相融进“打工潮”，纷纷到城里谋生。比如作为生态文明示范区的江西省靖安县，全县山川秀丽，风景如画，“山青、水秀、天蓝、地绿”是外人对美丽靖安的普遍评价。然而在该县 15 万人口中，作为生态文明建设主体的年轻人却在大量流失，目前全县剩余的年轻人已不足 1 万人。同样是江西省的资溪县，一个名副其实的生态大县，常住人口却连年下降，目前只有不足 4 万人。

我国农民离开乡村进入城市的现象，始于改革开放之初。十一届三中全会以后，在改革开放的推动下，国家采取支持发展外向型经济的政策，沿海地区首先引进外资，“三来一补”企业及其相关的服务业迅速发展，导致这些企业需要众多的劳动力。而乡村自实行家庭联产承包责任制后，产生了大量的剩余劳动力。于是，这部分农民纷纷涌入沿海地区企业打工。20 世纪 80 年代末到 90 年代初，我国乡村剩余劳动力自发地形成潮流，大规模地流向沿海经济发达省份或地区，形成了当时所谓的“盲流”。据统计，1989 年之前，2 000—3 000 万农民离开了乡村出门打工。1992 年以后随着我国经济进入了高速增长期，离开乡村进入城市的农民每年递增的数量大约 1 000 万人，1995 年已超过 5 000 万人，2000 年第五次人口普查显示，进城半年以上的打工人口为 1.2 亿。据 2013—2017 年农民工监测调查报告的数据显示，2013—2017 年农民工总量每年平稳上升，2017 年达到 28 652 万人。今天，中国千千万万的农民怀揣着城市梦想来到城市，纵使干着最累最危险的肮脏体力活，工作条件和居住条件都很差，他们还是寻求在城市里“见大世面”。正如美国农民社会的研究者罗伯特·芮德菲尔德认为的，世界上的“另一部分想有所作为农民所想的却是把自己变成城市里的工人，变成城市社会里的一个成员，变成无产阶级的一个成员，甚至哪怕变成城市的边缘群体中的一个成员也成”①。

探究农民逃离乡村的内在原因，主要在于与市民相比，常年来农民物质与精神生活水平一直不高，农民这一身份不能使农民对自身职业产生认同，也不能满足被社会认可的需要。在农民们的心中，纵使自己的家乡环境优美，景色秀丽怡人，可是外界依旧会带着“有色眼镜”对待他们，这令农民感到羞辱和自卑。农民不得不纷纷“逃离”环境优美的家乡，去城市谋求更丰厚的收入和更体面的尊重。在逃离乡村进入城市的农民中，有大量的乡村青壮年劳动力。据统计，2017 年 40 岁及以下农民工所占比重为 52.4%，这其中，1980 年及以后出生的新生代农民工逐渐成为农民工主体，占全国农民工总量的 50.5%。青壮年劳动力特别是 80 后、90 后农民是乡村建设的主力军，但是他们并不愿意在乡村开始自己的职业生涯转而希冀投入城市的怀抱。

30 多年来，中国出现了一波又一波农民离开乡村进城务工的浪潮。与过去农民背井离乡、外出谋生的情况不同，现阶段农民逃离家乡、进入城市出现了一些新情况，这其中最为鲜明的特点是进城务工农民已是“离土又离乡”。费孝通曾用“离土不离乡”来形容那些白天进城镇工作、晚上返回农村生活的乡镇企业职工。从 20 世纪 80 年代末、90 年代初至今，第一代进城的农民，有些已在城市安家落户，比如一些建筑行业的包工头。但对于大多数进城务工的农民来说，他们并没有赚足留在城市的积蓄，不得不返回农村。现在，不少进城农民除了为了赚取收入、维持农村家庭生活以外，还为了赚取进城生活的积蓄，或者获得逃离乡村、留在城市的资本，因而出现了更多“离土又离乡”的情况。据 2017 年农民工监测调查报告称，2017 年 28 652 万人的农民工总量中，外出农民工 17 185 万人，本地农民工 11 467 万人。在外出农民工中，进城农民工 13 710 万人。如今越来越多的农民为了谋生不仅仅离开耕种的土地，而且从身心上来讲也脱离了乡村共同体，甚至不再希冀回到乡村，乡村本身不再构成农民生活的目的地，不再代表农民生活的意义。城市成了越来越多的农民心中向往的地方。

① ［美］罗伯特·芮德菲尔德：《农民社会与文化》，王莹译，中国社会科学出版社 2013 年版，第 171-172 页。

现阶段，进城务工农民队伍发生了很大的变化，除了一部分亦工亦农的季节人员外，绝大多数人员已与家乡的土地没有劳动和收入上的关系。他们长时期在城市就业谋生，赚取工资收入，广泛分布在国民经济各个领域、各个部门，并在很多行业占据从业人员的半数以上。有资料显示，当前进城务工农民的数量，已超过由城镇居民构成的产业工人的数量，促使中国产业工人队伍结构发生重大变化，这既有助于壮大工人阶级队伍，增强党的阶级基础和群众基础，也有助于提高城市务工农民的政治地位，消除社会对他们的偏见和歧视。但问题是，进城务工农民在家乡仍留有承包土地以及宅基地，亦留有妻儿和父母。他们长期在外打工谋生，奔波于城乡之间，留在家里的是妻子、老人“放羊式”地种田，没有精力提高产量，即使有条件实行科学种田，也缺乏实施的动力，这大大制约了乡村经济发展，影响了承包土地规模经营。农民纵然可以从身心上逃离乡土，但是农民的家庭仍然在乡村，离开乡村孤身进入城市的农民要付出家庭生活被掏空的代价。

当前，我国乡村主要由农民户、半工半耕户、进城户、老弱病残户等户型构成，其中尤以半工半耕户所占比例最大。在这些农户中，家庭成员分为进城务工与农村留守两个部分，即年轻男子外出务工，妻子和年老父母在家务农并负责照料留守儿童。在这一家庭模式下，一个农民家庭能够同时获得务工收入和务农收入两个部分，其中务农收入可以解决农民家庭的日常生活开支，务工收入可以积攒下来办些家庭大事，比如盖房、供孩子上学、应酬人情往来、用于婚丧嫁娶等。这样的模式，在很大程度上是进城农民不得不作出的一种选择，也是他们适应市场经济和城市发展、规避生存风险的一种策略。问题是，农民外出务工造成的最大伤害是在家庭层面，即家庭生活的不完整构成了进城农民家庭的隐忧和伤痛。一家人常年分离，导致夫妻之间缺少相互的体贴和疼爱，留守儿童缺乏应有的陪护和教育，老人也得不到应有的关怀和照料。农民进城的确增加了家庭收入，但是农民家庭生活本身却被掏空了。这样的家庭收入乃至村中建起的楼房又有什么意义？当不少乡村都成了“空心村”，大量青壮年劳动力外出流失，农民的主体就受到了极大影响，落实乡村生态伦理和振兴乡村就有可能成为无源之水、无本之木。

二、农民本体性价值满足缺失

农民之所以纷纷逃离农村涌入城市，是因为农民想急切地甩掉“农民”这一身份，使生活变得富有，使地位得到尊重。城市化和工业化所创造的繁荣景象，导致人们形成了这样一种价值观念：城市的非生态生活高于农村的生态生活，反生态的工业经济优越于生态的农业经济。正是基于这种“农村落后于城市，农民落伍于市民”伦理价值观念，农民向往着城市生活，而漠视甚至厌恶自己的乡村生活，对“农民”这一身份认同度很低。从现实来看，农民也很难认可自己的农民这一职业。如表 12 所示，调研中的七个村庄的村民，在“您认为最理想的职业”中选择“农民”作为选项的比例均在三分之一以下，而且从西部向中部和东部比例依次递减。可见东部、中部、西部大部分农民，特别是经济发达地区的农民，大多不认可农民为最理想的职业，他们认为城市里的管理者（如公务员、企业管理者）和城市中的诸如教师、医生、工人等专业技术人员是比农民更理想的职业。

表 12　七个村庄的村民认为最理想的职业的选择

百分比：%

	辘辘村	下聂村	西岭村	赵家湾村	王杰村	林屋村	华宏村
公务员	8.3	13.1	12.4	20.6	19.7	20.3	19.3
企业管理者	3.2	10.3	8.8	13.3	8.9	14.3	17.8
教师、医生	16.7	20.0	18.9	17.0	24.1	25.5	23.4
个体工商业者	9.6	9.7	19.8	16.4	11.8	13.5	14.2
第三产业从业人员	4.5	6.9	7.8	6.1	5.4	5.6	7.1
农民	30.8	20.0	16.1	15.2	9.9	5.6	2.0
工人	5.1	4.8	2.3	3.0	4.9	3.6	6.6
军人	9.6	2.8	3.7	3.0	10.3	5.6	4.1
其他	5.8	5.5	2.8	1.8	2.5	3.6	3.0
不知道/说不清	6.4	6.9	7.4	3.6	2.5	2.4	2.5
总计	100.0	100.0	100.0	100.0	100.0	100.0	100.0

探究农民对自身身份缺乏认同的深层原因，实质上是农民的本体性价值满足缺失。本体性价值是主体从自己内心出发对自己人生的看法，其实质是对个体自我的认同感和满足感。“个体自我认同”的概念最早是在社会学中出现的，“表现为个体对自己在社会中的地位、作用、价值、生活的境遇等现实特征以及个体的各种属性、本质力量的认定和评价”①。本体性价值在于寻求内在的快乐与自豪，其实质是自我满足、自我尊重。当人达成了本体性价值所追寻的目的，人即实现了本体性价值满足。相比于动物是被动地适应自然界而存在，人是能动性地存在于世。马克思指出：“人作为对象性的、感性的存在物，是一个受动的存在物；因为它感到自己是受动的，所以是一个有激情的存在物。激情、热情是人强烈追求自己的对象的本质力量。”②这就是说，人作为个体能够意识到自己将本质力量对象化于客观世界以“为我所用”，将“自在”的客观物质世界转变为能够满足人所需要的对象。人希望客观物质世界不断满足自身的价值追求，这就需要将人的评价尺度不断运用到对象物上去，这样个体追寻快乐与愉悦的目的才能真正确立起来。个体活动的目的一经确立，对个体来说，“实现自己的目的，这个目的是他所知道的，是作为规律决定着他的活动的方式和方法的，他必须使他的意志服从这个目的”③。有了明确的获得本体性价值满足的目的，人就会调动自己的知、情、意等所有因素以这个目的为核心展开自己的活动，人也会在活动中自主地选择对象以及作用于对象的方式和方法，从而能动地克服达到目的之路上的各种艰难险阻，使个体的价值追求变为现实的结果。可以看出，个体在追求本体性价值满足的过程中，个体总是从自己的需要和欲望出发来考量的，个体的活动也总是以个体自身需要的满足为目的的。所以本体性价值满足有很强的“为我性”色彩。

本体性价值对应的是自我的“愉悦感”和“自豪感”，实质上是对自身身份的认同，特别是对自己职业身份的认同。只有对自己所从事的职业产生了较高的认同感，人才能心安理得地从事本职工作，否则就会产生调换甚至逃离的

① 尹岩：《现代社会个体生活主体性批判》，上海人民出版社 2009 年版，第 179 页。
② 《马克思恩格斯文集》第 1 卷，人民出版社 2009 年版，第 211 页。
③ 《马克思恩格斯选集》第 2 卷，人民出版社 1995 年版，第 178 页。

想法。就农民来讲,农民的本体性价值是指农民作为农民的价值,即农民成为农民的价值。其本体性价值满足与其所从事的职业,即农村生态文明建设以及农业生产活动密切相关。他们主观上感到欣喜和快乐,即本体性价值满足的获得应当是为自己是农民、为自己是良好生态环境的建设者而感到愉悦和自豪。伴随着生态文明时代的到来,农民更应该对乡村生态文明建设的主体这一身份具有较高认同,为自己是保护自然、建设美好生态环境的保护者和建设者而感到自豪。然而,目前的情况却是农民并不认可自己的身份,非常厌恶甚至排斥农民这一职业,甚至纷纷逃离环境优美的家乡而投入城市的怀抱。

当前,许多农民为追求本体性价值满足而离开乡村进入城市。农民“弃乡进城”的很大原因,是源于我国由来已久城乡之间的价值差别。长期以来,我国以牺牲农村的发展机会来换取城市的进步,以牺牲农民的利益来保障城市的繁荣,由此导致了农村和城市之间的“剪刀差”式发展。这种“剪刀差”的现实差距在改革开放后愈拉愈大,其结果便是“农不如工,乡不如城”的普遍认识。形成于20世纪50年代中期的城乡二元结构,是一种以户籍壁垒为表征,以社会资源配置为手段,以教育、人才、就业、医疗、兵役、婚姻、生育等十四项社会制度为核心的社会价值和权力分配的城乡制度分配格局,实行城乡有别的治理体制、分割的市场体系、分离的工业化模式和不同的投入机制,构成了城乡居民在身份、待遇、权利、义务等方面的巨大差异。在二元社会结构体系中,农民作为一种身份被限定,处于社会的最底层,受就业制度、住房制度、户籍制度等的限制和排斥,不仅使农民收入低、劳动辛苦,而且不能享受与其他群体平等的社会福利。加之农民是和土地打交道的,所以就与“土”联系在一起。一旦条件允许,农民就会纷纷离开农村前往城市,而农民也以能够“跳出农门”为荣。① 城乡二元结构严重分裂了城乡关系,扩大了城乡差距,使得城市的拉动力远远大于乡村的吸引力,城市就像抽水机一样吸附着乡村。被美好梦想和强烈愿望裹挟的农民,难以在乡村之中实现自己的愿景从而无法认同农民的身份。因此,逃离乡土而涌向城市去追寻现代生活梦想就成了农民的必然选择。

---

① 朱启臻、赵晨鸣:《农民为什么离开土地》,人民日报出版社2011年版,第336-337页。

当大量农民逃离乡土以寻求新的身份认同的时候，原本的家乡便形成了越来越多的“空心村”，造成了许许多多乡村土地荒芜、人烟稀少、草木凋零、房屋破败的景象。当我们把“农村落后、农民落伍”的伦理价值观念放到历史的年轮中审视的时候，会发现由于工业文明的出现，极大地提高了人类生产力水平，导致了在人类历史发展中曾经扮演主角的农业出现了被边缘化的尴尬。科学技术的发展，延伸了人的体力和智力，使人从传统农业的重压下解放出来；电力机器和自动化操作有效解决了传统农业劳动生产率低下的缺陷。所以自工业革命以来，随着工业生产力水平的不断提高，工业经济征服和利用自然的优势开始逐步显露出来，农业经济则逐渐处于相对弱势的位置，日益被边缘化。特别是当人类进入电气化和自动化时代以后，人类极大地转变了生产方式和生活方式，让城市成为代表时代文明与进步的重要标志，农村逐步沦为城市的附庸。基于工业文明的逻辑，判断一个社会是否繁荣发达都要将其置于工业化水平和城市化程度的标尺上进行衡量。由此，毫无疑问地推断出农业文明落后于工业文明，农村和农民落后于城市和市民。

人并非是孤立地存在的，人的日常生活是需要在社会之中实现的，人的愉悦感和快乐感也始终是围绕着社会关系展开的。本体性价值满足虽然是对人的自身眼中“自我”的评价，但是这种评价绝非是空穴来风的纯主观活动，而是来自主体的实际生活，并与主体在生活中所扮演的社会角色息息相关，特别是与他的职业关系密切。亚里士多德认为，人类是自然趋向于城邦政治生活的动物，城邦高于个人，个人依赖于城邦，个人不能离开城邦，因为人类具有合群的本性，这一本性必然要求人们建立城邦，从事政治活动。个人作为城邦的一分子，只能在城邦中显示自己的品德和才能。在亚里士多德那里，“政治”即生活共同体的意思，类似于今天的“社会”的含义。由此可见，人的本体性价值满足无法脱离作为共同体的社会而实现。农民之所以会对自身的身份认同产生危机感，是因为社会对农民的评价较低，导致农民缺乏对自身职业的认可乃至自豪。在现代社会，人们普遍处在“物的依赖关系”的制约之中。在人不可避免地受到物的统治和支配的条件下，人看似可以自由地追求自身的幸福，但是人并不能自由地选择自身的生活价值标准。在社会规范中，如果人受物化的社会“规范”的束缚和“压迫”，便会感受到不想皈依而又不得不皈依的“烦躁”。

社会中的任何一个人,包括农民在内,都不能脱离社会对其的尊重与认可而独自获得自己对自己的认可,农民不可能自己追求自身的愉悦和快乐而不顾及其他社会成员与社会大众的认可与赞同。而外在世界对一个人的评价对应的是主体的"社会性价值"的满足。

三、农民社会性价值满足缺失

社会性价值是个人在社会中所获得的他人评价,个人如何从社会中获得意义的价值。[①] 社会性价值是个人在社会角色扮演过程中,在职业分工进行过程中,所获得的外界对其的认可,它对应于他人眼中的"他我"的评价,是完全在人所生活的共同体中实现的价值。社会性价值满足实质是对个体在社会之中的认同感和满足感。个体在社会中每一个维度上的自我形象,都是一种独特的自我认知图式。这种自我认知图式是"通过对他人评价的内化、将自己与其他人进行比较、通过观察他人对自己的反应、自我反省、自我定性和生活体验的整合来形成的"[②]。个体之所以能够作为人而存在,是因为单独个体的"小我"之外有共同群体的"大我"的社会存在形式。马克思说:"人的本质不是单个人所固有的抽象物,在其现实性上,它是一切社会关系的总和。"[③]马克思强调了人是社会存在物,是处在一定社会关系之中的人,人的社会性是人的根本属性。就现实性而言,个体不仅是社会关系的产物,而且从一开始个体就是作为社会的形式而存在的,与他人处在某种社会关系之中,比如父母就是每个人最初的社会关系。不仅如此,个体总是按照社会的方式生存和发展,以通过社会化的方式形成的素质、属性和能力,即以内在的方式获得的人类文明的力量满足自己的生存和发展的需要。作为社会中的个体,人获得生存与发展必然要依赖于社会来实现,"既然人天生就是社会的,那他就只能在社会中发展自己的真正的天性"[④]。更为重要的是,在个体生活的现实关系中,个体也总是以

① 贺雪峰:《新乡土中国》,北京大学出版社 2013 年版,第 71-72 页。

② [苏联]伊·谢·科恩:《自我论》,佟景韩等译,生活·读书·新知三联书店 1986 年版,第 353-364 页。

③ 《马克思恩格斯选集》第 1 卷,人民出版社 1995 年版,第 60 页。

④ 《马克思恩格斯文集》第 1 卷,人民出版社 2009 年版,第 335 页。

各种各样的形式不可避免地与他人直接或间接地产生社会关系，而个体的社会关系也是个体现实内在本质的有机组成部分。

任何个体都是社会意义上的个人，个体总是处于一定的社会关系中，受社会关系的制约，成为各种群体、社会的一分子。所以，任何人都需要从群体中获得认可与尊重。马克思说："孤立的个人在社会之外进行生产——这是罕见的事，在已经内在地具有社会力量的文明人偶然落到荒野时，可能会发生这种事情——就像许多人不在一起生活和彼此交谈而竟有语言发展一样，是不可思议的。"①个体离开了社会，也就离开了社会关系和社会文化，他就不会有现实的、属于人的性质，就不会以人的形式生活。人需要在群体中生活，需要获得群体的认可与尊敬。但是在群体、共同体、社会中生活的人，也不能丧失掉自己的本真存在，不能遗忘自己内心的价值诉求，否则就会生活在枯燥无趣的世界之中。在现代社会中，外界评价个人的标尺主要是社会地位的高低与物质财富的多少。因而，社会性价值满足包括了获得较多的物质财富和较高的社会地位两个部分。我们以此来分析农民逃离乡村的现象便会发现，农民在社会性价值满足中产生了严重的缺失，农民不能获得社会大众对其的认可。

就农民而言，他们缺乏社会对其认可的一个重要原因就是农民的收入较低。在马克思和恩格斯所处的时代，就出现了农业劳动力大量涌入城市的情况，这随即导致了农业的变革。恩格斯在《英国工人阶级状况》中通过考察城市工业发展，他认为，城市工业的迅速发展产生了对劳动力的需求，从而使得工业部门(恩格斯以纺纱业为例)的工资提高。由于织工在织机旁能赚更多的钱，他们就逐渐抛弃了自己的农业而专门织布了。② 在当代中国，黄宗智以中国的长江三角洲农业发展为例，探讨了农业增收但是农民依然贫穷的问题。黄宗智认为，传统农业的演变发展是以单位土地上增加劳动力为主，对此他提出了著名的"内卷型商品化"理论。农业发展"内卷化"指的是从粮食生产转入棉花香丝生产，这一过程虽然实现了商品化，但是以劳动日产出的递减或迟滞作代价换取总产值的增加③。即是说，在"人多地少"矛盾之下劳作的中国农

---

① 《马克思恩格斯选集》第2卷，人民出版社1995年版，第2页。

② 《马克思恩格斯文集》第1卷，人民出版社2009年版，第391页。

③ [美]黄宗智：《经验与理论：中国社会、经济与法律的实践历史研究》，中国人民大学出版社2007年版。

民，迫于生计只得在一定规模的土地上不断地追加劳动力。然而，劳动的超密集投入并未带来产出的成比例增长，出现了单位劳动边际报酬的递减，在这一过程中虽然农业产量会有提升，但是人均产量和人均收入相对下降。

有资料显示，在城乡收入之比上，1978 年为 2.57：1，2003 年为 3.23：1，目前若考虑城市居民享有的各种福利和补贴，而农民收入中包括生产经营支出等因素，实际收入差距要达到 6：1 左右，城市人均可支配收入远远高于农民人均纯收入。在一些农村地区，由于人多地少、自然条件差，农民仅仅依靠种地远不能获得较高的收入和体面的生活，所以必须要靠进城务工以求获得更多收入。如图 14 所示，对于七个村庄的调研结果表明，几乎所有村庄都有部分村民在种植养殖之外要外出打工或打短工。

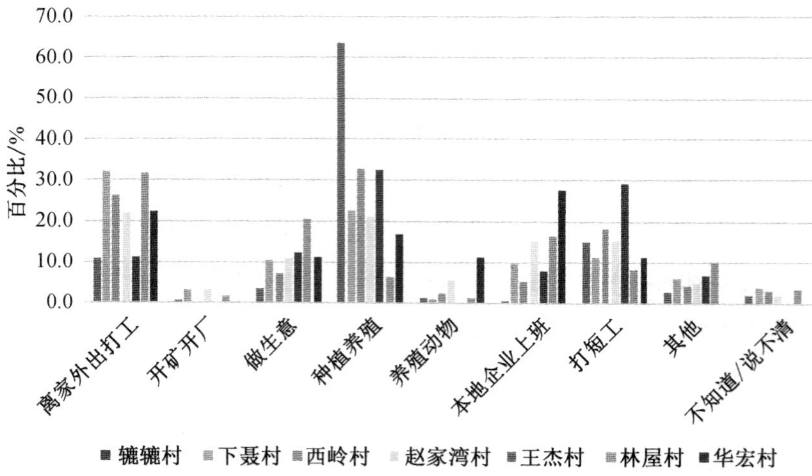

图 14　七个村庄的村民家庭经济收入的主要来源(%)

我们调研发现，除地处江苏省的华宏村以外，六个村庄的大部分村民个人年收入不足 10 000 元(如图 15 所示)，大部分村民全家年收入不足 50 000元(如图 16 所示)。由此可见在城市化和工业化的过程中农民的收入水平相比于市民来讲有很大差距，尤其是中西部农村，农民收入水平低下状况较为普遍。

我们对问卷数据进行统计分析发现，村民的收入水平和村民对生活的满意度呈现正相关。

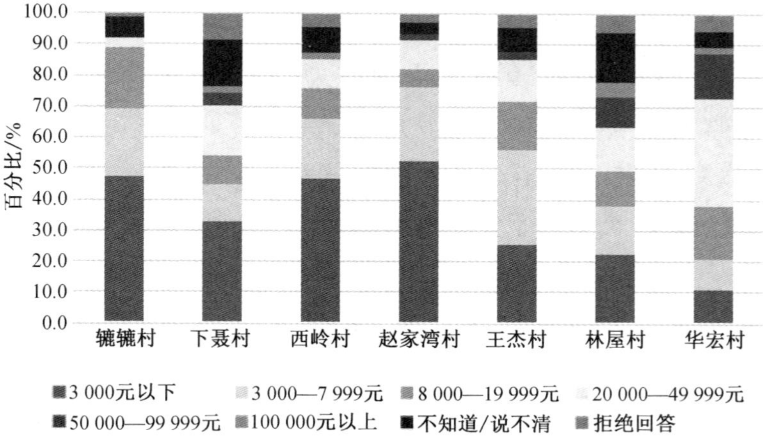

图 15 七个村庄的村民 2016 年全年个人收入区间占比(%)

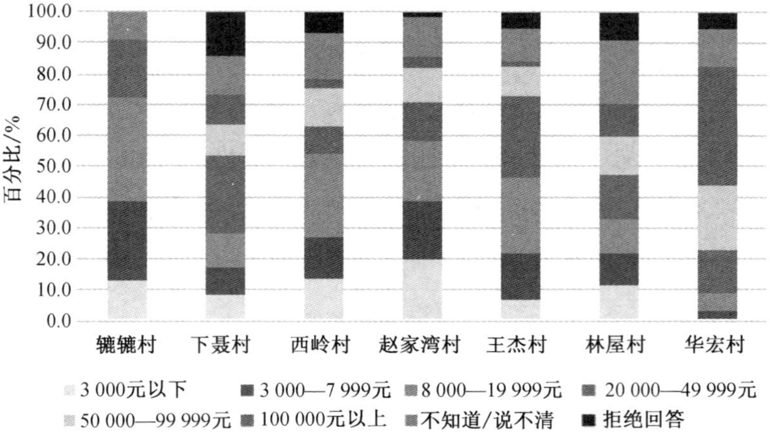

图 16 七个村庄的村民 2016 年全年全家收入区间占比(%)

如表 13 所示,村民 2016 年个人收入和村民 2016 年全家收入对于生活满意度的相关性分别为 0.223 和 0.294,均呈现显著的正向相关性。这表明,村民的收入状况直接影响到村民对于幸福生活的感受。农民的收入水平高则对生活满意程度就高,农民的收入水平低则对生活满意程度就低。农民在收入较低的情况下,为寻求美好生活则必然想方设法寻求经济利益的最大化,哪里能够赚钱他们就会往哪里去。西奥多·舒尔茨鲜明地提出,小农虽然落后,却是理性的经济人,其经济理性程度甚至会不逊于企业家,只要给小农一定的条件,小农便会为追求利润而创新。“一旦有了投资机会和有效的刺激,农民将会点石成金。"[①]农民在面对资源配置的时候是非常谨慎而精明的，在他们看来，每一个便士都要计较。在农民收入低下的情况下，农民为了获得更多的物质财富而涌入城市就在所难免。

表 13　村民收入水平和生活满意度的相关性

		村民 2016 年 个人总收入	村民 2016 年 全家收入
村民对自己生活的满意度	皮尔逊相关性	0.223**	0.294**
	显著性(双尾)	.000	.000
	个案数	710	659

**. 在 0.01 级别(双尾)，相关性显著。

农民之所以缺失社会性价值满足，还因为其自身社会地位普遍偏低。人的社会地位是人们在社会分工体系中所处的位置。在二元社会结构体系中，农民作为一种身份被限定，处于社会的较低阶层。制度的限制和排斥，不仅使农民收入低、劳动辛苦，而且使得他们不能享受与其他群体同等的社会福利。有学者研究了农民对自己及家庭的社会阶层认同状况，并指出(如图 17 所示)，大多数农民对个人及其家庭的社会阶层地位认同偏向于中下层和下层，且以下层居多。

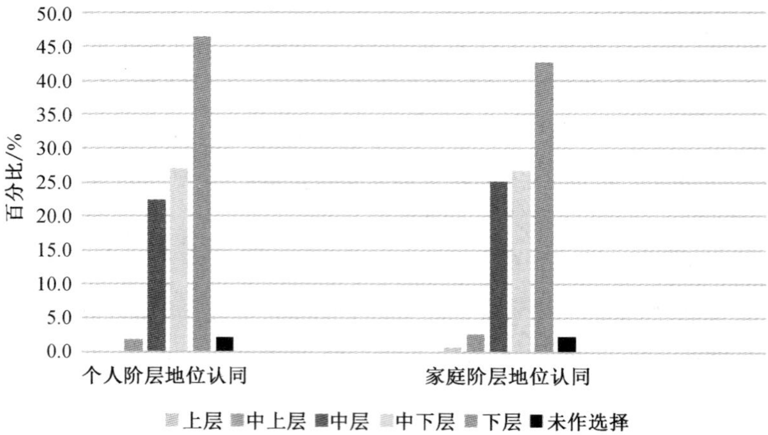

图 17　农民对自己及家庭的社会阶层的认同[②]

① [美]西奥多·舒尔茨:《改造传统农业》，梁小民译，商务印书馆 2006 年版，第 5 页。

② 资料来源自 2006 年 CGSS。数据及分析转引自陆益龙:《农民中国——后乡土社会与新农村建设研究》，中国人民大学出版社 2003 年版，第 218-219 页。

如图 17 所示,从 CGSS 的统计结果来看,农民认为个人属于社会下层的达 46%,认为自己家庭属于社会下层的接近 45%,农民认为自己属于中下层、自己家庭属于中下层的比例均超过了六成。而无论是对农民自己个人还是对农民自己家庭,认为属于中上层及以上的均不到 3%。总体而论,农民对个人及家庭的阶层地位主要认同为中下层及以下阶层。在农民社会阶层地位认同度较低的情况下,农民为了进入更高的社会阶层,获得更高的物质收入和社会地位而进入城市就成了农民必然的选择。

第三节
让农民以成为农民而自豪

2017 年中央一号文件《关于深入推进农业供给侧结构性改革加快培育农业农村发展新动能的若干意见》指出,要激活农村主体,实现农业增效、农民增收、农村增绿。2018 年中央一号文件《关于实施乡村振兴战略的意见》强调,要尊重农民主体地位,调动亿万农民的积极性、主动性、创造性。2019 年中央一号文件《关于坚持农业农村优先发展做好"三农"工作的若干意见》提出,要发挥好农民主体作用。农民是乡村物质财富与精神财富的创造者,是乡村生态文明建设的主体,是乡村振兴的主力军和中坚力量。当前,培育农业和农村发展的新动能,调动农民的积极性、主动性、创造性,有一个问题不容忽视,就是应增强农民对自己身份的归属感和认同感,让农民能够为自己是农民感到自豪。只有让农民成为令人羡慕的职业,让农民以成为农民而自豪时,才能充分激发农村建设主体的自觉性和创造性,确保农民以极大的劳动热情投身于农村振兴和乡村生态文明建设之中。

一、让农民以成为社会的主体而自豪

以现代性为价值坐标,工业文明无疑是优于农业文明的,农村在文明形态上被认为是低级落后的,但若以自然生态为价值尺度,工业文明把人类带入生

态危机的不幸之中。伴随不断加快的工业化、城镇化的步伐，城市以牺牲环境和耗费资源为代价，靠高投入、高消耗、高排放的粗放型发展方式拉动经济发展，导致了严重的城市病，造成人口膨胀、交通拥堵、环境恶化、住房紧张、就业困难等诸多问题。这无疑加剧了城市的负担，引发了种种的社会问题。为了避免因为现代性所带来的种种破坏，“人们不得不面对的，不只是技术的外部影响，而且也包括无限制的科技发展的逻辑”①。工业化的发展逻辑在粗暴地掠夺资源、破坏生态环境和城市居民生活家园的同时，还在侵袭着城市居民的精神世界，导致一些人被物质主义、病态消费主义、GDP 主义的元素所袭扰。快速推进的工业化、城镇化，虽带来了城市的不断发展和繁荣景象，但也造成了以喧嚣取代宁静，以非人性化、污染的生产方式取代了人性化、原生态的生产方式，以不正确、不健康的生活方式取代了正确、健康的生活方式等种种问题。工业文明在创造出繁荣热闹的城市之时，其对自然环境的影响和破坏是一种不正当的行径，其对生态的掠夺是恶多而善少的不道德行为。反自然、反生态的工业技术充当了人类无情地向大自然进军的开路先锋，而当沉浸在满足现代性的繁荣景象中的人类看到大自然在流血流泪之时，若再不正视工业文明的发展逻辑之缺陷，就难以在千疮百孔的自然界面前对其向人类的拷问作出满意的回答，更难以在人类自身德性的审视下对其曾经诸多破坏自然行为之合理性作出辩护。随着工业社会破坏自然环境弊端的显现，工业文明的发展所依附的优势越发被人们认为无法长久之时，原有的追求城市生活、藐视乡村生活，羡慕市民身份、鄙视农民身份的价值观念应当受到反思和批判。

孔子说：“礼失而求诸野。”在目前城市因城市病而缠身、工业文明优势被消耗殆尽的时候，我们如果从生态伦理的视角重新审视乡村，就会发现乡村具有自身独特的优势。“农业生产虽是人工的劳作，却又是自然的过程，是人的意志与自然意志的统一，这种统一具有生态与文明共生的意义。生态文明建设在某种意义上可视为是对农业文明的回归。但这种回归不是倒退，更不是复旧，而是螺旋式的上升，是否定之否定的发展与超越。”②基于工业文明的视

① ［英］安东尼·吉登斯：《现代性的后果》，田禾译，译林出版社 2011 年版，第 149 页。

② 陈望衡：《生态文明时代城市发展的哲学思考》，《郑州大学学报》（哲学社会科学版）2016 年第 6 期。

角被“处以死刑”的农村，依照生态文明的伦理观念却可以涅槃重生。“如果说工业文明是对农耕文明的否定，对工业文明的否定之否定则是乡村生态文明。乡村的绿色崛起是人类社会历史发展的必然趋势，也是人们追求返璞归真和欣赏大自然的必然选择。”①与城市工业文明把自然界和人当作机器来对待、造成人与自然的疏远相比，农业文明的突出特点就是具有人与大自然亲近的生态优势。在突出强调人与自然和谐共生的生态文明时代，农业的功能除了原有的粮食保障、原材料生产和社会稳定的经济功能外，还在资源与环境的保护、生物多样性保护、可再生能源的开发利用、旅游休闲服务中扮演不可或缺的重要角色。②

著名的生态伦理学家罗尔斯顿认为，“荒野在历史上和现在都是我们的‘根’之所在。”③他说的“根”，不只是指生命之本，还指生态之本，而这个“根”与“本”是在乡村而不在城市。生态文明时代，乡村的“根”与“本”体现于良好的自然生态环境和独特的人文生态系统，其作用将日益受到社会的关切。在未来，重视乡村、回归乡村将是中国社会发展的趋势所在，乡村作为中国农耕文明的大本营与生态理念的发源地将重新被社会所重视。工业化和城市化破坏了中国原本“天人合一”的乡村，而工业化和城市化却是西方现代化的产物，中国的现代化应走符合中国国情和文明特征的现代化道路。“中国文明本质上是具有生态文明内涵的农耕文明，由我国气候和地理所决定的生存文化内在的差异性、多样性，在经济、政治、文化乃至于精神信仰方方面面都有表现，中华民族几千年来拥有多样性的生存方式，包括社会方式、经济方式、文化方式，天然地具有生态文明的内涵，如果按照中国文明自身的历史变迁轨迹，不会有那么激进的工业化、城市化。”1840 年爆发的鸦片战争打断了中国自身的文明进程，迫使中国按照西式现代化道路行进。在这个过程中，“我国发展一直存在‘西式现代化’与‘去西式现代化’或者‘工业文明’与‘生态文明’的百年张力和矛盾——中华民族骨子里是想追求生态文明的，但是现实的压力迫使我们

---

① 韩秀景：《中国生态乡村建设的认知误区与厘清》，《自然辩证法研究》（哲学社会科学版）2016 年第 12 期。

② 林卿、张俊飚：《生态文明视域中的农业绿色发展》，中国财政经济出版社 2012 年版，第 17-21 页。

③ ［美］霍尔姆斯·罗尔斯顿：《哲学走向荒野》，刘耳、叶平译，吉林人民出版社 2000 年版，第 210 页。

不得不工业化。一旦外部压力减弱，条件成熟，我们就要重新回到以乡村为根本的生态文明道路上”①。在城市被快速的城镇化、现代化所裹挟的时候，被人们遗忘和抛弃的乡村，尤其是生态文明建设良好的乡村，反而会因为顺应自然规律、合理的生产方式，人与自然和谐相处、道德的生活方式而被人重新重视。当下，乡村已是我国生态文明建设的重中之重，是生态文明建设的关键环节和重要抓手。生态文明新时代的引领者是乡村。随着生态文明时代的到来，人们的美好生活需求中生态需求将占据越来越重要的地位，“环境需求”将逐步上升为人的重要生活需求。于是出现“先进的农村，落后的城市”的文明“倒挂”现象，尽管至今都尚未进入大多数“现代人”的视野，但在实际上这种格局早已存在并将日益凸显。中国生态文明建设中的“农村包围城市”的态势将不可避免，以“乡土文明”为基干的现代生态文明浪潮迟早会到来。② 乡村的地位和作用也将因其自然环境和生态优势而逐步提升，其重要性将与城市平起平坐。

新时代，生态文明的引领者是乡村，主力军是农民。在乡村的地位得到提升并日益受到社会普遍认同之时，农民也将会成为受人尊重、令人羡慕的职业和身份。乡村引领生态文明时代建设，而作为乡村发展的中坚力量——以道德的方式对待乡村生态环境的农民，则是乡村生态文明建设的主体。乡村生态伦理倡导农民尊重自然、顺应自然、保护自然，构建生态的生产方式、生活方式和消费方式，这体现了农民对于自然的尊敬，也体现了农民对于自身的尊敬，这将使农民在人与自然、人与社会、人与人的和谐相处中获得内心的愉悦感和快乐感，获得较高的本体性价值满足。而拥有生态生产方式、生态生活方式和生态消费方式的乡村，必将成为城市人竞相追逐本体性价值满足的地方。届时，乡村的地位将会高于城市，“农村人”将不再是贫穷和落后的代名词，农民对自身的职业将拥有充分的认同感乃至光荣感，他们会为自己农民的职业和身份而感到自豪和骄傲。依照工业社会的发展逻辑，“城市高于乡村、市民优于农民”是符合社会发展趋势的。然而，以工业化和城市化为主导的现代性

① 温铁军、邱建生、车海生：《改革开放 40 年“三农”问题的演进与乡村振兴战略的提出》，《理论探讨》2018 年第 5 期。

② 崔永和等：《走向后现代的环境伦理》，人民出版社 2011 年版，第 242 页。

发展优势已经消耗殆尽，在其社会形态行将就木之时，如若再秉持“乡村落后、农民愚昧”这样老套、迂腐的价值观念，就必然无法抓住时代的脉搏。随着人类社会呼唤生态文明时代的到来，工业文明时代所持有的陈旧的伦理价值观念应予扬弃，代之以乡村引领生态文明发展趋势、农民也因成为乡村生态文明建设主体而令人羡慕的新的伦理价值观念。

二、让农民以成为富裕的人而自豪

习近平总书记在小岗村召开的农村改革座谈会上讲道：“中国要强，农业必须强；中国要美，农村必须美；中国要富，农民必须富。”[①]在生态文明时代，让农民富裕起来的正当路径就应当是通过建设乡村生态文明而增加物质财富、获得经济利益，用习总书记的话来说便是“绿水青山就是金山银山”。新时代，绿水青山普遍受到人们的青睐和追捧，美丽自然环境必定成为人们美好生活的理想场所。农业文明是以农业产品为经济先导，工业文明是以工业产品为经济先导，生态文明必然是以生态产品为经济先导。当农民把乡村建设成为优美的绿水青山时，金山银山必定涌入农民的怀抱。农民有了金山银山，有了对乡村主体地位的认同，他们就不会再逃离家园，而是以主人的姿态积极投入到乡村生态文明建设之中。为此，应当注意两个方面：一方面，要培育和打造新型职业农民，为提高农民的经济收入奠定基础。新型职业农民，是勇于接受新观念、具有较好的科学文化素质的新农民，也是能够适应现代农业知识密集、资金密集、技术密集的特点，敢于尝试新科技，熟练运用互联网、物联网，熟悉机械化种田、可视化生产、智能化操作的新农民。过去，农民是一种身份称谓，未来要把农民身份回归职业概念，让农民成为令人羡慕的职业。将来人们会渴求当农民，农村会成为稀缺的资源。农民掌握了本领，提高了技能，就能以素质立身、凭本事吃饭、靠才能进步，为增加物质财富奠定基础。另一方面，要确保农民的劳动产品能够满足社会大众的生态需要，为提高农民的经济收入创造条件。现实中，乡村的绿水青山还不是真正意义上的金山银山，要想使乡村的生态财富变成农民的经济财富，还需要创造一定的条件。而其中最为

① 《十八大以来重要文献选编》上，中央文献出版社，2014 年版，第 658 页。

关键的，就是农民生产的劳动产品能够适合市场的需要，满足社会大众的生态需求。为此，农民可以利用三条渠道：

乡村生态生产方式优于非生态的生产方式。生态生产方式是以生态循环为主要生产模式、依据乡村生产生态伦理所进行的绿色、循环生产方式。绿色、循环模式的农业生产模式是以生态学原理及其规律为指导，是按照循环模式进行生产，以低消耗、低排放、高效率为基本特征的新的、可循环利用的一种农业发展模式。依靠生态生产方式所生产出的农产品，是符合生态规律的产品，也是符合人体健康的生态产品。生态产品不仅对自然而言是绿色环保的，而且十分有益于人体的健康。相比之下，工业时代的非生态生产方式应因其不符合自然生态要求且产品对人体有害，而被认为是非道德的生产方式。生态的农业生产方式因其可以充分利用自然资源、少用或者不用化学工业制剂且具有极高的生态价值，而被认为是道德的生产方式。尤其在普遍受到污染侵袭的城市生活中，居民餐桌上的生态、健康食品已是奢侈品的情况下，乡村生态文明的成果、也是农民的劳动成果——生态农产品，便成为城市居民争相购买的香饽饽。在我国，随着人民群众对食品安全的日益重视，生态农产品将具有十分广阔的市场潜力和极大的经济效益。著名经济学家黄宗智认为，随着中国改革开放进程的深入，中国人的食物消费结构将发生变革，除了更高的肉——鱼和蔬菜消费外，应包括更高比例的精品蔬菜、鲜奶、绿色食品等的需求①。绿色产品、有机产品因其具有绿色环保、健康卫生的生态价值，能够满足人们对于食品的生态需求。通过乡村生态生产方式，农民既可为脱贫致富进而提高社会性价值满足奠定基础、创造条件，又能更好地改善环境、保护生态，实现生态效益和经济效益的双向促进。

乡村生态生活方式优于非生态的生活方式。在现代城市生活中，封闭、孤独、枯燥、缺乏人情味是城市人的切身感受，这种阻碍人自由发展且与大自然相隔绝的工业时代的生活方式，是一种非生态的生活方式，也是一种非道德的生活方式。而复归人的本性且与自然亲密互动的生态生活方式，既是一种符合自然生态规律和时代要求的生活方式，也是一种符合生活生态伦理的宁静、和谐与美丽的生活方式。被经济增长及金钱利益所捆绑、所诱惑的城市人，深

① ［美］黄宗智：《中国农业面临的历史性契机》，《读书》2006 年第 10 期。

陷于高物价、高能耗、高消费的泥潭之中，其实质是一种破坏环境和消耗资源的喧嚣、杂乱、丑陋的病态生活。反观人与自然亲密互动、环境优美的乡村，那里不再是由利润和效率的价值理念支配下的繁忙状态，而是远离了喧嚣和繁杂的闹市，呈现出一片崇尚天性、回归自然的田园景象，具有与大自然节拍相吻合的生活节奏；崇尚的不是高消费，而是去货币化的低碳生活方式。这是一种近自然的有利于生态、生活和生命健康的可持续的生活方式[①]。这种绿色的宁静、和谐、美丽的生活方式是优于在“钢筋水泥”中的生活方式的。当我们从生态伦理的视角去审视乡村生活时，会发现它是一种符合自然规律的、人类最质朴也是最本真的幸福生活模式。乡村生态生活方式完全不同于城市“钢筋水泥”的不道德生活方式。工业的快速发展让人们的生活也处于“快节奏”的非生态的生活压迫之下，生态文明让工业文明退出历史舞台之时，生态生活方式也把人从工业时代不正当的生活方式中解放出来，让人们享受真正的自然、环保、健康的生活。乡村生态生活方式满足了人们对于生态、绿色、低碳的生活需求。在未来，随着更多人来回于城乡之间，乡村的吸引力也有所显现；乡村服务及设施的完善将为人们免去生活上的一些舟车劳顿，而通过远足或骑行，人们也将发现一种有益身心的新的乡村生活，甚至带着孩子们更多地走近乡间的生活。在生态伦理的视域下，乡村通过文明健康、回归自然、简约低碳的生态生活方式，吸引优质的教育、文化、医疗等公共资源进入乡村，也可吸引更多的资金和项目投入到乡村生态文明建设之中，就可以推动当地的生态优势转化为经济优势，促进绿水青山转化为金山银山，提高乡村生态文明建设主体的社会性价值满足。

乡村生态消费方式优于非生态的消费方式。生态消费方式是指符合生态伦理要求且能够通过美好生态环境实现人的身心愉悦的适度消费方式。工业时代的非生态消费方式，是以盲目掠夺和利用自然资源而实现人类享乐的消费方式，被认定为一种恶的消费方式。生态消费方式无疑更加符合生态时代的需求，更加具有优越性和可持续性，被认定为一种善的消费方式。随着主体本质力量对象化能力的不断提高，主体需要的层次范围也在不断扩大，当人的基本需要满足之后，客体应当符合主体的需要而改变才能满足人的新的需要。

① 朱启臻：《从生态文明视角发现乡村价值》，《中国生态文明》2016 年第 1 期。

在生态文明时代，人们的生态需求呼唤消费生态产品。对此，农民除了生产生态农产品以增加经济收入以外，还可以将乡村最美丽、最真实乃至“诗情画意”的自然生态这个最大的优势，变为最大的亮点、最大“卖点”。从自然禀赋上说，美丽乡村是缤纷多彩的，在丘陵地带有“诗意乡村”，在濒海、滨江有“渔歌乡村”，坐落于平原上有“田园乡村”，位于高原有“天堂乡村”，隐藏在深山中有“桃园乡村”。① 这些不同于被污染、被拥堵的城市的乡村，是如今城市居民心驰神往的旅游胜地和世外桃源。呼吸清洁的空气，饮用干净的水源，品尝天然无污染的食品，回归田野，与真实的自然景色亲密接触，是如今城市居民可望而不可即的美好生活。置身于环境优美、青山绿水、生态良好的农村中休闲消费，是最有益于人与自然和谐相处的互动方式，也是最有益于身心愉悦和平衡的健康方式。尤其是在如今城市生活处于生态食品变为短缺食品、生态环境变成稀缺资源的情况下，作为优于城市非生态消费方式的农村生态的消费方式，更是一种最应倡导和推行、最具生态和时尚的消费方式。工业文明统治下的人类，往往将消费与自然对立起来，通常越舒适的消费享受和越有利润的消费产品，越是通过掠夺自然资源和破坏生态环境带来的。然而，对于工业时代发展逻辑下消费方式的嘲讽是，这种消费方式对于破坏环境有着重大影响，却并没有给人民带来一种满意的生活。生态文明推翻了工业文明的“残暴统治”，高扬绿色生态的价值理念，此时，有益于人身心健康的消费享受和人与自然和谐相处的利润获取方式，即生态消费方式才是符合时代发展的、合理适度的、道德的消费方式。现阶段，在乡村生态伦理的引领下，农民可以依托乡村的特色和优势，将优美的自然环境和良好的生态系统充分利用起来，大力发展以“农家乐”和民宿文化为特色的乡村生态旅游业，以及以陶冶身心健康且丰富晚年生活为亮点的乡村养老服务业，通过满足社会大众的生态消费需求，把生态优势转变为经济优势，增加经济收入，提高自身的社会性价值满足。

三、让农民以自身的优良美德而自豪

亚里士多德认为，合乎道德的生活即是一种好生活或者说善生活，“幸福

① 张孝德：《生态文明视野下中国乡村文明发展命运反思》，《行政管理改革》2013 年第 3 期。

就是一种灵魂合乎德性的现实活动”①，这意味着道德生活是人的生活中必不可少的元素，人能道德地生活才能使人生活得有尊严和高尚。生态道德将仁爱思想扩大到人与自然领域，体现了人类最为完整的真善美思想。乡村生态伦理引导农民尊重自然和认识自然，树立人与自然和谐共生的观念，提高生态道德觉悟，陶冶生态道德情感，磨炼生态道德意志，强化生态道德信念，遵守生态道德规范，培养生态道德行为。农民通过振兴乡村、保护自然环境的生态实践，促使乡村蓝天白云相间，绿水青山相依，自然环境美丽，生态系统良好，同时促使农民成为拥有生态理念、生态知识、生态素养、生态自觉的全面发展的人，也就成就了自己的美德，彰显了自身的优良品质。

在农民通过生产劳动改造自然界的过程中，乡村生态环境表现为农民本质的外化。农民利用生态生产方式、生态生活方式和生态消费方式进行生产、生活和消费，生产符合生态时代要求的农业产品，创造符合社会大众需求的文化产品，使乡村外部自然环境不断地显现了农民作为人的内在本性。具体来讲，农民在乡村生态伦理的引领下，以道德的方式对待乡村自然万物，悉心呵护土地，守护绿水青山，以生态生产方式、生态生活方式和生态消费方式对待乡村的生态环境，这让农民展现了自身所具备的良好品质。日本环境社会学者鸟越皓之对农业作了一个形象的比喻，认为“农业是被人类揽入怀抱的自然”②。农业生产不仅仅是在自然之中干农活，也是在亲近自然的基础上塑造综合人性的活动。“小农经济满足农民生产生活，体现劳动者生命价值与人性特点，从而在国家发展过程中起着维持农村社会稳定的蓄水池和稳定器作用。”③农民从事生态的农业劳动更是充满“综合的人性”的劳动，它有助于农民成为具有优良品质的人。

在生态道德视域下，人与自然之间存在着直接的伦理关系，人对无意识的自然讲道德是自身善的本质的彰显。马克思指出：“随着对象性的现实在社会

---

①　[古希腊]亚里士多德：《尼各马可伦理学》，苗力田译，中国社会科学出版社 1990 年版，第 12-14 页。

②　[日]鸟越皓之：《环境社会学——站在生活者的角度思考》，宋金文译，中国环境科学出版社 2009 年版，第 36 页。

③　张孝德、张文明：《农业现代化的反思与中国小农经济生命力》，《福建农林大学学报》(哲学社会科学版)2016 年第 3 期。

中对人来说到处成为人的本质力量的现实，成为人的现实，因而成为人自己的本质力量的现实，一切对象对他来说也就成为他自身的对象化，成为确证和实现他的个性的对象，成为他的对象，这就是说，对象成为他自身。”①自然界是对象性的人，是人的本质的对象性存在物，是一本打开了的关于人的本质力量的书。人在改造自然界之时，也把自己的本质对象化给自然界，使人的本质进入自然界，自然界便成为人的本质力量的彰显，自然界表征着人的本性。自然界表现为人的本质和人的现实。从某种程度上来说，人面前的自然界就是对象化的人自身。因此，人怎样看待自然界、怎样对待自然界，就等同于怎样看待自己、怎样对待自己；人与自然界的交往也就体现着人同‘人’、人同‘自己’的交往，善待自然界实质上就是善待人自己。② 大自然如同一面镜子，一般显现着人在自然面前的种种行为之形象，在这背后也同时映衬着人的善与恶。如果人对自然界讲道德，善待自然，那么自然界的美丽多彩就表明人的善；如果人对自然界不讲道德，虐待自然，那么自然界的破败不堪就表明人的恶。就此而论，农民善待自然、保护环境，体现了农民对其所处的乡村自然环境的尊敬，这实际上也是农民对其自身的尊敬的表现，是农民道德之善的彰显。黑格尔认为，人应尊敬他自己，并应自视能配得上最高尚的东西。农民是乡村生态伦理规范的制定者和执行者。作为立法者与守法者的统一，农民道德地善待乡村自然环境、关爱乡村自然环境、保护乡村自然环境，使环保意识成为生态观念和生态自觉，从而彰显出农民自身的优良品质。

美国过程研究中心、美国生态文明研究院和美国中美后现代发展研究院共同主办的 2018 年会议主题为：农人与哲人：走向生态文明。与会的世界著名哲学家与各个领域的专家学者就生态文明畅所欲言，其中来自哥伦比亚的农人安娜的一句振臂高呼真可谓振聋发聩：“真正的农人一定是哲人！”（A true farmer must be a philosopher!）。说真正的农人一定是哲人，意味着真正的农民一定具有把握事物内在本质、洞悉事物之间相互关系的能力和智慧。一个真正的农民，必须是内化了生态伦理的农民，他们能够把握自己在宇宙间的位置，洞悉四时的变化，明晰人和自然的关系、人和社会的关系、人与人的关系以

① 《马克思恩格斯全集》第 3 卷，人民出版社 2002 年版，第 304 页。
② 曹孟勤：《人性与自然：生态伦理哲学基础反思》，南京师范大学出版社 2004 年版，第 294 页。

及人和庄稼的关系、庄稼和草的关系、庄稼和虫的关系等，从而谋时而动、顺势而为。一个真正的农民，还必须是具有生态道德意志、生态道德信念、生态道德情感、生态道德行为、生态道德觉悟的农民，能够因自身优良的道德品质而获得较高的地位，赢得社会的认同和敬重。正是由于农民拥有生态伦理美德，才拥有他人的尊重；也正是由于拥有他人的尊重，才使农民为自身的优良品质和道德情操而自豪。美国国父杰弗逊说：天天与大自然打交道的农人是最有道德的，“他们最具生命力，最具独立自由之精神，最善良；他们与国家休戚相关，与国家的自由和利益永远相结合”①。他们是“最有价值的公民”，是国家“最珍贵的部分”，是他们使一个国家免于腐败，人民身心健康。在乡村生态伦理引领下，农民尊重自然、善待自然、保护自然，道德地对待乡村自然环境和生态系统，这既是其自身优良品质的实际体现，也是其博得社会认可和尊敬的因由所在。农民以自身的优良品质而自豪，也以自身的优良品质而赢得他人的尊重。

① Carl J. Richard, The Founders and the Classics: Greece, Rome, and the American Enlightenment, Cambridge: Harvard University Press, 1995. p.163.

第六章

中国乡村生态伦理制度建设

道德规范的实施除了需要依靠个人的道德自觉和基本良心外，还需要有社会制度作为保障。道德作为社会规范是一种软规范，不具有强制性，乡村生态伦理也不例外。要想确保乡村生态伦理能够落到实处、取得实效，除了依靠社会舆论的压力外，还必须借助制度的强制力量。制度是具有强制性的社会规范，它以行政力量为后盾，能够为乡村生态伦理的贯彻执行提供有力支撑。构建乡村生态伦理，还必须同时进行相应的制度建设。

第一节
制度是道德的保障

制度是人类社会最基本的社会规范，是人们在社会实践中形成的、人与人之间社会关系的具体体现，它在规范人的行为和协调社会关系方面发挥着重要作用。缺乏刚性约束的道德依赖于社会制度，社会制度对道德建设具有优先性，制度以硬性规范的方式保证社会良序运行。

一、社会制度对道德的优先性

社会制度是为了满足人的需要和调节社会中人与人之间的利益关系而产生的，是一个有适应能力的，为满足社会的最重要需求而建立和受各种社会规范调节的社会构造，是人类行为及其社会关系的规范体系，它在规范人的行为和协调社会关系方面起着核心的作用。社会学则认为，制度是“指在一定历史条件下形成的社会关系和与此相联系的社会活动的规范体系”①。

① 吴增基：《现代社会学》，上海人民出版社1997年版，第250页。

制度是一种定型化了的规则体系和运行机制，表现为强制性的稳定社会规范。制度所规定的范围对象是一定的社会关系以及一定社会关系中双方的社会行为。人们的社会行为和社会交往方式需要制度加以规约。恩格斯曾经指出，作为共同规则的制度起约束功能的必要作用，"在社会发展某个很早的阶段，产生了这样一种需要：把每天重复着的产品生产、分配和交换用一个共同规则约束起来，借以使个人服从生产和交换的共同条件。这个规则首先表现为习惯，不久便成了法律。随着法律的产生，就必然产生出以维护法律为职责的机关——公共权力，即国家"①。从现代意义上讲，制度是由社会性组织来颁布和实施的一整套规范体系和社会运行机制的总和。制度包括广义的制度和狭义的制度。广义的制度是社会制度，狭义的制度是具体的法律、法规等规章制度和规范体系。制度真实地影响、制约、塑造着人们的活动，为人的活动提供了规则、标准和模式，将人的活动导入可合理预期的轨道，给人们提供了从事活动的实际空间。制度作为规则，也即限制，它界定了人的活动范围，告诉个人能够、应该、必须做什么，也告诉人不能做什么、禁止做什么。② 制度所规定的人的活动范围实际上就是人的现实自由的空间，人在规则划定的界限内活动，得到社会的许可、赞赏和鼓励；超越界限活动，则受到社会的排斥、谴责和制裁。制度规范着人们的社会关系，在现实社会中人是通过制度与他人、与社会发生关系的。人一出生就面对既定的制度，生活在已有的制度之中。不论是广义的制度还是狭义的制度，制度都体现为对社会中人们的诸多行为的约束和规范，确保社会以良序运行。制度作为人们行为的规范体系，是人们行为的"游戏规则"，具有形式合理性和合法性，对于生活于该规范体系范围内的任何组织和个人来说，是一种必须遵守的秩序和规范，因而制度体现为一种强制的力量。

制度表现为强制的社会规范，是一种国家政治。而道德是个人的，个人道德的完善依赖于社会制度。马克思指出的"道德的基础是人类精神的自律"③这一论断深刻揭示出道德的本质特征，这就是个人道德的意义及其实现

① 《马克思恩格斯选集》第 3 卷，人民出版社 1995 年版，第 211 页。
② 吴向东：《制度与人的全面发展》，《哲学研究》2004 年第 8 期。
③ 《马克思恩格斯全集》第 1 卷，人民出版社 1995 年版，第 119 页。

主要在于个人的自觉，在于个人的良心。然而，它并不必然是刚性的，它不能保证社会群体在发生纠纷与冲突的时候，能够成为有效解决纠纷的普遍原则，也不能保证个人在复杂的社会利益与道德信仰追求发生矛盾的时候仍然选择道德。此时，个人的道德完善就依托于宏观层面上的社会制度，需要制度为个人提供行为准则与要求。社会制度对道德具有优先性。社会制度会对个人道德产生深层和深远的影响。正如罗尔斯所说："社会的制度形式影响着社会成员，并在很大程度上决定着他们想要成为的那种个人，以及他们所是的那种个人。"①柏拉图、亚里士多德、黑格尔、马克思、恩格斯、罗尔斯等思想家，都从不同角度阐述了社会制度对道德优先性的思想。

柏拉图认为社会制度具有至上性，城邦的正义应当置于首位，城邦的正义优先于个人的正义。为了说明"什么是正义"，柏拉图在《理想国》中构建了一个理想的城邦，认为这种能够超越个人利益的客观的、普遍的正义就是城邦正义。他借苏格拉底之口说："我们建立这个国家并不是单为了某一个阶级的特殊的幸福，而是为了全体公民的最大幸福。……我认为目前我们的首要任务是设想出一个幸福国家的模型来，但不是设想一个少数人幸福的国家，而是一个整体幸福的国家。"②柏拉图认为，城邦是在分工的基础上，统治者、辅助者和各具技艺的各种工匠、农民、商人所组成的共同体。城邦的正义就是要维护统治者、卫国者和谋生者三个阶层的人各司其职以保持城邦秩序井然的良好状态。在柏拉图看来，使一个城邦获得明智、勇敢、节制和正义之美称的品质与使一个人获得这些美称的品质是同一的。他把城邦正义放在首位，强调国家（制度）正义对于个人正义的优先性，并强调制度安排的至上性。

柏拉图的弟子亚里士多德延续了柏拉图以促进城邦政治生活为目标的"共同体主义"思考路径。亚里士多德认为，人天生就是一种政治动物，人无法离开群体独自生活，人的德性实现离不开城邦共同体的美德。人类不同于其他动物的特征就在于他的合群性，人类之所以能够过上优良的生活就在于人类具有合群性。亚里士多德说："城邦显然是自然的产物，人天生是一种政治

① ［美］罗尔斯：《政治自由主义》，万俊人译，译林出版社2000年版，第285页。
② ［古希腊］柏拉图：《理想国》，王扬译，华夏出版社2000年版，第119页。

动物，在本性上而非偶然地脱离城邦的人，他要么是一位超人，要么是一个鄙夫。”[①]就是说，人是具有合群性的政治动物，人不能离开城邦的生活。在“个人—家庭—村坊—城邦”的伦理秩序当中，城邦的正义是最高的正义，城邦的善是最高的善。那么城邦优秀与否对个人生活就具有决定性的意义，城邦善恶关系到个人的善恶与个人幸福的实现与否。按照亚里士多德的观点，城邦的善、体制的善、制度的善优先于个人的善，是人性发展和社会道德进步的重要保障。

黑格尔认为，作为伦理精神发展的最高阶段的国家，优于市民社会。对于市民社会，黑格尔解释道：“市民社会是个人私利的战场，是一切人反对一切人的战场。同样，市民社会也是私人利益跟特殊公共事务冲突的舞台，并且是它们二者共同跟国家的最高观点和制度冲突的舞台。”[②]在黑格尔看来，市民社会中的每个人都在专注于追逐自身私利，难免会有种种矛盾，是伦理上不完善的社会。只有在国家具有普遍性的制约下，个人的利己目的才有可能得以保障。国家作为有意识的、普遍性的理性存在，是“作为社会正当防卫调节器”[③]，它表现为国家的制度，家庭与市民社会的一切利益都从属于国家。以国家制度为基础，市民社会中的个人利益与普遍利益可以彼此交融，能够相互依赖。也就是说，市民社会的存在离不开超越于市民社会的国家的存在。

马克思、恩格斯认为，制度决定与影响着人的道德状况。在马克思、恩格斯看来，在伦理学的意义上，不同的制度使人们的道德状况表现出不同的特点，对社会道德进步起着不同的伦理效应。正是资本主义制度的不道德，才造成了资本主义社会中人的异化。马克思、恩格斯指出，资本主义社会中的道德问题是资本主义制度的问题，会随着资本主义制度的覆灭而消除。根除了导致人异化的资本主义制度藩篱，建立共产主义制度，就能实现真正平等、自由和公正的伦理期盼。“共产主义是对私有财产即人的自我异化的积极的扬弃，因而是通过人并且为了人而对人的本质的真正占有，因此，它是人向自身、也就是向社会的即合乎人性的人的复归，这种复归是完全的复归，是自觉实现并

① 苗力田主编：《亚里士多德全集》第9卷，中国人民大学出版社1994年版，第6页。
② ［德］黑格尔：《法哲学原理》，范扬、张企泰译，商务印书馆1961年版，第309页。
③ ［德］黑格尔：《法哲学原理》，范扬、张企泰译，商务印书馆1961年版，第200页。

在以往发展的全部财富的范围内实现的复归。”①共产主义制度解决了人对人的剥削、压迫以及人与自己的无机身体——自然界的对立，为人的个性发展提供了充分的自由，让人进入了真正人的生存条件。

罗尔斯认为，社会制度的正义性是社会基本结构性质的最高规定，也是其最高的价值目标。他在《正义论》中开宗明义地提出：“正义是社会制度的首要价值。”②正义的社会制度决定着人们生活的方方面面，对人的影响不仅深刻广泛且自始至终。更重要的是，这种深刻和重大影响又是个人所无法选择和逃避的。罗尔斯在《政治自由主义》一书中进一步重申了这一观点。在罗尔斯看来，制度伦理优先于个人德性，只有制度正义才能保证每一个社会成员的基本权利得到充分实现，使所有社会价值或基本的社会善得到公平分配。基于社会合作的必然性和矛盾性，他充分阐述了社会制度的重要作用。

二、规范性制度是道德实施的后盾

制度在调节社会关系、促进社会和谐方面最为鲜明的特点，是具有强制规范性，是一种靠强制力保障实施的“游戏规则”。道德作为社会成员最基本的社会规范，是通过舆论宣传和人的良知、义务等发挥作用，不带有强制性，约束作用相对柔弱。每个人都具有道德观念，然而它对人们作恶冲动的约束力量是柔性的。传统习惯、社会舆论、榜样示范等道德手段是通过人们内心的自律与自觉而转化为道德理性的，其结果只能是劝善而无法有效地惩恶。对于作恶者来讲，道德的软性规范除了给予良心上的不道义谴责以外，在其他方面往往是无能为力的。制度则依靠一套社会机器来运作，以强制性的规范方式对道德起保障作用。

对于规约力度较软的道德来讲，需要社会制度这一强力规范保障道德的施行。弗洛伊德认为，文明是与人的本能欲望相对立的，不可能存在非压抑性文明。人具有驱乐避苦的本能，这是人类躯体的内在驱动力，这种特性使得人类文明的获得必须要压抑人的本能。在弗洛伊德看来，如果放任人的各种基

① 《马克思恩格斯文集》第1卷，人民出版社2009年版，第185页。

② [美]罗尔斯：《正义论》，何怀宏、何包钢、廖申白译，中国社会科学出版社1988年版，第1页。

本本能让其自由地追求自然目标，不可能有任何文明的产生。社会文明的达成需要人类对自己的本能加以遏制，是有条不紊地牺牲力比多并把他强行转移到对社会有用的活动和表现上去的结果。

虽然弗洛伊德把人的本能看作具有反文明的本质的观点是值得商榷的，但他认为社会进步的获得需要对人的本能加以限制的思想是值得称道的。对于建构社会伦理道德来说，对人的“恶”的本能欲望加以约束，才能让“善”的道德遵守得到激励和推动，正可谓“惩恶扬善”。社会制度体现为强制性的激励和推动力量，是有效规范和约束人们社会行为的“游戏规则”，能够为人们的行为追求和社会交往提供相对稳定而有序的活动空间，同时能够限制人们非理性或非制度化的行为。当前，我国正处于社会转型时期，呈现出由传统社会向现代社会过渡的新旧交替的特点。在强调尊重个人权益的同时，人们还无法普遍摆正好个人利益与社会利益之间的关系，公民公共道德和公民意识仍较为匮乏。而与此同时，相应的制度建设、法制建设等硬性规范却明显滞后，缺乏对道德的支撑作用，影响了社会道德的全面进步。相比于道德的自律而言，制度属于强制性的“他律”，是一种硬规范。应该承认，人们的道德水平不同，舆论对每个人所起的作用也不同。当人们不能自觉地遵守社会伦理规范时，制定相应的行政措施和制度规定以形成强有力的约束机制就势在必行。因此，对于柔性的、弱性的自律行为加以良好约束，对于道德行为者加以激励与对于不道德行为者加以惩戒，都需要硬性的制度设置。“要保证社会道德意识的普遍养成和社会道德规范的共同遵守，必须在道德教化的基础上强化制度的规约，使社会公众内心形成的道德‘意义世界’在向道德自觉的行为转化过程中得到制度伦理的坚定支持。”[①]无论是行政措施还是制度规定，它们都是稳定、强力的约束机制，是通过强制性的介入来调整社会成员的利益关系，用硬性的力量确保道德的有效传播，对个人、社会的行为进行规范和约束，是道德实施的强力后盾。

现实社会中，很多制度规定都发挥着对道德的保障作用。有些制度规定是对道德风尚的促进，确保着高尚的道德情操不会因做好事而吃亏。当今社

① 李晔：《道德“意义世界”之养成与构筑——制度伦理视域下的德育本体性自觉实践》，《学术探索》2015 年第 2 期。

会上做好事反被人诬告，使做好事的人反而受损失的现象屡见不鲜。对此，深圳市于2013年设立了全国首个专门保护救助人的法规:《深圳经济特区救助人权益保护规定》。该规定强调，若被救助人诬告救助人将承担法律责任，直至被追究刑事责任。这就从制度上保障了做好事的人避免因道德的善举反而遭殃的状况，对形成助人为乐的良好社会风尚起到了促进作用。有些规章制度对于道德败坏行为可以起到强制的制裁效应。例如，2018年8月21日，在从济南站开往北京南站的G334次列车上，乘客孙某霸占另一名乘客的靠窗座位，而且态度强硬不愿坐回自己的座位。当事女乘客叫来列车长后，该男乘客自称“站不起来”，在乘务员几次劝阻之下孙某依然态度蛮横。此事经网络曝光后，舆论对孙某道德败坏行为一片指责。然而，孙某此后在网络上上传了自己坐轮椅的视频以戏谑的态度公然调侃社会公众。对此，2018年9月3日，国家公共信用信息中心公布《8月份新增失信联合惩戒对象公示及公告情况说明》，新增因严重失信行为而限制乘坐火车严重失信人247人。在这份公示名单中，出现了“高铁霸座男”孙某的名字。此举对于火车上的不道德行为是一种强有力的制裁。本质上，制度是一种最基本的社会道德规范的体现，具有一种“底线伦理”的意义。制度越完善，社会生活的规范化程度就越高，社会生活的有序性就越强，体现在制度规范中的公共意志就越能够得到人们自觉的遵守。

第二节
制度对乡村生态伦理的担保

党的十八大把生态文明建设提高到“五位一体”总体布局的高度，党的十九大把乡村振兴战略提高到经济发展制度方略的高度，依靠国家行政力推动生态文明建设和乡村振兴战略的实施。生态文明建设的一个重要着力点是“乡村”，乡村振兴战略的一个关键着力点是“生态”，乡村生态文明建设已成为国家生态文明建设和宏观经济发展战略的重要组成部分。依托国家制度方略支撑的生态文明建设和乡村振兴战略，乡村生态伦理建设得以不断推进和深入开展。

一、生态文明建设对乡村生态伦理的担保

我们党始终重视生态环境保护问题，进入新世纪后提出了“生态文明”的理念，并逐渐将生态文明建设提升到了国家经济社会发展全局的高度。2012年党的十八大首次提出建设“美丽中国”，将生态文明建设与经济建设、政治建设、文化建设、社会建设并列为“五位一体”总体布局，强调要“把生态文明建设放在突出地位，融入经济建设、政治建设、文化建设、社会建设各方面和全过程，努力建设美丽中国，实现中华民族永续发展”①。“五位一体”总体布局把“生态文明建设”提高到了前所未有的高度。党的十九大进一步强调：“建设生态文明是中华民族永续发展的千年大计。”②2018年，习近平总书记在全国生态环境保护大会上指出，“生态环境是关系党的使命宗旨的重大政治问题”，并且重申了加强生态环境保护制度建设的重要意义。在2019年的全国“两会”上，习近平总书记用“四个一”概括生态文明建设，即在“五位一体”总体布局中，生态文明建设是其中一位；在新时代坚持和发展中国特色社会主义基本方略中，坚持人与自然和谐共生是其中一条基本方略；在新发展理念中，绿色发展是其中一大理念；在三大攻坚战中，污染防治是其中一大攻坚战。习近平总书记的“四个一”重要论述将生态文明建设提高到了治国理政前所未有的高度。

生态文明是人类在对待人与自然关系上的巨大进步，是人类社会和生产力水平发展到一定历史阶段的必然产物，是继原始文明、农业文明、工业文明之后的一种新型文明形态。它以尊重和维护自然为前提，以人与人、人与自然、人与社会和谐共生为宗旨，以建立可持续发展道路为着力点，主张人的自觉与自律，注重人与自然环境的相互依存、相互促进、共生共荣，倡导既追求人的幸福也追求人与自然的和谐。可以说，生态文明是人类对传统文明形态特别是工业文明进行深刻反思的结果，生态文明概念是在对工业文明反思的基

---

① 《十八大以来重要文献选编》上，中央文献出版社，2014年版，第30-31页。

② 习近平：《决胜全面建成小康社会，夺取新时代中国特色社会主义伟大胜利》人民出版社2017年版，第23-24页。

础上形成的。近300年来,工业文明在“利用自然、控制自然”这一核心世界观的引导下,竭尽全力发明、创造和使用日益先进和日益有力的工具,向自然界疯狂进攻和全面索取。遵循工业文明的“利用自然、控制自然”的价值观念,工业文明采取的是把人看作具有智慧和创造性的主体、把自然界看作毫无价值的客体的“主客二分”哲学思维,其结果就是人狂妄自大地凌驾于自然之上,盲目地主宰自然,对自然界施以残暴统治。目前,全球性生态危机已经向人类表明了这种思维理念的错误性乃至荒谬性。工业时代下实现的所谓生产发展、经济增长是不可持续的繁荣,是威胁到人类生存的线性发展和片面增长。生态文明树立的是人与自然和谐共生的有机论哲学世界观。这种新型哲学世界观,是符合生态文明时代要求的,以“人与自然和谐共生”为目标的理念。它旗帜鲜明地反对工业文明“今朝有酒今朝醉”“人不为己天诛地灭”的利己主义思想。“人与自然和谐共生”的关键在于,人与自然是不可分割的统一整体,二者在相互联系、相互作用和相互依赖中和谐共生。国家从总体布局上提出建设生态文明、从宏观经济发展战略层面要求改变工业文明中不可持续的经济增长方式,自觉主动地选择节约资源和保护环境的空间布局、产业结构、生产方式、生活方式,在人与自然和谐共生中实现可持续发展。从这一点来说,生态文明体现了人与自然和谐共生之善的理念、善的要求、善的制度的特点。

生态文明作为体现遵循自然规律、实现可持续发展之善的理念、善的要求、善的制度的特点,内在地要求乡村也要建设生态文明。乡村生态文明建设是国家生态文明建设的题中应有之义。中国是农业大国,乡村占有广袤的空间和土地资源。费孝通在《乡土中国》里开篇便谈道:“基层上看去,中国社会是乡土性的。”[①]正是因为中国的农耕文化特质,乡村在我国经济社会发展中具有举足轻重的地位。2015年《中共中央国务院关于加快推进生态文明建设的意见》指出:“加强农村基础设施建设,强化山水林田路综合治理,加快农村危旧房改造,支持农村环境集中连片整治,开展农村垃圾专项治理,加大农村污水处理和改厕力度。”[②]习近平总书记在2018年全国生态环境保护大会上指出,要大力建设生态文明,“持续开展农村人居环境整治行动,打造美丽乡村,

① 费孝通:《乡土中国 生育制度》,北京大学出版社1998年版,第6页。

② 《中共中央国务院关于加快推进生态文明建设的意见》,《人民日报》2015年5月6日。

为老百姓留住鸟语花香田园风光”。农业是与自然生态系统关系密切的产业，农村是具有特定的自然景观和社会经济条件的地方，农民则是在大自然中从事农业生产的人。“三农”体现出人与自然关系、“接地气”的特性。生态文明建设不能没有乡村生态文明建设作为基础，建设美丽中国的蓝图应谱写在乡村的绿色田野上。中国建设生态文明，不能缺少建设乡村生态文明。乡村生态文明建设是全国生态文明建设的关键环节。

建设乡村生态文明离不开建设乡村生态伦理，乡村生态伦理是乡村生态文明建设落到实处的内在要求。乡村生态文明建设是我国生态文明建设的重要组成部分，是我国新农村建设在新时代的新要求、新方向，它要求从社会生产方式、生活方式、消费模式以及思维观念、价值取向等多层面推进乡村经济社会发展的生态化转变，逐步建立农村经济社会发展与资源环境协调共生的新模式。随着生态文明建设进入国家总体布局，乡村生态文明建设也进入国家宏观经济发展战略层面。加强乡村生态文明建设，单靠政府自上而下的行政性、单向度实施是难以奏效的，一味靠灌输式教育同样也是难有成效的。要把乡村生态文明建设落到实处，必须有赖于全体公民生态意识的觉醒，尤其是有赖于农民生态意识的觉醒。美国社会心理学家英克尔斯指出，社会的现代化必须要实现人的现代化，没有人的现代化就没有社会的现代化。“如果一个国家的人民缺乏一种能赋予这些制度以真实生命力的广泛的现代心理基础，如果执行和运用着这些现代制度的人，自身还没有从心理、思想、态度和行为方式上都经历一个向现代化的转变，失败和畸形发展的悲剧结局是不可避免的。再完美的现代制度和管理方式，再先进的技术工艺，也会在一群传统人的手中变成废纸一堆。”①就生态文明建设而言，也应让人具备生态文明的素质。只有确保人成为生态人才能顺利推进生态文明建设。“中国进行生态文明建设，必须首先加强生态文明建设主体自身的文明建设，只有主体自身获得了生态文明的本质，成为本真性的生态存在的主体，才能创造出一个生态文明的现实世界。”②为此，建设乡村生态文明，就要提高农民的生态道德意识，增强他们

① [美]英格尔斯：《人的现代化》，殷陆君译，四川人民出版社 1985 年版，第 4 页。

② 曹孟勤：《论马克思主义人学视域中生态文明建设主体自身的文明》，《南京师大学报》（社会科学版）2016 年第 1 期。

的生态道德素质，推动乡村生态伦理建设落地生根。一方面，促进乡村生态伦理为乡村生态环境构筑保护盾牌，从生态伦理上约束农民不去破坏乡村自然环境，力求将破坏乡村生态环境的恶行阻挡在伦理规范的栏杆之外；另一方面，促进乡村生态伦理为农民架起追求美好生活的支撑点，以生态的生产方式、生活方式和消费模式实现乡村生产的经济效益与生态效益的统一，从伦理上确保农民与自然共生共荣之善。因而，乡村生态文明建设的落实不能缺少乡村生态伦理建设，乡村生态伦理建设是乡村生态文明建设得以在乡土大地上开展的重要环节。

建设乡村生态文明客观上要求建设乡村生态伦理，建设乡村生态伦理是建设乡村生态文明的重要体现。文明的核心是道德的进步，伦理是社会文明的体现。文明的内在含义是人脱离野蛮，走向一种有涵养的境界。日本学者福泽谕吉认为，“归根结底，文明可以说是人类智德的进步”①。文明主要表现为人自身的文明，器物文明和制度文明，其中人自身的文明是核心，文明主要表现为人的道德高尚和精神进步②。只有实现了人自身的文明才能有器物文明和制度文明，后两者不过表现为人自身文明的外在显现。著名经济学家厉以宁先生认为，要形成优良的社会风尚，良好的道德是必不可少的，否则社会肯定是无序的，经济生活肯定是紊乱的。③ 就此而言，建设乡村生态文明的关键一点是要让乡村社会中的人在面对自然界的时候，能够以文明的方式而非野蛮的方式，以生态伦理的态度而非粗暴的态度对待自然环境。农民保护乡村生态环境的一点一滴行为，不仅是在贯彻乡村生态文明建设的要求，也是农民自身高尚道德情操的确证。乡村生态伦理的规范性，在于对违背乡村生态伦理道德规范的人施以一定的谴责和压力，使其不敢或不愿破坏自然环境；乡村生态伦理的激励性，在于鼓励农民自觉履行乡村生态伦理义务，以生态的生产方式、生活方式和消费模式达成人与自然共荣共生的美好生活。乡村生态伦理的规范与激励功能可以促进乡村形成保护环境、关爱自然、维护乡村生态平衡的良好生态道德风气，这既是乡村生态文明建设的重要内容，也是乡村生态文明成效的实际体现。

---

① ［日］福泽谕吉：《文明论概略》，北京编译社译，商务印书馆2017年版，第35页。

② ［日］福泽谕吉：《文明论概略》，北京编译社译，商务印书馆2017年版，第35页。

③ 厉以宁：《超越市场与超越政府：论道德力量在经济中的作用》，经济科学出版社2010年版，第26页。

二、乡村振兴战略对乡村生态伦理的担保

乡村最大的优势是生态，建设乡村应从生态文明建设起航。乡村是中国的根。乡村兴则国家兴，乡村衰则国家衰。乡村振兴应以生态文明建设为引领，促进乡村加快奔小康的步伐，让农民尽享绿水青山、空气清新、环境优美、生态宜居的美好生活。生态文明时代，要求人与自然友好相处，在亲近自然、顺应自然的基础上，实现人的需求的合理满足和自然界的可持续发展。比起人处在钢筋水泥之中、与大自然相隔绝的城市，乡村可以依靠尊重自然、顺应自然、保护自然的方式实现生产方式的生态化，同时可以依靠亲近自然、亲近生态、亲近绿色的优势实现生活方式的生态化。乡村的生态优势使乡村在与自然互动的同时，既满足了人的生态需要，也让自然界美丽多彩。美国著名过程哲学家小约翰・柯布说："中国具有发展生态文明的天然优势，因为中国大多数农民在村子里仍然从事着精耕细作的小农经济。这些小型的、多样化的家庭农场最能解决未来人类食品安全问题，同时也是中国社会政治经济稳定的根基所在。"①生态文明倡导人与自然和谐共生，乡村是最贴近自然的地域综合体，农民是最亲近自然的劳动生产者。较之工业文明，生态文明与农业文明有着更为流畅的联系，"绿水青山就是金山银山"理念驱动下的发展模式才是乡村的出路。生态文明的新时代，相对优越的自然生态禀赋和良好的农业产业资源是欠发达地区、落后乡村后发赶超的最大优势、最大潜力，挖掘利用好这些资源，"绿色弯道超车"是完全有可能的。建设生态宜居乡村，应当重视乡村、支持乡村、厚爱乡村，保护好乡村自然环境，体现好乡村特点风貌，注意乡土味道，保留乡村风韵，留得住青山绿水，记得住乡音乡愁，促进乡村生态式发展，营造人与自然和谐共生的新格局。生态文明建设应是乡村振兴的重要着力点。

我国是一个农业大国。如何振兴农业、如何发展农村、如何让农民生活幸福，始终是党和国家关注的头等大事。全面建成小康社会，实现社会主义现代化强国，最艰巨最繁重的任务在乡村，最广泛最深厚的基础在乡村，最大的潜

---

① ［美］小约翰・柯布：《发展生态文明的中国优势》，《人民日报》2015 年 8 月 21 日。

力和后劲也在乡村。党的十八大以来，中国特色社会主义建设进入了新时代，党中央提出乡村振兴战略，并将此提高到国家宏观制度层面，成为新时代国家现代化建设的重大举措。习近平总书记在党的十九大报告中规划了“乡村振兴”战略，并提出了“产业兴旺、生态宜居、乡风文明、治理有效、生活富裕”的总要求。此后的每年中央一号文件都高度重视乡村振兴战略的重要性，强调农业农村要优先发展。

国家从宏观经济发展战略层面提出的乡村振兴，是建设乡村生态文明的有力支撑，对建设乡村生态文明将发挥重要的促进作用。实施乡村振兴战略，是以绿色发展为引领，蕴含着“生态优先”的寓意。从社会主义新农村建设和乡村振兴战略的目标差异就可看出，乡村生态文明建设在乡村振兴战略中具有举足轻重的重要作用。乡村振兴战略要求以维护自然生态环境为基本前提，将保护乡村生态环境放在突出位置，强调要坚持人与自然和谐共生，“牢固树立和践行绿水青山就是金山银山的理念，落实节约优先、保护优先、自然恢复为主的方针，统筹山水林田湖草系统治理，严守生态保护红线，以绿色发展引领乡村振兴”①。一方面，就产业发展来讲，乡村振兴战略要求以绿色产业为重要支撑，强调绿色兴农，加强农业绿色生态技术的研发和应用，在保护环境的前提下进一步发展生产，确保农民持续增收，过上幸福美满的生活。要实现这一目标，必须秉持绿色发展的理念，积极探索促进生态农业发展的新途径。通过建立以市场为导向、农民为主体、政府指导和社会参与的联动机制加快美丽乡村建设，鼓励农民根据资源条件，选择最适合本地发展的优势和特色产业，大力推进专业化生产、规模化经营和品牌化建设，加快形成乡村振兴与农民增收致富互促共进的良好局面。另一方面，就建设乡村宜居的人居环境来讲，乡村振兴要求以改善安居条件为重要内容。习近平总书记在2016年农村改革座谈会上指出：“要因地制宜搞好农村人居环境综合整治，改变农村许多地方污水乱排、垃圾乱扔、秸秆乱烧的脏乱差状况，给农民一个干净整洁的生活环境。”②乡村振兴中，改善农村人居生活条件，就要通过实施村容整治、污染防治、村组合并、异地搬迁等方式，引导农民建设布局合理、设施完备、街巷整

① 《中共中央国务院关于实施乡村振兴战略的意见》，人民出版社2018年版，第8页。
② 《习近平关于社会主义生态文明建设论述摘编》，中央文献出版社2017年版，第89页。

齐、庭院整洁、生态良好村庄，提供城乡均等化的公共服务，不断提高农民的生活质量与幸福指数。此外，还要加强对古村落、古民居和古建筑的保护与开发利用，实现历史与文化、传统与现代的有机结合，把农村打造成为“宜居宜业宜游”的幸福家园。

体现国家经济发展战略高度与制度方略的乡村振兴战略，必将有力地促进乡村生态伦理建设。乡村振兴战略用“生态宜居”替代“村容整洁”，既是乡村建设理念的升华，也是一种质的提升。“生态宜居”四个字蕴含了人与自然之间和谐共生的关系，是“绿水青山就是金山银山”的思想在乡村建设中的具体体现，也是乡村生态伦理的价值理念和价值追求。习近平总书记强调，“法律是准绳，任何时候都必须遵循；道德是基石，任何时候都不可忽视”①。可以说，乡村振兴对加强乡村生态伦理建设具有重要的促进作用。一方面，乡村振兴需要加强乡村生态伦理建设。实施乡村振兴战略，是让改革发展成果更多惠及全体农民，实现全体人民的共同富裕。实现这一目标，有一项重要的工作就是大力加强乡村生态伦理建设，让人与自然和谐相处的道德规范、道德品质与道德责任厚植于农民的思想土壤，让农民在推进乡村振兴战略的实践中，提高生态觉悟、增强生态意识、提高生态素养，自觉养成生态习惯和生态行为，让建设美丽乡村、美好家园成为共同的价值追求。另一方面，加强乡村生态伦理建设是乡村振兴的题中应有之义。现阶段，实施振兴乡村战略是我国必要且紧要的任务，而同样重要的是通过振兴乡村战略提高农民的文明程度，加强农民思想道德建设，培养新型农民。作为国家运用制度方略促进经济社会发展的关键一环，乡村振兴战略是乡村生态伦理建设的重要动力和载体，是把乡村生态伦理建设落到实处、取得实效的重要依托。

乡村生态伦理无论是通过农民自省的内化，或是教育的感化，或是舆论的引导，总体上还都是依靠自律的软性约束。如果乡村生态伦理建设缺乏相应的制度支撑，是无法确保其在实际运用过程中有效发挥规范效应的。当前，乡村振兴战略实施过程中，中央非常强调要用制度保护乡村生态环境。2018 年中央一号文件指出，要健全耕地草原森林河流湖泊休养生息制度、落实农业功能区制度、鼓励地方在重点生态区位推行商品林赎买制度以及探索建立生态

① 《习近平谈治国理政》第 2 卷，外文出版社 2017 年版，第 133 页。

产品购买、森林碳汇等市场化补偿制度。建立长江流域重点水域禁捕补偿制度。乡村生态伦理“自律”应与乡村振兴战略所推动的乡村生态文明制度建设“他律”结合起来，以增强乡村生态伦理的约束性和强制性，促使农民把生态要求变为生态意识和生态自觉。

乡村振兴战略推动乡村生态文明制度进一步健全，也促进乡村生态伦理制度不断完善。道德自觉是在道德理性和道德激情的支配下自主实施道德行为的过程。一般说来，一个人的道德自觉性越高，其内在的道德责任感和义务感就越强，所表现出来的道德行为习惯也就越明显。然而道德自觉并非凭空出现，它需要以制度作为基础和保障。制度可以促使人们心中的道德自觉成为人们日常的行为习惯。作为一种稳定的制度规范，乡村生态文明制度可以强化农民遵守基本生态道德规范的行为自觉，促进农民在实践中养成良好的道德习惯。它一经制定和实行就具有稳定的执行效力，这可以促使农民在潜移默化的过程中，形成良好的道德行为习惯。此外，进一步健全乡村生态文明规范，有利于农民履行生态道德责任。乡村生态文明的政策规定和制度要求，在明确农民对待自然环境该做什么以及怎么做的同时，也对农民对待自然环境不该做什么和不该怎么做提出了约束性要求，这可以及时有效地制止和纠正损害乡村生态环境的违规行为，确保乡村良好的自然生态环境。乡村生态文明规范是把农民在日常生产、生活和消费中的行为方式和行为诉求以规章制度的形式固定下来，形成农民应予遵守的生态道德准则和要求；另外，按照乡村各行业、各部门、各单位的特点，把生态道德规范和要求细化和量化为具体工作岗位的职责要求，使农民看得见、摸得着、学得上，便于在生产、生活和消费中进行把握和执行。乡村生态文明制度建设能够促进农民的生态觉悟的提高，规范农民的生态行为，有效地避免破坏生态环境的现象，做到“违者必究、违者必罚”，进而确保乡村生态伦理建设的顺利进行。

乡村振兴战略是对乡村生态伦理建设的重要支撑。乡村振兴要求乡村要有文明的乡村风貌，农民要有良好的精神面貌和道德风尚。2017 年 12 月，习近平总书记在江苏徐州调研时强调：“实施乡村振兴战略不能光看农民口袋里票子有多少，更要看农民精神风貌怎么样。”这表明，党中央已将农村思想道德建设摆到了突出位置，它既为我国农村思想道德建设提供了重要动力，同时也为乡村生态伦理建设提供了有力支撑。实施乡村振兴战略，是农民在新时代的重大时代变化，是农民改变命运的重要历史机遇。通过实施乡村振兴战略，乡村生态文明制度建设和乡村生态伦理制度建设取得极大进展，农民生态素质获得不断提高，农民生态觉悟得到进一步增强。主体素质的高低直接影响着乡村生态文明建设的成效。人是制度化的存在物，人的道德养成依赖于社会制度。生态农民之养成，将乡村生态伦理内化于心、外化于行，同样依赖于乡村振兴所要求的乡村生态文明制度建设，依赖于乡村生态伦理制度建设。对于人与其社会存在的关系，马克思、恩格斯指出："人们的观念、观点和概念，一句话，人们的意识，随着人们的生活条件、人们的社会关系、人们的社会存在的改变而改变的。"①人是社会的产物，社会的变化发展对人具有决定作用。新时代，乡村振兴为乡村生态文明建设和乡村生态伦理建设提供了重要动力和载体，为乡村生态伦理建设落到实处、取得实效提供了有力支撑。乡村振兴的进一步实施，必将推进乡村生态文明制度建设和乡村生态伦理制度建设的深入开展，促进乡村经济社会的不断发展，推动农民生态观念和生态素质的进一步提高，促使农民由"理性经济人"向"自觉生态人"转变。

第三节 中国乡村生态伦理制度建设内容

制度是乡村生态伦理建设的担保，对建设乡村生态伦理具有重要的推动、保障与促进作用。现阶段，加强乡村生态伦理制度建设，推动乡村生态振兴，应以绿色发展为引领，构建乡村绿色发展考核体系，健全乡村生态环境保护规定，推行农业产业绿色化保障制度，实施乡村生态环境补偿机制。

一、构建乡村绿色发展考核体系

乡村绿色发展考核体系，是指对乡村干部的目标考核共分为生态经济发

① 《马克思恩格斯选集》第1卷，人民出版社1995年版，第291页。

展、生态富民惠民、生态环境保护、生态建设保障等几大类，将生态优先的理念贯穿于每一类别的考核中，以生态统领整个考核体系，促进新发展理念的贯彻，落实高质量发展的要求，推动"生态立乡""生态立村"绿色发展。新时代，乡村发展的最大优势是生态环境，乡村应当多在绿色发展上做文章而不是紧盯着 GDP，对此绿色发展考核体系应当是乡村干部考核体系的主体。乡村生态伦理制度建设重要内容之一是构建乡村绿色发展考核体系。俗话说，火车跑得快全凭车头带。"实践证明，生态环境保护能否落到实处，关键在领导干部。"①加强乡村生态文明制度建设，最重要的是建立健全乡、镇、村级干部的生态文明建设考核体系，完善体现生态文明建设需要的目标要求、考核标准、责任措施、奖惩办法等。考核体系对乡村生态文明建设具有重要的引导作用。它能充分反映生态文明建设的全面发展，要求乡村干部将生态环境置于经济社会发展评价体系的突出位置，促进乡村资源利用、生态保护和环境改善，让生态文明建设的成果更多更公平地惠及全体人民。习近平总书记强调："一定要把生态环境放在经济社会发展评价体系的突出位置。如果生态环境指标很差，一个地方一个部门的表面成绩再好看也不行，不说一票否决，但这一票一定要占很大的权重。"②现阶段，应以绿色发展为引领，推动乡村生态振兴，把乡村生态文明建设状况作为重要的考核内容，明确资源利用、环境影响、生态效益等考核内容，并实行重特大环境责任事件追究制度，构建乡村绿色发展考核体系，使之成为推进乡村生态文明建设的重要导向和约束内容，改变过去单凭国内生产总值增长来论高低、评好坏、比输赢的做法。

例如，近年来，甘肃省康县坚持"让有为者有位"的原则，依据乡村生态文明建设的实绩选拔干部，提拔重用在美丽乡村建设中表现优秀的基层干部 68 人，占乡镇提拔干部总人数的 78%；提拔县直单位下派任职优秀干部 72 人，占下派任职干部总人数的 63%；有 6 名表现突出的村干部还被推荐参加考试，录用为基层国家工作人员。每年初，县委以下发文件的形式，对全县美丽乡村建设工作进行安排部署，并与有关干部签订目标责任书，明确责任和要求，狠抓任务落实。在此基础上，分年中、年末两次对全县美丽乡村建设工作

① 《习近平关于社会主义生态文明建设论述摘编》，中央文献出版社 2017 年版，第 110 页。
② 《习近平关于社会主义生态文明建设论述摘编》，中央文献出版社 2017 年版，第 99-100 页。

进行现场观摩和检查评比，评比结果与乡村干部选拔任用、年终考核、报酬发放等挂钩。考核评价制度的实施，有力地促进了全县美丽乡村建设工作。①

二、健全乡村生态环境保护规定

乡村生态环境保护规定，是指为解决乡村发展中现实或潜在的生态环境问题，协调人与自然环境的关系，保护生存环境，保障乡村经济社会的可持续发展而制定的各种规章制度、规范性文件的总称。乡村生态环境保护规定也是乡村生态伦理制度建设的重要内容。目前，我国生态法治化的进程还比较慢。建设美丽中国，建设美丽乡村，必须建立一套系统完善、与实际情况相适应的环境资源保护法律和规定体系，为生态文明建设提供可靠、坚强的制度保障。习近平总书记强调，要修订与环境保护有关的法律法规，“要完善法律体系，以法治理念、法治方式推动生态文明建设”②。为此，要进一步完善生态环境保护管理体制，建立健全严格监管所有污染物排放的环境保护管理制度，实行环境监管和行政执法，提高执法工作的权威性。对造成生态环境损害的责任者严格实行赔偿制度，并依法依规追究责任，真正做到有法可依、有法必依、执法必严、违法必究。近些年来，我国在乡村环境保护方面虽然先后出台了一系列有关法律法规，但对于乡村生态文明建设来讲，现有的法律法规还不够健全和完善，有些法律法规在实际操作过程中还难以做到量化、细化和具体化。

通过对七个乡村的实地调研，农民总体上对乡村环保制度实施情况还是比较认可的，但在舆论宣传、工作落实等方面，各地差异还比较大。在针对村民“乡村是否有环保制度”的询问中（如表 14 所示），地处东部的王杰村、林屋村、华宏村以及地处中部的下聂村、赵家湾村和西岭村，均有超过半数的村民认为村中有环保制度，但是这其中又有大部分的村民认为，村中虽然有环保制度，但是并不完善。而地处西部的辘辘村村民中，只有 30%左右的人认为有环保制度，为五个村庄中最小比例。此外，该村中有 29.5%的村民认为虽然没有环保制度，村民们还是非常希望制定相应的环保制度。就七个村村民对于环

① 庞智强:《美丽乡村建设的康县模式》，中国经济出版社 2016 年版，第 93-94 页。
② 《习近平关于社会主义生态文明建设论述摘编》，中央文献出版社 2017 年版，第 110 页。

保制度的需要来看，均只有比例很少的村民认为根本不需要，可见村民们对于环保制度的认可度还是很高的。

表 14 七个村庄的村民对乡村环保制度完善情况的回答

百分比：%

选　项	西部	中部			东部		
	辘辘村	下聂村	西岭村	赵家湾村	王杰村	林屋村	华宏村
有环保制度，而且很完善	14.3	40.6	10.4	27.4	50.0	28.0	34.4
有环保制度，但不完善	17.1	32.3	58.3	59.4	32.5	51.8	50.0
没有环保制度，但很需要	29.5	8.3	22.2	5.7	6.1	7.3	4.7
没有环保制度，也不需要	5.7	4.2	1.4	1.9	1.8	1.8	0.0
不知道/说不清	33.3	14.6	7.6	5.7	9.6	11.0	10.9
总计	100.0	100.0	100.0	100.0	100.0	100.0	100.0

如表 15 所示，七个村庄的村民对于“乡村是否有关于环保宣传”的回答显示，除辘辘村以外的所有村庄的绝大部分村民都选择了“有，也会自觉做到”，辘辘村中只有 16.2%的人选择该项，25.7%的村民认为没有环保宣传，然而大比例的村民感觉需要环保的宣传教育，这和上表该村大多数人认为缺少环保制度相一致。七个村庄的村民认为“没有环保宣传，也并不需要环保宣传”的比例均很低。这说明村民对于环境保护规定有很大的需要。

表 15 七个村庄的村民对于乡村是否有关于环保宣传的看法

百分比：%

选　项	西部	中部			东部		
	辘辘村	下聂村	西岭村	赵家湾村	王杰村	林屋村	华宏村
有，也会自觉做到	16.2	74.2	55.2	72.4	83.3	55.2	64.8
有，但是没有人理会	20.0	3.1	16.1	14.3	2.6	19.6	18.0
没有，但是感觉很需要	25.7	15.5	17.5	2.9	4.4	9.2	7.8
没有，感觉也并不需要	11.4	2.1	1.4	3.8	0.9	2.5	0.0
不知道/说不清	26.7	5.2	9.8	6.7	8.8	13.5	9.4
总计	100.0	100.0	100.0	100.0	100.0	100.0	100.0

我们通过对七个村庄的调研数据进行相关分析，发现农民的环保意识与乡村环保规范和宣传呈现正相关关系。如表3所示，农民环保意识与乡村环保制度的相关性为0.256，且在0.01的水平上显著相关，呈现正向相关性。这表明，乡村对环保工作抓得紧、抓得严、抓得实，村民的环保意识就明显提高。就此而言，不断加强乡村生态伦理制度建设，对于增强村民的环保意识，引导和规范他们的环保行为，推动美丽乡村建设具有重要的意义。

表16　农民环保意识与乡村环保制度的相关性

		环保意识	环保制度
农民环保意识	皮尔逊相关性	1	0.256**
	显著性（双尾）		.000
	个案数	822	771
乡村环保制度	皮尔逊相关性	0.256**	1
	显著性（双尾）	.000	
	个案数	771	795

**. 在0.01级别（双尾），相关性显著。

为回应村民对于环保制度规定的需要，乡村生态文明制度建设应从实际出发，不断完善乡村环境保护的各项制度，真正把保护乡村生态环境、维护农业生态平衡纳入各级政府的工作之中。具体来讲，一方面要增强农民合法环境权利。充分考虑环境受到破坏以后农民的利益受损最大的实际情况，切实保障他们应有的合法环境权利。对此，在制定农村环境保护法律法规的过程中，要明确规定农民的环境知情权、环境监督权和相关诉讼权利，通过加强农民的环境权利来制约污染企业破坏环境的行为。另一方面要严格落实乡村环境保护的法治责任。各级乡村生态文明建设管理者要抓好乡村环保的舆论宣传和贯彻落实工作，尤其是对于西部地区和受教育程度比较低的农民，更要加强环保的宣传教育，确定环境保护主体责任，以法治建设确保乡村生态文明建设和绿色发展行稳致远。

三、推行乡村农业产业绿色化保障制度

乡村农业产业绿色化保障制度，是指将乡村农业产业和环境保护统筹起

来，在促进农业产业发展、增加农户收入的同时保护环境、保证农产品绿色无污染而制定的各种规章制度、规范性文件的总称。建立健全生态农业保障制度，促进农业产业绿色化、生态化是有效保障乡村生态伦理得以落实和维护的重要制度载体。

在七个村庄的实地调研中我们发现，当前农民普遍具有较好的生态意识，这为乡村走生态式振兴之路奠定了群众基础。但存在的问题是，当前乡村生态产业普遍比较薄弱，生态优势尚未转化为经济效益。在七个村庄的调研中，关于"您认为环境保护和经济发展哪个更加重要"的回答（如图 18），七个村村民都认为"很重要"的占有相当高的比例。当村民被问到"可以通过建设美丽的乡村环境（比如农家乐、有机食品等）实现致富吗"（如图 19）的问题时，中东部的六个村庄均有超过 60%的人持认可态度，但这其中又有大部分人认为虽然可以赚钱，但收入很有限。六个村的村民不认可通过乡村生态生产能够实现致富的都在 5%以下。地处西部的辘辘村村民对通过乡村生态生产实现致富的看法与上述四个村的村民不尽相同，超过半数的村民不认为可以通过乡村生态生产实现致富，31.4%的村民认为以生态生产促进乡村致富很有限，而认为从事农家乐、有机食品会很挣钱的比例只有 15%左右。

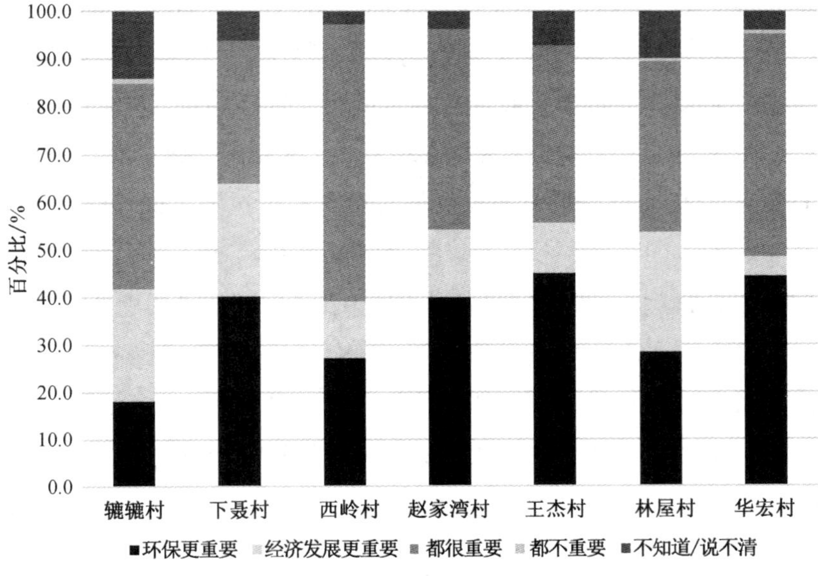

图 18　村民对乡村环境保护和经济发展重要性的看法

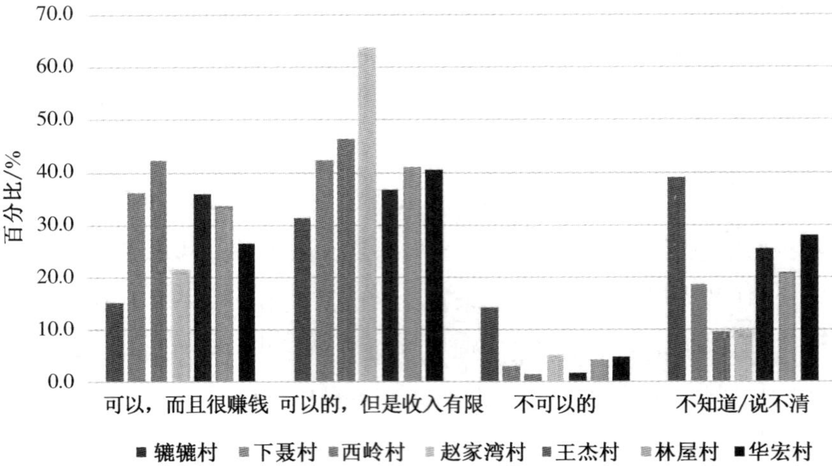

图 19　村民对乡村生态建设实现致富的看法

在实地调研中，东部、中部和西部的村庄的村民均有着较好的环境保护意识，七个村的村民认为经济发展重于环境保护的比例均在 30%以下。由此可见，农民对于乡村环境、乡村生态有着足够的重视，也说明"绿水青山"的家乡生态关怀深深埋在农民的心中。然而，我们更需要重视的是，"绿水青山"在变为"金山银山"这一过程中所出现的矛盾和困境。就回答能否通过乡村生态生产实现乡村经济发展、农民增收，以乡村生态效益促进经济效益的问题时，调研结果显示，绝大部分村民对此是表示认可的，但在表示认可的大部分人中，又有不少人认为，虽然可以通过诸如农家乐、有机食品等赚到钱，但收入很有限。这表明，乡村在把自身的环境优势转换为经济优势方面还存在着不足。即便是注意到了可以利用乡村生态环境的潜力和优势，但是如何更好地使其发挥作用也存在着较大的差距。看来，保护环境优于经济发展的理念虽能够被广大村民所接受，但问题的关键在于如何将"绿水青山"有效地转换为"金山银山"。

让"绿水青山"有效地转换为"金山银山"才能让农民安心于乡村生态文明建设。对此，乡村应当以绿色发展为引领，挖掘和利用乡村的生态优势，以生态生产促进农业生产，大力发展生态产业，让"绿水青山"真正变为"金山银山"。乡村生态文明建设的一项重要任务就是建立农业产业绿色化保障制度，为此应做好以下几点：

一是建立乡村绿色产业投入制度。发展乡村生态农业、生态工业与生态服务业等绿色产业，要建立完善的乡村绿色产业投入制度，保障无公害、绿色环保和有机食品产业的良好发展，积极培育特色、优质农产品品牌，壮大经济实力，并引导金融企业参与乡村绿色产业的发展，实现乡村产业结构调整升级和绿色经济发展，努力增加农民收入。

二是建立乡村绿色农产品销售制度。华宏村一位村民就曾表示，想买绿色食品，但是在如何分辨上不知所措：

> 我会有买绿色食品的意识，比如我们家都会买草鸡蛋。但是并没有统一的标准辨别出哪个是绿色食品，辨别不出到底哪样好。
>
> ——2017 年 8 月 21 日下午在华宏村村委会与 HFA 的访谈

针对这种困境，有关部门要对生态化农产品进行统一认证标识，以保障消费者的合法权益，促进消费者对生态化农产品的消费需求，进而推动农业生态化的实现。据一项市场调查分析，绝大部分的消费者在判断某商品是否为环保、有机产品方面，主要是根据产品包装是否标注有环保标志来进行认定的。这就表明，消费者选择查看是否有环保标志进行生态农产品的判定，是基于对政府的信任。

三是建立传统乡村工业绿色化改造制度。实践证明，提高能源效率，降低碳排放，促进工业产业结构升级，形成资源节约型和质量效益型相统一的绿色产业布局，可以从根本上拓宽乡村生态发展道路。

四、实施乡村生态环境补偿机制

乡村生态环境补偿机制，是指以保护乡村生态环境为目的，基于“谁受益谁付费”和“谁破坏谁付费”的原则，运用行政和市场的手段，对生态环境保护和建设相关各方进行经济激励和经济处罚的一种制度安排。生态环境补偿机制是乡村生态伦理制度建设不可缺少的重要内容。政府有必要采取一定的补贴和财政扶持政策，完善生态补偿机制，加大生态补贴力度，保证土地使用者在把粗放型种植变为生态型种植的时候，所获得的收益不低于之前的收益，这样做会引导土地所有者和使用者主动保护生态环境，有利于促进生态农业的发展。在城市化和工业化的进程中，现在工业生产往往以巨额利润诱惑着农民采取工业生产和化学生产的方式，把土地投入到能够带来快速和巨大利益的用途之中。如果在乡村生态生产中，让农民将粗放型的生产方式转变为生态、有机和绿色的生产方式，而使他们的利益受损的话，农民将会因此丧失生态生产的热情，也会失去环保的积极性。在湖北赵家湾村，一位村民表示出了对生态种植需要较大人力物力的厌烦情绪：

> 如果说这种生态种植很挣钱的话，我也愿意去做这个。就是这个周期可能比较长，而且比较麻烦，需要很大的人力物力以及资金的投入。
>
> ——2017 年 7 月 14 日下午在赵家湾村村委会办公室二楼与 LZH 的访谈

赵家湾村另一位村民则直接表示，村民希望在美丽乡村建设中对于损失进行补偿：

> 现在搞美丽乡村建设，搞个绿化带，有时涉及村民的土地利益，总希望政府补贴点他，没补心里就不痛快。
>
> ——2017 年 7 月 14 日上午在赵家湾村村委会办公室二楼与 LXC 的访谈

当前，加强生态补偿制度建设应注意以下几点：

首先，明确农业生态补贴标准。我国目前农村地区的生态补偿的补贴力度较弱，农村生态环境的保护者为了保护环境而造成的经济损失无法通过生态补偿来获得。这样不仅不利于激励保护者的环保积极性，也会造成保护者“社会性价值”缺失的现象。在 2016 年的全国“两会”上，纳西族全国人大代表、云南文化产业投资控股集团有限责任公司工会副主席杨劲松说，“云南很多山区的森林也曾因采伐遭受破坏，实施了保护政策后，才逐步得到恢复，但却在一定程度上制约了这些地区脱贫致富的步伐”，“很多人原本砍一棵树就可以维持很长时间的生计，现在失去了原有的收入来源，面临生存问题”。① 目前，我国农村地区相关的生态补偿标准还很低，难以补偿环境保护者为了生态环境而承受的经济损失。

其次，规范农业生态补贴范围。我国目前的生态补偿主要限于林业、矿产资源开发、流域补偿方面，补偿范围过窄，应扩大补偿的范围，把基本农田、水源地、生态湿地和生态公益林等也纳入补偿范围，特别是应顾及农村的生态资源，这对于提升农村的生态价值，促进生态乡村发展会起到一定的作用。此外，我国对于化肥和农药等产品的财政补偿措施，由于人为地降低了它的消费成本，随之而来的就是化肥和农药在农业生产中的大量使用。因此，政府应减少或取消造成大面积污染的规模化、高能耗的农业补贴，对积极发展生态农业的农户和企业给予直接的财政补贴。如对种植施用绿肥、农家肥的农户进行一定数量的补贴，对农作物秸秆还田进行相应的补贴；对开展农业循环经济的企业、经济主体，由于其在建设初期增加技术投入、改进生产工艺等造成的产品成本高于社会平均成本的现象，给予价格性补贴，对畜禽粪尿排泄物的无害化处理和综合利用给予补贴等。②

最后，强化农业生态补贴互动机制。由于我国的国情和农业生产现状，只靠农业生态补贴这一项办法，还难以实现生态化生产方式。农业生态化的实现，需要农业生态补偿机制与城乡互动、农业规模化经营等相协调。如针对我国农村沼气建设、农业固体废弃物资源化利用建设、农村生活污水和垃圾资源化利用以及农业规模化经营的基础设施建设等项目，实施相应的农业补贴，使农民不但是规模化经营过程中的生产者，而且是农业生态系统改善的参与者，以农民积极主动的参与来实现农业生态化。③

---

① 《生态补偿，让“担当者”有“获得感”》，《中国民族报》2016 年 4 月 8 日。

② 孙丽欣等：《农村生态环境建设的政策和制度研究——以河北为例》，经济科学出版社 2017 年版，第 130-131 页。

③ 李繁荣：《马克思主义农业生态思想及其当代价值研究》，中国社会科学出版社 2014 年版，第 283 页。

第七章

中国乡村生态伦理文化建设

道德的实施除需要制度这一硬性约束力量作为保障，还需要文化这一柔性约束力量作为依托。中国乡村生态伦理建设要营造一种文化气氛和伦理环境，对乡村生态伦理道德规范形成一种柔性制约，让生活于乡村的农民不敢或不愿破坏自然环境，做到自觉履行乡村生态伦理义务。基于此，中国乡村生态伦理研究必须谋划和建设乡村生态文化，构建浓厚的生态伦理文化气氛，形成人与自然和谐共生的乡村生态伦理文化氛围，以解决和克服目前中国乡村生态文化衰微、生态精神文化空白、生态伦理气氛稀薄等问题，促进农民的生态伦理自觉。

第一节
文化与道德的关系

人都是生活在一定的社会共同体所形成的文化之中的。社会文化对人的价值观念具有重要的指导和规范意义，决定个体的道德产生和形成，塑造个体道德的价值取向。不同于社会制度对道德的硬性约束力，文化对道德起柔性的约束作用，以春风化雨般的“润物细无声”对道德产生影响。就社会个体而言，社会群体文化以潜移默化的方式不断促进个体的道德自觉，因而个人道德上的完善需要在良好的文化氛围中才能顺利实现，良善的文化环境建设不到位，难免造成个体道德的缺位。

一、文化形塑群体道德认同

《中国大百科全书》中认为文化是“人类在社会实践过程中所获得的能力

和创造的成果，广义的文化总括人类物质生产和精神生产的能力、物质的和精神的全部产品，狭义的文化专指精神能力和精神产品，包括一切社会意识形式，有时又专指教育、科学、文学、艺术、卫生、体育等方面的知识和设施，以与世界观、政治思想、道德等与意识形态相区别的方面"①。借由文化的定义可以看出文化表现人特有的创造性劳动的特有成果，它是人类劳动实践的经验总结。伴随着人类实践在广度和深度上的不断拓展，人类的文化积淀会越来越深厚。马克思就此指出文化表现为"人的本质的对象化"。在《哥达纲领批判》中马克思指出："如果他自己不劳动，他就是靠别人的劳动生活，而且也是靠别人的劳动获得自己的文化。"②

人不仅仅生活在实在之维中，还生活在人类经验编织的符号系统之中。英国哲学家卡西尔就指出，文化是人类的符号系统。语言、神话、艺术和宗教组成了这个世界，他们共同组织了人类经验的符号之网。人类在思想和经验上取得的进步不断使这符号之网变得更精巧和牢固。③ 人们通过符号的媒介作用进行一系列的认识世界的活动并由此产生了语言、神话、艺术、宗教等等文化形式。正是通过文化以及具有意义符号制度化的指导，才使人类的行为得以规范，经验得以定型和把握，也正因为如此，文化以人们行为互动和沟通的载体形式，对人的价值意识的产生、发展、定型具有重要的作用。

人的道德价值感受和道德价值思维不是与生俱来的，而是被他们所处的文化长期作用的结果。人们只有按照各种文化模式，如经验、知识、风俗、习惯、信仰、传统等所确定的道德价值标准进行选择，才是符合群体道德规范的、合情合理的选择，才能够为社会大多数成员所承认和认可，否则个体只能选择被社会视为无价值的、非道德的存在，甚至遭到打击和排斥。久而久之，当各种文化模式成了社会个体一种固定道德价值心理定势的时候，人对道德认同的选择和取向就成为不自觉的了，人的道德思维、价值判断和认同选择能力会处于无意识状态。从这个意义上说，文化对人的道德价值意识的塑造具有强制规定性，文化对群体的道德认同具有重要的形塑作用。

---

① 《中国大百科全书》第 23 卷，中国大百科全书出版社 2009 年版，第 281-282 页。

② 《马克思恩格斯选集》第 3 卷，人民出版社 1995 年版，第 299 页。

③ ［德］恩斯特・卡西尔：《人论》，李琛译，光明日报出版社 2009 年版，第 24 页。

二、文化涵养社会道德风气

随着群体与群体文化的发展，群体共同道德价值意识逐渐演化为被大多数人认可的道德观念与伦理理念，不断对个体的思想与行为起规范和约束作用。文化作为群体的共同道德价值认知系统，决定着社会整体道德价值倾向和道德观念取向，对社会一定道德风气的产生、发展、定型具有重要的作用。

著名历史学家斯宾格勒在《西方的没落》一书中用诗化的语言描述了人类文化的兴衰生灭："我看到的是一群伟大文化组成的戏剧，其中每一种文化都以原始的力量从它的土生土壤中勃兴出来，都在它的整个生活期中坚实地和那土生土壤联系着……每一种文化都有它自我表现的新的可能，从发生到成熟，再到衰弱，永不复返。"[①]人类精神一旦变成成熟的、给定的文化形态，就成为人类包含着价值观、习俗、象征、体制及人际关系等相对固定的生活方式，与人类的生活融为一体，对人的思想和行为有重要的塑造作用。此时一种文化就成了人类生活共同体中物质文明与精神文明的总和。日常生活中，文化常常以习俗民风、生活习惯、民俗风气等形式向人们显示生活中什么是道德的、什么是不道德的。这就使文化成了一定地域中生活共同体的人们道德养成和道德教育的重要载体。

在社会文化的潜移默化作用下，文化逐渐成为能够积极地促进一定的社会道德舆论与道德风尚形成的重要工具，对一定道德风气的形成起着关键推动作用。文化是人们自发形成又是自觉向往的价值规范体系，因而文化具有形成社会共识、保持社会认同和促进社会统一的凝聚功能，它促进社会成员达成普遍的道德共识，形成共同的道德标准。中国人自古以来就特别重视文化中所具有的构建道德风气的功能。孔子在论礼时曾说："移风易俗，莫善于乐；安上治民，莫善于礼。"其中所表达的就是文化在塑造社会道德风气中的作用。荀子曾说："论礼乐，正身形；广教化，美风俗。"这就是强调用文化所具有的约束力对民众进行道德教育和道德规范，以摒弃陋习，发扬良好风气，塑造某个民众群体所认同的高尚个人品质和行为。因此在社会中形成一定的文化氛围就意味着形成了一定的道德风气。

---

① [德]奥斯瓦尔德・斯宾格勒：《西方的没落》，齐世荣等译，商务印书馆 1963 年版，第 39 页。

三、文化影响个体道德修为

文化氛围是社会中形成和传播一定道德风尚与道德舆论的有效工具，对社会道德风气的形成、发展和变化起着巨大的推动作用。与此同时，文化亦对社会个体的道德情操和道德品质修养有着重要影响。就一般意义而言，所谓文化就是一群具有同一独特生活方式的人在社会物质活动和精神活动中产生的实践成果，是一个民族或国家在长期发展过程中积淀下来的历史文化、风土人情、传统习俗、生活方式、文学艺术、行为规范、思维方式、价值观念等的总和。每个人都是生活在一定文化之中的，文化对社会个体的思想情感、心理状态、价值判断、人格塑造等具有重要的指导和规范意义，直接决定着人们的生活样态，对每个人的一生都会产生巨大的影响。人的社会化过程即是人接受并内化社会文化的培育和熏陶的过程。就社会个体而言，其所处的社会之风气、习俗、信仰、习惯等会对个体从小到大产生耳濡目染的影响，进而使个体被这种社会文化所"同化"。社会的文化是在社会个体之外，不受单个意志支配而对个体具有巨大约束作用的力量。然而，生活在一定社会文化中的人往往并不感到文化的强制约束作用，这是因为社会个体必将习惯于这种文化的思维方式、价值观念和行为规则。①

具体而言，文化具有伦理教化的价值和功能，能借助于一定的物质或精神文化载体，潜移默化地塑造社会中的个体的道德情感，影响群体中的个人的道德意志，进而决定每一个人的道德践行。群体的文化包含着群体共同的道德认同，作为时刻生活于群体的个体来讲，离开了群体的文化就不能与其他个体进行互动交流、沟通思想，进而也无法生存。不论自觉与否，个体的道德认知、道德判断、道德选择和道德评判标准都受到社会群体的共同道德价值意识支配，这里的支配是一种普遍的决定与控制作用，所不同的只是程度和自觉与否而已。例如，古人所谓的"乐行而伦洁""乐终而德尊"，就说明文艺在培养人们爱美情操的同时，也陶冶着人们善良、和平、友爱的性格和品质。究其原因在于，文化具有对社会信息进行复制和交流的功能，能够使社会信息的传递突破

① 陈先达：《文化自信中的传统与当代》，北京师范大学出版社 2017 年版，第 13 页。

时空的限制，超出个人直接经验的范围，把社会的过去、现在和未来，把直接经验和间接经验都联结在一起。

第二节
乡村生态文化与乡村生态伦理

千百年来，广袤的中国乡土大地上产生了深深地扎根在农民生产生活中的悠久而又厚重的乡村文化，对中国农民的伦理道德产生了深远的影响。新时代，建设乡村生态伦理，要构建以崇尚自然、保护环境、促进资源永续利用为特征的乡村生态文化，凝聚农民在生产活动实践中的生态价值取向和生态价值追求。乡村生态文化是促使农民树立人与自然和谐共生的环保意识的柔性约束力量，它通过乡村价值指引、情感认同、社会舆论、风俗习惯、内心信念等方式，引导农民筑牢生态理念，增强可持续发展的观念，养成良好生态行为习惯，合理开发和利用乡村自然资源，杜绝浪费和低效率现象，筑牢建设美丽乡村的主体担当。

一、乡村生态文化释义

关于“生态文化”，余谋昌先生首先将这一概念引入国内，他从广义和狭义两个角度对生态文化作了解读。他认为“从广义视角来看，生态文化是以自然价值论指导的一种人类的新型生存方式，即人与自然和谐的生存方式。从狭义视角来看，生态文化是以生态价值观为指导的社会意识形态，人类的精神以及社会制度”①。孙道进认为生态文化是人们在生产实践和生活实践中为保持生物良性生存状态所遗留下的痕迹。② 生态文化就其实质是旨在人与自然和谐共生的基础上倡导建立人与自然共生共荣的价值取向，是借助于物质载体、制度载体和精神载体使得人与自然关系达到一个更加合理境界的文化样态，

① 余谋昌：《生态文化是一种新文化》，《长白学刊》2005 年第 1 期。
② 孙道进：《生态文化普及读本》，西南师范大学出版社 2016 年版，第 4 页。

着重表现为人类在应对工业文明造成的生态危机过程中实现生态意识的自发觉醒、生态价值观的自觉重塑、社会风俗自行修饰以及社会行为的自我调整。

经由对生态文化概念分析，可以得出乡村生态文化的内涵：乡村生态文化是以乡村社会为基础，以生态文化为核心，以乡土本色为特征的相对稳定的文化综合体，包含制度典章、民风民俗、生活器物以及生活方式、行为习惯、思想观念、处世态度、情感心理等一切生态物质文化、生态制度文化与生态精神文化的多层次复合体的总和。乡村生态文化是乡村的绿色价值理念，它要求乡村在生产、生活和消费活动中时刻给予自然界以同等的价值地位；乡村生态文化是乡村的绿色发展方向，它规定农村在经济社会发展时要按照人与自然和谐共生的方向发展；乡村生态文化是乡村绿色社会氛围，它让乡村时刻受到生态伦理的感染，提醒并督促着农民践行生态行动。乡村生态文化就其内容来讲主要包括三个方面的内容：其一，乡村生态物质文化。主要包括良好的农村生态环境、生态化的农村产业和产业化的农村生态资源等。其二，乡村生态制度文化。包括农村生态法律、生态政策、生态规章等正式制度文化，也包括乡村生态民俗民风、生态村规民约等非正式制度文化。其三，乡村生态精神文化。主要包括指引乡村生态文明建设的科学理论、生态宣传、生态教育等。乡村生态文化有其独立的文化系统，包含伦理秩序、价值观念、思维意识等，并通过乡村日常生活得到集中表现，存在于农村生产和生活的各个角落。

乡村的生态文化是乡土中国在漫长的文化沉淀中积淀出的灿烂文化。作为与大自然同呼吸、共命运的人类生存共同体，乡村有着诸多贴近于乡土的生态文化。在乡村里，一代代的农民在与自然直接打交道的过程中实现与自然的亲切交流。基于这样的人文地理环境，乡土中国在广袤的土地上沉淀出了厚重的乡土生态文化。扎根于农耕生产方式的乡村生态文化，包含了如何与自然和谐相处的生态禁忌文化，也包含了调节人际和谐关系与天人和谐关系的生态民俗文化，更包含了彰显村民生态智慧和生态情感的乡土生态艺术文化。农业生产按季节安排，昼出夜息，春种秋收，在充满诗性的中国农村空间中，乡村的土地、水草、树木、山丘等都是乡村生态文化的载体，这些都充满了地域感、民俗感、场所感和礼序感的生态文化氛围，养育着一代又一代的乡土主人。

二、乡村生态伦理根植于乡村生态文化

乡村生态伦理附着于乡村生态文化之中，乡村生态文化孕育了乡村生态伦理。长久积淀于农业生产生活之上的生态习俗、生态习惯、生态民风等会对人们的乡土生态价值观念的形成产生影响和制约，这样的文化背景和价值意识的作用下会逐渐形成对自然生态环境的伦理观念。在敬畏自然、顺应自然的文化惯性感召下，农民必然会在长期的乡村生活中形成遵守自然规律、按照大自然的节律生产的伦理自觉。可以说，乡村生态文化是先于农民而存在的外在环境氛围，是乡村生态伦理得以产生的肥沃土壤。

就中国古代而言，古代朴素农业生态伦理观念是根植于古代传统生态文化之中的，古老中国土地上人与自然和谐相处的生态文化传统造就了朴素的农业生态伦理观念。农民从贴近自然的耕作与生活中沉淀出了生态文化，是这片土地上生于斯长于斯的几代人所传承下来的文化传统使然，是基于土地上生产与生活的感性认知与理性总结。乡村的传统生态文化涉及农民耕作的各个方面，并在农业生产的各个环节时刻渗透生态伦理的价值观念，这其中最重要的莫过于“天人合一”的生态价值理念。“天人合一”文化传统在不断地告诉农民：乡村中的山水林田湖草都是农民的伙伴，农民时时刻刻都与它们在一起，农民唯有与自然和谐相处乃至融为一体才能实现自身的生存与发展。在中国传统农业“天人合一”价值理念的影响下，农耕时代的农民秉持人与自然协调统一的生态观念，形成了“三才观”“三宜观”等生态伦理观念。《吕氏春秋》第一次将中国古代“天地人”的“三才”思想运用于农业生产：“夫稼，为之者人也，生之者地也，养之者天也。”这里的“稼”即是农作物，也泛指农业生产活动，“天”和“地”指农业生产环境，“人”则是农业生产的主体。这里的“三才观”是对农业生产诸要素的辩证关系的哲学总结，深刻阐述了农业生产的政体观、联系观、环境观和动态变化观，亦是中国古代农业生态伦理写照，指引着古代农人在从事农桑活动时要敬畏天地，尊重自然规律。北魏的贾思勰在《齐民要术》中继承和发展了“三才观”生态伦理观，他指出人在农业生产中的主导地位是在尊重和掌握客观规律的前提下实现的，违反客观规律就会事与愿违，事倍

功半，因此他强调生产要因时、因地、因物制宜的“三宜观”，认为只有秉持“三宜”的生态伦理观，才能在尊重客观规律的基础上发挥人的主观能动性，农业才能丰收。在“三才观”“三宜观”的指引下，中国古代农业基于“天人合一”价值理念持续经营，五千年从未中断，创造了人类文明史的奇迹。此后古代农人在摆正人与自然关系的基础上，充分发挥主观能动性，衍生出了顺时宜气的农时观、辨土肥田的地力观、种养“三宜”的物性观、“耕桑树畜”的综合观、变废为宝的循环观、因势利导的水利观、事半功倍的农器观、趋利避害的防灾观、御欲尚俭的节用观等生态伦理观念①。

中国传统农业生态文化中以神灵崇拜为核心的生态信仰同样蕴含着生态伦理思想。民间生态信仰认为万物有灵，山、水、日、月、土地、树木等自然物质都有属于自己的神。在万物有灵信仰的支配下，民众因敬畏自然而产生朴素的生态意识，认为人不能一味地向自然索取自身生存所需要的资源，必须做到对自然资源的适度使用，在保持生态平衡中与自然环境和谐相处。这种朴素的生态意识体现于对农村环境保护，使农村环境良好，人们安居乐业。在乡村民间的生态信仰的文化体系中，虽然有敬天、崇祖等封建落后思想，但是在现实的乡村生产中却能够表现为对自然物和自然力的敬畏感，认为对生态环境也应秉持善恶观，以“仁心”对待万物会受到福报，以“恶行”戕害万物必会受到惩罚。诚然，乡土生态崇拜带有小农的狭隘思想和落后的科技观念，需要在生态文明时代下对其进行创造性传承与创新性转化，使其彰显现代生态伦理所需要的善恶观，传播乡村生产、生活与消费中的生态文化理念。但是不可否认的是，民间乡土生态信仰始终以无形的威严支配着农民的日常行为，调节和制约着人们的生活方式和生产方式要符合自然规律，不断塑造着农民的生态道德观念。

就生态文明新时代而言，乡村生态伦理同样附着于乡村生态文化之上。“天人合一”的自然观和宇宙观衍生出了古代农耕文明社会中重视人与自然环境关系协调的生态文化，从而孕育出了生产劳作要珍惜自然、爱护自然、遵循生态规律的朴素生态伦理观念。这些宝贵的生态思想虽是农业文明时代人与自然关系的智慧，但在今天依然具有重要的世界观和价值观意义，它能为生态

① 赵佩霞、唐志强：《中国农业文化精粹》，中国农业科学技术出版社 2015 年版，第 255-258 页。

文明时代的乡村生态伦理的建立，提供独特的智慧和道德的资源。新时代，乡村中的生态文化氛围依然是乡村生态伦理的坚实文化土壤。农民要想获得农业生产的经济效益和社会效益，需要基于生物生长的自然规律，需要以生态效益的获取为前提和基础。农民只有把自己主观能动性与客观乡村自然规律有机结合起来，才能够将乡村绿水青山变为金山银山，将生态效益转化为经济效益和社会效益。亲近自然的乡村，其生态文化构建必然是要以顺应自然为主题，这就决定了农民的生产与生活都要在顺应自然的前提下遵守以“不违农时、合乎自然、顺应节律”为核心的乡村生态文化。富含生态伦理思想的乡村民间生态文化为乡村生态伦理提供了道德舆论环境，为农民践行生态道德理念营造了文化氛围，可以促进农民形成生态伦理意识，遵守生态伦理规范，养成生态伦理习惯。

综上，不论古代还是现代，乡村生态伦理始终都根植于乡村生态文化之中。建设乡村生态伦理，就是要借助长久积淀于乡村的生态习俗、生态习惯、生态民风等生态文化氛围，为乡村生态伦理构建生态文化土壤，让农民在正确的生态价值引导下，逐渐形成遵守自然规律、按照大自然的节律生产生活的伦理自觉。

三、乡村生态文化对乡村生态伦理的促进作用

既然乡村生态伦理根植于乡村生态文化，那么乡村生态文化建设就对乡村生态伦理具有积极的促进作用，建设乡村生态伦理需要建设乡村生态文化。乡村生态文化建设可以从促进农民形成生态伦理意识、推进农民遵守生态伦理规范、推动农民养成生态伦理习惯三个方面促进农民形成乡村生态伦理自觉，提升农民生态意识，增强农民生态素质，形成农民人与自然和谐共生的道德觉悟，从而促使农民自觉将乡村生态伦理要求内化于心、外化于行。

（一）建设乡村生态文化有助于农民形成生态伦理意识

文化在人的道德意识的形成过程中起重要的教育和形塑作用。利用文化的教化功能，在乡村构建生态文化可以塑造村民自觉遵守生态伦理所倡导的

行为规范，并且纠正那些不合乎生态道德规范的行为。乡村生态文化能够通过教育和形塑的手段，营造乡间邻里"生态道德场域"，提高人们的生态伦理自觉意识，从而促使农民形成生态行为自律，鼓励和引导农民在生态伦理思想修养方面趋于完美的境界。"道德场"是社会大场域中的小场域，是构成一定道德情操的各因子之间在相互作用过程中因传递、交换其信息、能量、物质所产生的进而影响道德主体的道德选择和道德行为的一种道德特殊形态和空间。[①] "道德场"对道德形塑具有重要作用，凡是生活于"道德场"的人其思想观念和行为方式无时无刻不受到"场"的强大影响。乡村生态文化为乡村生态伦理所构建的"生态道德场域"，有助于乡村生态伦理在乡村的日常生活化育。创设乡村生态文化能够营造与乡村生态伦理的价值许诺相一致的认同场域，通过构建一定乡村社会氛围或社会态势对生活于乡村的农民形成一定的"势压"，形成生态道德的从众效应、模仿效应、暗示效应，为农民的生态行为选择和生态价值评判提供现实场域，从而使农民在乡村日常生活中潜移默化地受到生态伦理濡化，促进农民接纳并认可乡村生态伦理的规范要求。

建设乡村生态文化，将传统风土习俗、天地信仰、行为习惯等进行符合生态文明要求的传承和创新，会有力促进乡村形成有助于农民建立生态伦理意识的"生态道德场域"，不断塑造农民的生态道德理念，促使农民生成生态伦理规范理念。新时代的乡村生态伦理建设要积极营造乡村生态文化的浓厚氛围，通过互联网、大数据、人工智能等现代科技手段，以及举办专题讲座、研讨交流、成果展示、典型剖析、道德讲堂和印发宣传材料等多种形式，大力弘扬社会主义核心价值观和绿色发展理念，传播生态伦理观，促进农民形成人与自然和谐共生的生态伦理意识。

（二）建设乡村生态文化有利于农民遵守生态伦理规范

文化有一定的规范功能，它具有实施社会压力和社会控制的作用。不同于社会制度的硬规范作用，各种习俗、惯例、禁忌等文化事项所具有的是柔性约束作用。在中国传统乡土社会，以"礼"为核心的文化对乡村社会起着关键的行为规范与约束作用，决定着乡土的伦理道德。"以礼相待"和"以和为贵"

---

① 易法健：《道德场论》，湖南教育出版社 2001 年版，第 65 页。

作为农村社会的行为规范和价值体系，一直以来都维系着传统农村的社会秩序与稳定和谐。[①]“礼治秩序”在维系乡村社会和谐稳定的同时，也塑造着农村生活中的中庸、忠恕、仁爱和礼教等伦理规范，培育着农民忠诚老实、淳朴厚道、仁爱正直、恭敬平和等基本价值观和性格特点。于是，在邻里乡党的人际关系上，恪守忠义守信、以和为贵、尊老爱幼、忠恕待人、互谅互让就成了乡村社会普遍认可的文化环境，“出入相友、守望相助、疾病相扶”的互助互惠的良好风气成了乡村社会所提倡的文化氛围。费孝通先生认为，礼是乡村社会公认的行为规范，通过传统和教化来濡化和规训一代代人并使之成为有效的自我约束力量。乡村的“礼治秩序”的社会基础是“差序格局”。差序格局中的中国传统乡村社会是个礼治的熟人社会，是个“无为而治”的社会，有一种自动的秩序[②]。在以“差序格局”为基础的乡村礼治社会里，农民实际上生活在以亲情和乡情为支撑的初级社会群体中，在相近似的生活方式和生活习惯下形成了相互亲近且密切沟通的人际关系，彼此之间拥有共同的伦理价值和社会舆论，从而自然形成良好的、人人都主动遵守的道德秩序，以应对和化解乡土社会矛盾，维系乡村社会秩序稳定。在这种文化氛围中，农民人际间的稳定性高，每个人都有自己相应的伦理位置和道德角色。一旦乡村中有人突破了自己的行为边界或者破坏了原有的乡村道德秩序，就会受到熟人的舆论谴责和道德惩罚。这种稳定的乡村社会道德秩序能够在乡土社会形成相互信任、团结互助的伦理氛围。这实际上就是乡村文化对乡村伦理形成了道德舆论氛围，从而给予乡村伦理以柔性规约。

借助文化对伦理所具有的柔性约束作用以及乡村文化对乡村伦理的规约功效，发挥乡村生态文化对生态伦理的道德舆论功能，可以培育有助于乡村生态伦理践行的道德生活环境，促使农民遵守乡村生态伦理规范。建设乡村生态伦理需要利用文化对社会伦理道德的规约作用，积极构建乡村生态文化环境，发挥富含生态文化理念的传统观念、村规民约、乡风民俗等对乡村生态伦理的道德舆论功效。乡村各种文化的道德舆论功能对乡村社会能够产生重大

① 徐赣丽:《文化遗产在当代中国——来自田野的民俗学研究》,中国社会科学出版社 2014 年版,第 78 页。

② 费孝通:《乡土中国 生育制度》,北京大学出版社 1998 年版,第 49 页。

影响,它可以在潜移默化中改变农民的性情,影响农民的气质和习惯,形成某种道德氛围。农村生态文化之于乡村生态伦理的规范性充当着非正式制度的角色,对农民行为进行生态伦理解释,辅以乡村社会道德舆论的强制作用,强化农民的生态认知,从而使农民自觉维护乡村生态伦理价值规范。这就使得乡村生态文化对农民的日常生活具有生态伦理的潜在规范意义,对乡村生态伦理具有保障作用。建设农村生态文化,利用其规范性可以维护农村生产、生活与消费符合生态伦理规范。这些行为规范蕴含于乡风民俗、村规民约、公共舆论、道德规范和行为准则等,如适应了农村场域、社会结构和技术水平,经受住了时间检验和历史沉淀,就能够保障乡土社会内化生态价值规范,从而促使农民养成自觉的、模式化的生产、生活与消费的生态行为模式。

(三)建设乡村生态文化有益于农民养成生态伦理习惯

文化和法律不同:后者通过国家强制手段强制约束人们的行为;而前者虽然也有一定程度上的强制效力,但更多的是一种软控制,重在自律,是一种潜移默化的过程。文化可以使得社会成员在社会共同体内部养成一定的思维的定势和生活的习惯,最终沉淀在道德习惯之中。乡村生态文化也为乡村生态伦理创造养成生态道德习惯的文化环境。一定的文化氛围养成一定的道德习惯,乡村在亲近自然、顺应自然的基础上,形成对合乎规律改造自然的生态文化也促进乡村生态道德的养成。生态文化氛围是具有社会性的,它与农民的生活息息相关。在这样的文化塑造下,农民可以逐渐清楚对自然环境应施加保护和仁爱。生态文化在乡村的流行,不仅仅会使农民习得生态观念与生态生产生活方式,同时还会在农民的文化心理上产生了深刻的作用。逐渐地,全体乡村社会成员便有可能形成大致相同的生态价值判断定势。由此可见,建设乡村生态文化的过程也是村民接受生态伦理习惯的过程。乡村生态文化对个体农民的生态伦理习惯塑造,主要是通过示范、灌输、评价、劝阻等教育方法,要求人们时刻遵守生态伦理所倡导的、所允许的那些行为规范,并且自觉纠正生态伦理所不允许的行为方式。积极传播绿色食品、有机食品、无公害食品、绿色建材、生态建筑等生态物质文化以及生态信息、生态旅游、生态媒介等生态形式文化,能够以春风化雨、润物无声的方式,引导农民养成对土地、对生态、对环境讲道德、尊道德、守道德的行为习惯。

第三节
乡村生态伦理文化建设内容

乡村生态文化对乡村生态道德践行有柔性约束力，对乡村生态伦理建设具有关键推动作用。新时代，建设乡村生态文化，应树立正确的乡村生态文明理念，为乡村生态文化建设确立价值引领；应着力培养农民的生态情感，凝聚农民的生态价值追寻，为乡村生态文化建设奠定人文基础；应持续推动乡规民约与乡村生态文明建设有效融合，为乡村生态文化建设确定制度载体；应推进乡村习俗民风生态化转化，为乡村生态文化建设确立现实依托；应构建乡村生态文明教育体系，为乡村生态文化提供人才保障。

一、树立正确的农业生态文明理念

树立正确的农业生态文明价值理念是乡村生态文化建设的重要任务，也是乡村生态文明建设实践中的当务之急。只有树立正确的农业生态文明价值理念，端正农业生态思想建设方向，统一乡村生态认识，领会乡村生态伦理建设的精神实质，乡村生态文化建设才会有灵魂。树立正确的乡村生态文明价值理念，强化生态伦理价值观念的引领作用，有助于农民筑牢“绿水青山就是金山银山”的理念，推动绿色发展，守住生态底线，加快构建绿色生产方式、生活方式、消费方式，推动形成人与自然和谐共生的新格局；同时，也有助于农民参与环境保护和生态治理，珍惜和节约自然资源，爱护乡村一山一水一草一木，抵制和纠正破坏自然资源和生态环境的不良行为。在正确的农业生态文明价值理念的助推下，农民的生态伦理观念和环境道德意识得到增强，生态行为习惯逐渐养成，他们的获得感、幸福感、安全感才能得到切实提升，乡村生态文化氛围才能得到有效构建。

新时代树立乡村正确的农业生态价值理念，形成人与自然和谐共生的价值追求，应批判吸收“天人合一”传统乡村生态思想，将“天人合一”与“天人相分”思想统一起来，树立“天人合一”的价值理念。只有人、动植物、环境三者健康以及彼此之间相互协调、相互适应形成的农业系统健康，农业生产才能获得最优值。这就是说，只有人、社会、农业三者的整体和谐，达成“天人合一”，才是正确的乡村生态文明价值理念。

对此要大力弘扬马克思主义生态思想。马克思主义理论深刻反映了人与自然和谐的生态思想。马克思主义生态理论为农业生态文明建设提供了重要的理论基础，指明了农业生态文明发展的方向。农业生产的目的是满足人的衣食住行所需要的产品，保障人的健康生活。然而违背自然生态发展规律的农业工业化发展，必然导致生物多样性的减少，并且伴随超量化肥、农药的使用，土壤酸化板结、污染，肥力下降，这样的农业生产实质是掠夺式生产模式，而不是农业生态文明建设的方向。生产力低下的传统农业虽然较少有环境污染和生态破坏，但是彼时自然经济具有很大的封闭性和保守性，人不可能从根本上摆脱自然的奴役和束缚状态，无法与大自然竞争，成为环境奴隶的人无法过上幸福的生活。此种经济与生态二元对立的思维方式会成为农业生态文明建设的思维桎梏，只有马克思主义的生态思想才能超越经济与生态二元对立思维模式，解决农业生态文明问题，成为农业生态文明的灵魂。马克思主义生态理论坚持人与自然和谐的生态思想，深刻指明农民臣服于自然、匍匐在自然脚下的“自然荣而人不荣”也无法让农民获得真正幸福。而农民片面地依靠自然科学技术征服自然、奴役自然所获得的“人荣而自然不荣”同样不能给人类带来幸福生活。在乡村生态文明建设中，一定要弘扬马克思主义生态思想，批判吸收“天人合一”“天人相分”理念的精华，破除二元对立思维方式和中心主义思想的影响，只有这样才能真正树立生态文明价值理念。因此，在农业生态文明价值理念建设上，应大力弘扬马克思主义生态理论，明确农业生态文明建设的未来预期，这对现实实践具有重要的精神价值。

二、培养农民的生态情感

人非草木，孰能无情？情是人之为人的根本属性。乡村的土地、水文、地理、环境深刻影响与锻造着以地为本、以耕为业的农民，让农民对生于斯、长于斯的故乡厚土充满着爱恋深情。农业生态情感是农民长期在土地上耕作所产生的对乡村自然环境的深厚感情，是农民在农业生产、生活实践过程中形成的最真挚、最淳朴的心灵感受，是农民与农业生态环境和谐相处的基础。农业生态情感是农民与乡村生态环境和谐相处的情感纽带，是乡村生态文明建设的现实根基，是乡村生态文化建设的人文基础。假如农业生态情感缺失，则乡村生态文化培育只能是缺乏现实基础的、纯粹逻辑和理论层面的空洞预设。正像康德所言，纯粹实践理性的动力来自人的情感。“行动之道德价值中那本质的东西便是：道德法则定须直接地决定意志。如果意志的决定实依照道德法则而发生，但只因着一种情感，不管是哪一种，始能如此。”①

丰富多彩的农业生产实践，为农民生态情感的形成与凝聚提供了历史底蕴和现实基础。千百年来，脆弱的小农始终在与强大的自然做搏斗，农业因此面临着诸多的不可预测和不可抗拒的自然灾害。这也决定了农业劳动是十分辛苦且具有较高风险性的活动，从事农业劳动的农民们最能体会“汗滴禾下土”和“粒粒皆辛苦”的因果关系。长期辛苦的土地耕作让农民的汗水滴灌了他们脚下的每一寸土地，使农民形成了对于土地的“一粥一饭，当思来之不易；半丝半缕，恒念物力维艰”的深厚情感。在广阔的乡村大地上，农民世代从事着繁重的农业生产和体力劳动，也承袭着中国农业文明的血脉，供养着日益繁衍的中华民族。在年复一年的春种、夏锄、秋收、冬藏中，农民用自己的勤劳、智慧和勇气认识自然、改造自然，形成了博大精深的农耕文明和光辉灿烂的农业文化，同时形成了团结友爱、与人为善、彼此包容的品德，不怕困难、不惧艰辛、愈挫愈勇的品质，执着倔强、从不屈服、从不气馁的品格，以及朴实无华、憨厚率直、情义至诚的品性，这是大自然赋予农民的强大力量，也是农民与大自然相生相息的生动写照。千百年来，农民的乡土意识、乡土情感流淌于血脉中，渗透在骨子里。可以说，乡村生态环境支配着农民的意识、制约着农民的行为、左右着农民的情感、影响着农民的习俗。

乡村的山水林田湖草作为农业生产的地域场所和农民祖祖辈辈生活居住的地方，是中华民族传统文化的根基所在，也是农民割舍不断的根和眷恋不舍

① ［德］康德：《康德的道德哲学》，牟宗三译，西北大学出版社 2008 年版，第 211 页。

的家。乡村的自然环境与农民的心是相连的，与农民的情是相牵的。农民生在乡村、长在乡村、劳动在乡村，喜爱乡村的一草一木，留恋乡村的山山水水，思念乡村的事事人人，与乡村的土地山水有着紧密的血脉联系、情感联系和文化联系。沧海桑田，农民对乡村生态环境有着真挚的情感，对乡村每寸土地有着真诚的眷恋，对乡村风俗民情有着真切的体验。农民对乡思的深厚情愫、对乡愁的深刻思念、对乡音的深切回味，都将始终萦绕于怀，亘古不变。农民热爱家乡自然环境的真挚情感和别样情怀，奠定了农民推动乡村生态文化建设的思想认同、价值认同和行为认同。培育农民的生态情感将焕发出农民在建设乡村生态文化氛围、塑造乡村生态价值理念过程中的主人翁意识以及劳动热情和创造潜能，进而汇聚成乡村生态文化建设的人文基础。

新时代，建设乡村生态文化应从乡村的实际出发，注重培养农民的生态情感。一方面要用物质力量培养农民的生态情感，即通过用物质力量满足农民的经济效益需求而形成农业生态情感。在部分中西部乡村，生态自然禀赋相对较低，农民对工业生产获取经济效益的渴求相对较高，所以农民缺少对于乡村生态环境的炽热情感，大多数人主要是从生产、生存、生活、健康等方面的需求出发看待乡村生态文明建设，其农业生态情感还仅仅是功利的，对此情形可因势利导，充分利用农民对经济效益需求这一功利的动机，强化乡村生态文明建设，努力让农民对经济效益的追寻带来乡村的生态效益。但是我们应当看到，用功利方法培养农民的乡村生态情感仅仅是乡村生态文化建设的起点。如果说功利的农业生态情感是人较低级的、本能层面的、世俗的农业生态情感，那么，用精神力量凝练成的农业生态情感则是非功利的生态情感，这是一种较高级精神层面的、超俗的、美学的农业生态情感，完全摆脱了功利的约束，人与农业的关系超越了时空、达到了“物我两忘”的真情境界，它使乡村生态环境融入了农民的生命之中。因之，另一方面要积极用精神力量凝练农民的生态情感。农民对乡村自然环境只有形成这样的非功利生态情感，乡村生态文化建设才会有坚实的基础和发展的内生动力。

三、推动乡规民约与乡村生态文明建设有效融合

乡规民约是乡村社区公共的行为规范，在乡村社会中行使道德教化作用，

其塑造的文化氛围对文明乡风的形成比正式的法律、制度和条规等还有实际效果。乡规民约虽不是正式的国家法律，不具有正式制度的保障，但是体现了正式的国家意志，同时连接着非正式的传统文化惯性。乡规民约一方面具备正式制度的逻辑性，另一方面又彰显非正式制度的“地方性知识”作用，是乡土性与现代性的融合。[①] 作为同时具有正式制度与非正式制度功能的乡规民约，在乡村社会生活方方面面教导村民应该遵守怎样的行为准则，受乡规民约所约束的农民会逐渐习惯于传承一直以来的道德规范，并从思想深处接纳它，进而遵守它，如果违反了乡规民约，在接受惩罚和制裁的时候，往往也会认为是理所应当的。乡规民约以思想道德教化的方式构建乡风文明，使农民自觉或不自觉地接受乡规民约的引导。

在调研中，西岭村村支书认为当前村规民约实际上起着乡村道德舆论监督的作用：

> 村里村规民约有较强的约束力，日常生活中，还没达到违法程度的行为冲突基本上都靠道德规约解决了，传统还是起着很大作用，犯错误的村民要承受很大的社会舆论压力。
>
> ——2017 年 7 月 9 日下午在西岭村村委办公室与 LH 的访谈

在赵家湾村的实地调研中，一位村民同样认为当前村规民约对乡村具有约束力：

> 村规民约对大家有约束力，村规民约宣传的都是正能量的内容，大家也都能够接受。
>
> ——2017 年 7 月 14 日下午在赵家湾村村委会办公室二楼与 LZH 的访谈

在与王杰村村主任的访谈中，他表达了当前村规民约对加强乡村凝聚力和塑造乡村精神有很强的正向作用：

> 村民普遍都能遵守村里面的村规民约及其他约定俗成的习惯，

---

① 杨菊平：《非正式制度与乡村治理研究》，上海交通大学出版社 2016 年版，第 164 页。

凝聚力也比较强，与村里王杰精神的生长有一定关系。

——2018 年 6 月 1 日下午在王杰村村委会图书室与 ZSX 的访谈

同样在王杰村，前村委书记表达了村规民约包含有乡村社会公德内容：

我们村的村规民约一直以来都有，且作用很大，只是不同时期规则中的内容有所不同，以前比较侧重政策服从这方面，比如按时交公粮、遵守计划生育等，现在就比较侧重社会公德这些方面。

——2018 年 6 月 1 日下午在王杰村村委会图书室与 WZW 的访谈

乡规民约对建设文明乡风具有积极作用。这对于推进乡村生态文化建设，培育乡村生态伦理的民间氛围具有重要的借鉴意义。作为乡间成文的行为规范，乡规民约是乡村生态文化建设必不可少的内生规则，具有制度载体的功能。一方面，乡规民约可以发挥生态伦理的制度保障功能。如前所述，乡规民约是乡村社会内生的行为准则，主要通过教化、伦理以及相关惩罚机制的约束，对化解乡村社会纠纷和矛盾，维持乡村社会秩序也具有重要作用。对于农村社会来说，乡规民约不仅是社会秩序的“超级稳定器”，更是起着乡村社会法律规范的实际作用。当前很多乡村的乡规民约有明确的环境保护规定。如 2017 年版的四川省阆中市方山乡的乡规民约写道：“积极开展文明卫生村建设，搞好公共卫生，加强村容村貌整治，严禁随地乱倒乱堆垃圾、秽物，修房盖屋余下的垃圾碎片应及时清理，柴草、粪土应定点堆放。”再如 2018 年版的江西省赣州市石城县大由乡大由村的村规民约写道：“爱护环境。维护公共秩序、公共卫生，垃圾分类处理，定点投放，不乱堆乱扔、乱贴乱画、乱挖乱采、乱埋乱葬、乱砍滥伐、乱搭乱建，不乱放畜禽，爱护公共设施，保护公共资源，保持家庭内外干净整洁，尽条件亮化绿化。共建秀美大由。”[①]在乡村生态文化建设中，发挥乡规民约倡导保护环境、爱护自然、清洁卫生等内容可以成为乡村生

① 卞辉：《农村社会治理中的现代乡规民约》，社会科学文献出版社 2019 年版，第 204-210 页。

态伦理建设的有效保障，依托乡规民约的软性规范作用将生态文化的内涵和精神普及到千家万户。另一方面，乡规民约能够发挥生态伦理的“道德舆论”功效。前文已述，作为非正式制度的乡规民约是对农民日常生活的规范和调控，具有自我实施的效力。乡规民约所具有的农村自治的功效使其在农民中具有权威地位，成为乡民自觉或不自觉约束自己行为的规则，形成习惯性意识。乡村生态文化建设应充分依靠乡规民约的“道德舆论”功能，当乡民的行为超出生态制度的规制范围时，就要受到乡规民约的道德舆论的限制和评价，最终起到“令人知事”和“规矩绳墨”的作用，使生态伦理成为乡村的日常生活习俗以及农民与农民之间、农民与自然之间不成文的隐形约定。

由于乡规民约往往由乡村传统习俗、习惯等演化而来，会带有传统农业社会的惯性思维，因而有些地方明显具有朴素的封建迷信色彩。建设乡村生态文化，要以现代乡规民约为制度载体，在内容、形式上逐步体现出传统乡村生态文化与新时代乡村生态文明建设的有效融合，使乡村生态伦理规范在乡村得以理性化和制度化，使村规民约成为新时代农民生态文化生活不可或缺的自治行为规范。对此应结合农民生产生活实际与生态文明建设的现实需要，统筹考虑乡村传统文化风俗和乡风文明建设要求，既要汲取优秀乡村传统生态文化中有效的规制条约，审慎地摒弃与新时代生态文明建设理念相违背的规制内容，以乡村生态伦理为主导，秉承保护乡村生态环境的原则，在广大村民的共同参与下，通过村民会议等方式制订和修改，使现代乡规民约成为乡村生态文化建设的重要制度依托。一方面，借鉴传统乡规民约的生态道德资源，以新时代乡村生态伦理引领现代乡规民约的完善。乡村生态文化培育应制定符合生态文明时代精神的现代村规民约，要把握乡村生态文化根脉，取其精华、去其糟粕。对乡规民约中存在的与新时代生态道德规范和生态伦理要求不协调、不“合拍”甚至相悖的内容要及时修改或废止，以有效发挥乡规民约扶正祛邪、激浊扬清的社会功能。另一方面，摒弃传统乡规民约对法律规范的漠视，发挥乡规民约在民间的生态制度功能。在乡村生态文化建设过程中，符合生态伦理规范的现代乡规民约的内容应符合国家法律的原则和精神，如此才能成为乡村生态伦理践行的有效制度载体。

四、促进乡村习俗民风生态化转化

乡村的习俗民风是乡村民间流行的风俗习惯。它与乡村日常社会生活有着密切的联系，是绝大多数村民共同拥有的行为模式与价值观念。乡村习俗民风体现一定的乡土社会价值观，主要通过化民易俗的生活实践影响着农民的伦理道德。《礼记》记载："化名易俗，近者悦服，而远者怀之。此大学之道也。"这即是说，教化百姓，改变风俗，让近处的人心悦诚服，让远处的人心怀敬意，把国家意志转化为移风易俗的生活实践，让人们在由乡村习俗民风构成的生活实践中，革除陈规陋习，培育新的生活方式，是治国、平天下的最好方式。传统乡村是如梁漱溟先生所说的"伦理本位的社会"，注重同乡情谊之间的义务关系，以软性的、自由的情理约束为主导，家族族长和乡绅大多依据村庄固有习俗民风和风俗习惯进行治理。在现代，乡村的习俗民风依旧具有化无形的文化为有形的行动，变观念上的理念为实际上的实践的功能，不仅教育与规范着村民们的生活，维系与调节着乡村社会的各种关系，而且通过长期的心理灌输可以使村民逐渐形成道德自觉。

在江西下聂村与临川区文化局局长的访谈过程中，他认为传统风俗民风依然对当前乡村产生影响，乡村文化建设要注重传统文化的保留和弘扬，扎根于传统风俗的文化更易于村民接受：

> 村民对村里修复古物、修建祠堂等很支持。可能受传统文化的影响，老百姓对修祠堂很重视，自发祭祖。现在要搞好农村新文化建设，祠堂是一个重要的平台，老百姓易于接受。因为老百姓对祠堂有敬畏感，对祖宗有敬畏感。舞龙这种传统文化老百姓也易于接受。我们这个村是一个望族，风俗保存多，历史悠久，老百姓对村庄有荣誉感。老百姓对历史文化风俗很认同，对祖宗留下来的传统还是很重视的。我们搞精神文明建设一定要接地气，要和村里的历史文化接起来，这样老百姓才易于接受。
>
> ——2017年7月26日上午在下聂村聂氏宗祠与NJB的访谈

我们通过实地调研可以看出，保护、传承、弘扬民俗文化对于重塑乡村文化具有重要价值。建设乡村生态伦理，培育乡村生态文化，不能忽视乡村习俗民风的重要作用，要促进乡村习俗民风生态化转化，促成农民主体的生态伦理自觉。具体而言，乡村习俗民风以风土人情、传统民俗、生活习惯、宗教信仰等为载体对农民主体的存在状态与生活样法产生广泛而深远的影响，进而影响着乡村生态伦理建设成效。农民主体在认知、接受、实践乡村生态伦理的过程中是以一种自在自发的状态存在还是以一种理性自觉的方式存在，直接影响着农民对乡村生态伦理的认同度。如果农民以理性自觉的存在方式主动接受并自主性、创造性地内化乡村生态道德规范，那么乡村生态伦理建设就可以真正建成并发挥实效；相反，农民如若处于对乡村生态伦理的自在自发状态，则将乡村生态道德准则抛掷一边、不闻不问是农民的必然选择。应当看到，在传统农耕文明社会，乡村传统习俗民风让农民大多处于自在自发的存在方式之中，传统、习惯、风俗、经验、人情等文化模式让身处其中的农民并不能浸润在以科学思维方式为主导的理性自觉习俗文化氛围之中。当前部分农民仍然受到传统习俗民风的强大感染力影响，依旧以自在性、重复性的基础生活方式从事着各种现代日常生活的活动和创造，这不利于农民建设属于农民自己的乡村文化。就此而言，建设现代乡村文化应将现代生活理念和核心价值渗透、融入乡村民俗活动、习俗习惯、传统规约等乡村习俗民风之中，通过日常行为规范的潜移默化让农民接受正确的文化价值导向，提升农民的文化自觉。“文化自觉”是由著名社会学家费孝通先生提出来的，旨在让中国人取得文化选择的自主地位。[①] 费孝通先生的这一思想很具有启示意义，当前重建乡土文化，要继续发挥根植于乡村生活中，饱含民间智慧、经验、价值和情感的传统要素的社会黏合剂功能，破除对乡土文化的偏见和误区，促进乡土文化自觉。[②] 就建设乡村生态伦理而言，提升农民主体生态伦理自觉意识，促进农民由自在自发的存在主体转向理性自觉的存在主体，是乡村生态伦理建设重要的着力点。

习俗民风是乡村生态文化建设的现实依托。地方特色鲜明、时代特征明显的传统民俗活动是乡村生态文化建设蓬勃兴起的现实依托。首先，乡村民

---

① 费孝通：《师承·补课·治学》，生活·读书·新知三联书店 2002 年版，第 360 页。
② 陆益龙：《后乡土中国》，商务印书馆 2017 年版，第 246 页。

俗活动是乡村生态文化建设的现实载体。乡村民俗文化在各个方面都潜移默化地影响并教化着村民的思想观念。乡村生态文化建设需要汲取传统乡村民俗文化中的精华,使乡村民俗文化作为乡村生态文化建设持续发展的催化剂。其次,乡村民俗文化是乡村生态文化建设的精神基础。在乡村生态文化建设中,特别是在乡村生态文明建设日益推进的今天,我们需要倡导正确的生态伦理,弘扬生态美德,历史地、辩证地审视和正视传统乡村生态民俗文化的发展与保护。冯骥才先生曾经这样描述过民间民俗文化:它的本质是和谐;它的终极目的从来就是人与自然的和谐(天人合一),还有人间的和谐(和为贵)。因此乡村习俗民风是建设乡村生态文化的得天独厚的精神根基。最后,乡村习俗民风是乡村生态文化建设的产业依托。在乡村生态文化建设中,乡村优美的人文环境和淳朴的生态民风可以吸引各地客商前来投资兴业。将一系列乡村生态民俗活动以产业的形式进行开展,充分体现出"文化搭台,经济唱戏"的乡村绿色发展新格局,必将为乡村生态文化建设搭建一个良好的平台。对此需要继承乡村传统习俗民风,借鉴传统生态文化精髓打造新时代乡村生态文化氛围,促进乡村习俗民风生态化转化,让生态伦理内化为农民的自觉理性,从而构建新时代乡村精神家园。

建设乡村生态文化应与时俱进,促进乡村传统生态民俗文化的现代化转化。很多反映乡村生态文化的习俗民风反映了百姓战天斗地、不畏自然风险的传统心理,其本身的出发点无疑是好的,但是在倡导尊重自然、顺应自然、保护自然的生态文明新时代,其产生的影响有可能是负面的。因此在建设乡村现代生态文化的时候需要与时俱进,重新解读和宣传传统民俗,需要对乡村传统生态习俗进行创造性转化和创新性发展。只有让那些符合生态伦理精神的生态民俗文化传承和保留,并有选择性地继承,才能使乡村的生态文化生活更加丰富多彩。建设乡村生态文化,一方面要以继承和发扬传统乡村生态价值理念为契机,重塑乡村生态文化。政府要带头弘扬和保护乡村传统生态文化,唤起村民对传统生态风俗文化的记忆,丰富村民的业余生活,拉近村民之间、村民与生态环境之间的亲密关系,营造良好的乡间生态伦理氛围,找回朴实的生态文化。只有真正让农民重新寻找到属于自己的传统生态文化之根,才能不断发扬乡村传统生态文化,重塑乡村现代生态文化。另一方面,要以改善和发展乡村生态宣传为抓手，沉淀乡村生态文化。基层政府要加强乡村的生态宣传教育，加大对乡村生态宣传教育的扶持力度，提升乡村生态宣传教育水平。要加强对乡村新习俗的倡导，正确引导乡村的民俗文化和民间艺术，剔除那些风俗、仪式、艺术样式中不符合生态伦理精神的东西，把蕴含生态生产、生态生活和生态消费道德品质的价值理念贯彻其中。只有对具有新内容、健康、美好的生态文化信息进行继承和发扬，才能最终使生态文化生根发芽、开花结果，进而使人与自然和谐共生的乡村生态风俗逐步地树立起来。

五、构建乡村生态文明教育体系

对所有调研村民变量（如表 17 所示）之间的相关系数研究发现，村民环保意识除了在工作态度、环保规范和宣传上具有相关性以外，还与其受教育程度呈正相关关系。这表明，村民受教育程度对于自身环保意识具有一定的影响。

表 17　村民环保意识与受教育程度的相关性

		环保意识	您的教育程度
村民环保意识	皮尔逊相关性	1	.208**
	显著性（双尾）		.000
	个案数	822	812
村民受教育程度	皮尔逊相关性	.208**	1
	显著性（双尾）	.000	
	个案数	812	849

**. 在 0.01 级别（双尾），相关性显著。

以绿色发展引领乡村振兴，关键是要实现农民的生态化。但是由于我国国情的影响，长期以来广大农民受教育的程度总体偏低（如图 20 所示，调研的七个村庄村民有相当比例受教育程度在小学及以下），生态意识普遍不强。如何提高现代农民的思想和科学文化素质，培养农民的生态观念和生态技能，确保其为“生态人”，不仅是当前迫切需要解决的问题，也是让农民内化生态伦理本质要求，积极投身于乡村生态文明建设的关键一环。生态文明需要绿色的生态新人。对于乡村生态文明建设来讲，生态文明新时代的到来是实现农业生态化发展、实现乡村经济生态化转型、实现农民借助于生态产业增加财富收入和社会地位的重要历史机遇，如果把握好这一重要机遇，将促进乡村生态振兴，进而全面扭转工业文明时代以来农业、农村、农民弱质和落后的局面。但是更应该清醒地认识到，生态文明的滚滚洪流是时代加之于农民身上的外部社会条件，生态文明给予乡村的发展机遇也是外部社会条件和农民自身素质的一种耦合产物，并不是农民内生地、自发地、借助于自身力量创造出来的乡村发展新局面。事实上，部分乡村和农民对于生态文明新时代下乡村的绿色优势和农民自身的生态优势，尚处于“不知有汉、无论魏晋”的思维状态，这对于乡村实现生态转型和生态振兴显然是不利的。生态文明需要“生态人”，乡村生态文明建设更加需要“生态农民”，只有农民首先实现了生态化，才能有乡村的生态文明建设，才能实现乡村的生态振兴。目前农民大多处于工业社会，甚至是前工业社会的思维模式之中，所以追求工业经济效益似乎是他们认为理所应当的事情。面对生态文明所急需的生态农民这一历史重任，培育具有生态意识、生态道德的新兴职业农民，是实现农民由“理性经济人”到“生态新人”转变的现实需要，也是实现乡村跨越工业社会的卡夫丁峡谷的必要途径。

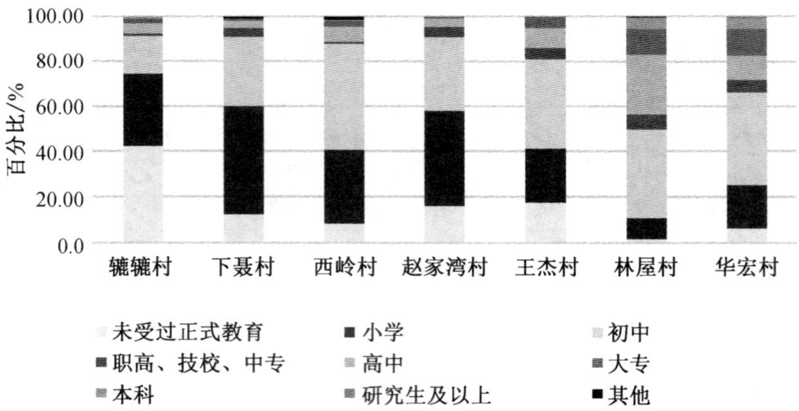

图 20　七个村庄村民受教育程度统计

虽然农民并不是先转变为“生态农民”再去创造的乡村生态文明新局面，但是借由中国特色社会主义新时代的春风，在生态文明新时代下依然可以培育出时代所需的生态新人。马克思、恩格斯指出：“人们的观念、观点和概念，一句话，人们的意识，随着人们的生活条件、人们的社会关系、人们的社会存在的改变而改变的，这难道需要经过深思才能了解吗？”①人的意识是客观存在的主观印象，社会意识是社会存在的反映。人的观念意识虽然具有相对独立性，有时候可能超前发展，但终究由社会存在决定。社会的变化发展会对人的发展起到促进作用。例如，马克思曾热情地歌颂了资本主义发展过程中的城市化进程，认为城市化“造成新的力量和新的观念，造成新的交往方式、新的需要和新的语言”②。人的能力的提高总是在改造客观世界的活动过程中实现的。建设人与自然和谐共生的生态文明对人的现代化有重要引领作用，是人的现代化的有力支撑。乡村生态文明建设赋予了农民能力和综合素质提高的重要时代条件，其建设过程有利于农民生态伦理的塑造，有利于农民生态素养的提升。

对此，在乡村绿色发展的时代背景下，应全面立体地构建乡村生态文明教育体系，培育农业生态文明建设的主人。只有不断培养出具有农业生态文明建设能力的主人，乡村生态伦理建设才是可能的。因此，构建乡村生态文化必须要构建乡村生态教育体系。从教育的角度看，需要做以下三方面的工作：一是构建乡镇各级干部的生态伦理教育体系，有计划、有步骤地提高干部的生态文明素质。要加强对乡镇各级干部进行专项生态伦理教育培训。各级党委、政府应以农业生态项目为抓手，对农业生态文明建设有关地区负责人进行专项培训。二是加强广大农民的生态伦理教育，以社区为单位提高广大农民群众的生态文明素质。要做好对广大农民进行常态化生态伦理教育培训。各级党委、政府应以美丽乡村建设为契机，以农林院校为依托，加强对广大农民群众的常态化生态教育培训，使他们能够成为农业生态文明的合格建设者。三是做好乡村青少年的生态伦理教育，为乡村振兴提供人才支撑。农村青少年承担着未来乡村振兴的重任。农村学校应做好新时代的生态道德教育，为乡村振兴提供人才支撑。一方面，农村学校的生态道德教育可以树立“绿色典型”以起到示范带动效应，促进学生们的环保行为模仿。乡村教师应以保护农村生态环境的个人与集体为优秀典型去宣传他们的先进事迹，让学生懂得农

① 《马克思恩格斯选集》第1卷，人民出版社1995年版，第291页。
② 《马克思恩格斯文集》第8卷，人民出版社2009年版，第145页。

村环境优美对于乡村发展的重要意义，促成他们生态道德行为的养成。另一方面，农村学校的生态道德教育可以寓于生态文化载体之中。农村学校可以组织学生进行环境保护相关的书画和摄影等展览，还可以举办生态小发明、环保作文、环保微视频等比赛。学生们参与“绿色创作”的生态文化生活之中，能让他们无形地感受到生态道德感染和教育，真正做到生态道德的养成。

结语 中国乡村生态伦理建设

——马克思主义生态哲学的中国乡土实践

千百年来，中国农民遵循"天人合一"的价值理念，创造了光辉灿烂的华夏农耕文明。当历史的车轮进入工业社会，面对现代性的冲击，毫无生态伦理防护的中国乡村被裹挟进现代文明体系之中。被车轮碾压过的乡村，则显得面目苍凉、零落孤寂。

自马克思主义诞生之后 100 多年的时间里，但凡人类社会面临严峻复杂的现实挑战，都会向马克思主义寻求解决之道。19 世纪中叶，面对资本主义生产方式导致工业国家环境污染的状况，马克思在对资本主义生产方式作出深刻批判的同时，创立了科学的马克思主义生态哲学。新时代，习近平生态文明思想是马克思主义生态哲学中国化的时代发展，是解决现阶段中国面临生态环境问题重大挑战的科学指南。站在马克思主义生态哲学的高度，以更加宽阔的眼界审视中国乡村和农民遇到的困境，便会发现乡村生态环境的恶化和危机，实质上是人的生态伦理、价值取向的缺失。保护乡村生态环境，推进美丽宜居乡村建设，助力乡村振兴战略实施，关键是用马克思主义生态哲学指导中国乡村生态伦理建设实践，给这片原本不设生态伦理防护的希望田野构筑保护盾牌，推动生态农业、生态乡村、生态农民在生态文明建设和可持续发展中耀眼绽放，熠熠生辉。

马克思主义生态哲学指导下的农业是生态农业。农业始终是亿万斯民一饮一啄的食物之源，是全社会生态供给的主要来源，也是数亿人繁衍生息的谋生之业。从新民主主义革命到新时代以来，我们党始终恪守以农为本的治国之道。生态农业是一种知识密集型的现代农业体系和农业发展的新型模式，可以形成生态上与经济上的良性循环，实现经济效益、生态效益、社会效益相统一。发展生态农业，应从生态伦理的视域出发，秉持生态与经济协调发展的价值建构，在尊重自然、顺应自然、合乎规律地改造自然的基础上，全力构建人与自然和谐共生的新格局。要坚持质量兴农、绿色兴农、效益优先，加快转变农业生产方式，发展符合自然规律和生态道德要求的可再生农业，实行有机农业、生态农业、循环农业、低碳农业，拓展农业在生态文明时代的多种功能，实现人的需求的满足和自然界的可持续利用与发展相统一，达到生态与经济协调发展、互利共赢之善的目的。

马克思主义生态哲学指导下的农村是生态乡村。中国文明之根不在城市而在乡村。乡村是农民聚居的家园，是都市人“记得住乡愁”的心灵归属。全面振兴乡村，既要有传统农耕文化的遗风余韵，也要有新时代人与自然协调发展的生态诉求。生态乡村是以建设宜居、宜业、宜游的美丽乡村为目标，推动“生态人居”“生态环境”“生态经济”“生态文化”的建设，提高农民的生活品质和愉悦感、幸福感。发展生态乡村，应从生态伦理的视域出发，秉持生态文明建设与物质文明建设协调并进的价值建构，既维护乡村自身生存和发展的权利，又尊重自然界其他生物生存和发展的权利；既重视农民与农民之间利益关系的平衡，又重视农民与自然之间利益关系的平衡，在发展生产、发展经济、提高物质文明和精神文明水平的同时，正确对待自然，自觉保护环境，维护生态平衡，更好地协调农民与农民、农民与自然之间的关系，让更多的人在乡土田地中感受创造的价值，在农耕文化传承中获得情感熏陶，在与大自然亲密接触中找到心灵归处。

马克思主义生态哲学指导下的农民是生态农民。农民是乡村社会的基石，也是国家的基石。在几千年中华民族的灿烂文明中，农民始终发挥着极为重要的作用。生态农民既是超越传统农民的新型职业农民，又是具有生态美德和保护环境责任的新一代农民，其行为总是以人与自然的和谐共生为准则，追求的价值目标是人的生态性存在。打造生态农民，应从生态伦理的视域出发发，引导农民秉持人与人、人与自然和谐共生的价值建构，牢固树立尊重自然、顺应自然、保护自然的生态文明理念，积极、主动、自觉地投入到乡村生态环境建设之中，担负起保护环境、治理污染的责任，养成良好的生活方式和消费习惯，致力于以德为事、以德致富、因德成人的追求，不断增强生态正义感和生态伦理责任感，在人与自然的和谐统一中追求人生价值和本真自我的实现，以农民自身所具有的生态美德而感到自豪，达到人与自然和谐共生之善的目的。

乡村有乾坤，事关天地人。如果说乡村肩负着中国粮食、中国饭碗之重任，承载着人们厚重的期盼，将乡村定位于“民以食为天”的“天”的问题，那么保护生态环境，则是使乡村发展如何落地的“地”的问题，而打造生态农民则是解决“人”的问题。从这个角度看，乡村生态伦理的维度，是一个包含天、地、人三者在内具有相互作用和有机联系的统一整体，充满着“致广大而尽精微”的伦理思维。新时代，以马克思主义生态哲学为指导，承载着厚重农耕文化的乡村，在新一代农民的助力下，必将展现勃勃生机，绽放更加闪耀的光彩，营造人与自然、人与人、人与社会和谐共生的崭新格局，为解决全球生态治理问题贡献中国智慧、提供中国方案。

民主革命时期，我们党把马克思主义同中国革命的具体实践相结合，走出了一条以农村包围城市、武装夺取政权的正确之路。改革开放时期，我们党把马克思主义同中国社会主义革命和建设的生动实践相结合，率先启动农村改革，以农村的改革推动城市的发展，走出了一条新的历史时期“农村包围城市”的改革成功之路。生态文明时代，我们党把马克思主义同中国特色社会主义的伟大实践相结合，同中华优秀传统文化相结合，促进生态发展、绿色发展、循环发展，推动形成人与自然和谐发展的现代化建设新格局，必将迎来乡村生态振兴、生态崛起、生态跨越，绘就新时代“农村包围城市”的磅礴画卷，走出一条建设美丽中国、实现中华民族永续发展的生态文明之路！

参考文献

一、经典著作和中央文献

《马克思恩格斯文集》1—10卷，人民出版社2009年版。

《马克思恩格斯选集》1—4卷，人民出版社1995年版。

《马克思恩格斯全集》第1卷，人民出版社1995年版。

《马克思恩格斯全集》第3卷，人民出版社2002年版。

《马克思恩格斯全集》第4卷，人民出版社1979年版。

《马克思恩格斯全集》第23卷，人民出版社1995年版。

《马克思恩格斯全集》第23卷，人民出版社2004年版。

《马克思恩格斯全集》第31、32卷，人民出版社1998年版。

《马克思恩格斯全集》第33卷，人民出版社2004年版。

《马克思恩格斯全集》第35卷，人民出版社2013年版。

《马克思恩格斯全集》第45、46卷，人民出版社2003年版。

《毛泽东选集》第1卷，人民出版社1991年版。

胡锦涛：《坚定不移沿着中国特色社会主义道路前进 为全面建成小康社会而奋斗》，人民出版社2012年版。

习近平：《决胜全面建成小康社会 夺取新时代中国特色社会主义伟大胜利》人民出版社2017年版。

《习近平关于社会主义生态文明建设论述摘编》,中央文献出版社 2017 年版。

《习近平谈治国理政》第 2 卷,外文出版社 2017 年版。

《习近平总书记系列重要讲话读本》,学习出版社、人民出版社 2014 年版。

《十八大以来重要文献选编》(上),中央文献出版社 2014 年版。

《中共中央国务院关于加快推进生态文明建设的意见》,《人民日报》2015 年 5 月 6 日。

《中共中央国务院关于坚持农业农村优先发展做好“三农”工作的若干意见》,人民出版社 2019 年版。

《中共中央国务院关于实施乡村振兴战略的意见》,人民出版社 2018 年版。

《加大推进新形势下农村改革力度 促进农业基础稳固农民安居乐业》,《人民日报》2016 年 4 月 29 日。

二、论文、著作

A

Andre Gorz, Critique of Economic Resson, London: London Verso, 1989.

[法]阿尔贝特・施韦泽:《敬畏生命》,陈泽环译,上海社会科学院出版社 1996 年版。

[美]阿尔温・托夫勒:《第三次浪潮》,朱志焱等译,生活・读书・新知三联书店 1984 年版。

[英]埃比尼泽・霍华德:《明日的田园城市》,金经元译,商务印书馆 2010 年版。

[美]埃里希・弗洛姆:《占有还是生存》,关山译,三联书店 1989 年版。

[美]艾伦・杜宁:《多少算够:消费社会与地球的未来》,毕聿译,吉林人民出版社 1997 年版。

[英]安东尼・吉登斯:《现代性的后果》,田禾译,译林出版社 2011 年版。

[美]奥尔多・利奥波德:《沙乡年鉴》,侯文蕙译,吉林人民出版社 1997

年版。

[德]奥斯瓦尔德·斯宾格勒:《西方的没落》,齐世荣等译,商务印书馆1963年版。

B

Bryan G. Norton, Environmental Ethics and Nonhuman Rights, Environmental Ethics, 1982.

Bryan G. Norton, Environmental Ethics and Weak Anthropocentrism, Environmental Ethics, 1984.

[美]彼得·S.温茨:《环境正义论》,朱丹琼、宋玉波译,上海人民出版社2007年版。

[德]彼得·科斯洛夫斯基:《伦理经济学原理》,孙瑜译,中国社会科学出版社1997年版。

[美]彼特·辛格:《动物解放》,孟祥森、钱永祥译,光明日报出版社1999年版。

[古希腊]柏拉图:《理想国》,王扬译,华夏出版社2000年版。

北京大学哲学系外国哲学史考研室编译:《西方哲学原著选读》(上卷),商务印书馆1981年版。

卞辉:《农村社会治理中的现代乡规民约》,社会科学文献出版社2019年版。

C

Carl J. Richard, The Founders and the Classics: Greece, Rome, and the American Enlightenment, Cambridge: Harvard University Press, 1995.

曹孟勤、黄翠新:《论生态自由》,上海三联书店2014年版。

曹孟勤:《对中国乡村环境伦理建设的哲学思考》,《中州学刊》2017年第6期。

曹孟勤:《论马克思主义人学视域中生态文明建设主体自身的文明》,《南京师大学报》(社会科学版)2016年第1期。

曹孟勤:《人是与自然界的本质统一——质疑“人是自然的一部分”和“自然是人的一部分”》,《自然辩证法研究》2006年第9期。

曹孟勤:《人向自然的生成》,上海三联书店 2012 年版。

曹孟勤:《人性与自然:生态伦理哲学基础反思》,南京师范大学出版社 2004 年版。

曾建平:《消费方式生态化的价值诉求》,《伦理学研究》2010 年第 5 期。

曾建平:《自然之思:西方生态伦理思想探究》,中国社会科学出版社 2004 年版。

陈翠芳:《从德性理解环境伦理学》,《武汉大学学报》(哲学社会科学版)2005 年第 1 期。

陈荣卓、祁中山:《乡村治理伦理的审视与现代转型》,《哲学研究》2015 年第 5 期。

陈望衡:《环境美学》,武汉大学出版社 2007 年版。

陈望衡:《生态文明时代城市发展的哲学思考》,《郑州大学学报》(哲学社会科学版)2016 年第 6 期。

陈锡文:《乡村振兴的实质是发挥好农村应有的功能》,《经济日报》2019 年 1 月 5 日。

陈先达:《文化自信中的传统与当代》,北京师范大学出版社 2017 年版。

谌淑婷、黄世泽:《有田有木,自给自足:弃业从农的 10 种生活实践》,华中科技大学出版社 2014 年版。

辞海编辑委员会编:《辞海》(上)(中),上海辞书出版社 1989 年版。

崔永和等:《走向后现代的环境伦理》,人民出版社 2011 年版。

D

[英]戴维・米勒、韦农・波格丹诺:《布莱克维尔政治学百科全书》,邓正来等译,中国政法大学出版社 1992 年版。

[美]丹尼尔・贝尔:《资本主义文化矛盾》,赵一凡等译,生活・读书・新知三联书店 1989 年版。

[美]德尼・古莱:《发展伦理学》,高铦等译,社会科学文献出版社 2003 年版。

邓晓芒:《马克思人本主义的生态主义探源》,《马克思主义与现实》2009 年第 1 期。

E

［美］E. 博登海默：《法理学：法律哲学与法律方法》，邓正来译，中国政法大学出版社 1999 年版。

［德］恩斯特·卡西尔：《人论》，李琛译，光明日报出版社 2009 年版。

F

［荷］范德普勒格：《新小农阶级》，潘璐等译，社会科学文献出版社 2013 年版。

［德］斐迪南·滕尼斯：《共同体与社会：纯粹社会学的基本概念》，林荣远译，北京大学出版社 2010 年版。

［美］弗·卡普拉：《转折点——科学·社会·兴起中的新文化》，冯禹等编译，中国人民大学出版社 1989 年版。

［俄］弗·伊·多博林科夫、阿·伊·克拉夫琴科：《社会学》，张树华等译，社会科学文献出版社 2006 年版。

［美］富兰克林·H. 金：《四千年农夫：中国、朝鲜和日本的永续农业》，程存旺、石嫣译，东方出版社 2011 年版。

［美］弗洛姆：《健全的社会》，欧阳谦译，中国文联出版公司 1988 年版。

［日］福冈正信：《自然农法——绿色哲学的理论与实践》，黄细喜、顾克礼译，黑龙江人民出版社 1987 年版。

［美］弗·卡特、汤姆·戴尔：《表土与人类文明》，庄崚、鱼姗玲译，中国环境科学出版社 1987 年版。

［日］福泽谕吉：《文明论概略》，北京编译社译，商务印书馆 2017 年版。

方锡良：《中国传统“农本”思想及其现代思考》，《兰州大学学报》（社会科学版）2016 年第 4 期。

费孝通：《师承·补课·治学》，生活·读书·新知三联书店 2002 年版。

费孝通：《乡土中国 生育制度》，北京大学出版社 1998 年版。

费孝通：《小城镇四记》，新华出版社 1985 年版。

复旦大学哲学系现代西方哲学研究室编译：《西方学者论〈1844 年经济学—哲学手稿〉》，复旦大学出版社 1983 年版。

傅华：《生态伦理学探究》，华夏出版社 2002 年版。

G

高亮华:《人文主义视野中的技术》,中国社会科学出版社 1996 年版。

《广西生态经济发展内涵与重点研究》课题组:《广西生态经济发展内涵与重点研究》,《广西经济》2015 年第 7 期。

郭琰:《中国农村环境保护的正义之维》,人民出版社 2015 年版。

H

[德]汉斯·萨克顿:《生态哲学》,文韬、佩云译,东方出版社 1991 年版。

[美]郝伯特·马尔库塞:《爱欲与文明——对弗洛伊德思想的哲学探讨》,黄勇、薛民译,译文出版社 1987 年版。

[美]郝伯特·马尔库塞:《单向度的人》,张峰、吕世平译,重庆出版社 1987 年版。

[美]H. 马尔库塞等:《工业社会和新左派》,任立编译,商务印书馆 1982 年版。

[美]黄宗智:《经验与理论:中国社会、经济与法律的实践历史研究》,中国人民大学出版社 2007 年版。

[美]黄宗智:《长江三角洲小农家庭与乡村发展》,中华书局 2000 年版。

[美]霍尔姆斯·罗尔斯顿:《哲学走向荒野》,刘耳、叶平译,吉林人民出版社 2000 年版 。

[德]黑格尔:《法哲学原理》,范扬、张企泰译,商务印书馆 1961 年版。

[德]黑格尔:《美学》第 1 卷,朱光潜译,商务印书馆 1979 年版。

[德]黑格尔:《哲学史讲演录》第 1 卷,贺麟译,商务印书馆 1983 年版。

[英]霍布斯:《利维坦》,黎思复、黎廷弼译,商务印书馆 1985 年版。

[美]霍尔姆斯·罗尔斯顿:《环境伦理学:大自然的价值以及人对大自然的义务》,杨通进译,中国社会科学出版社 2000 年版。

韩立新:《环境价值论》,云南人民出版社 2005 年版。

韩秀景:《中国生态乡村建设的认知误区与厘清》,《自然辩证法研究》2016 年第 12 期。

何怀宏:《生态伦理:精神资源与哲学基础》,河北大学出版社 2002 年版。

何清涟:《我们仍然在仰望星空》,漓江出版社 2001 年版。

何小青:《消费伦理研究》,上海三联书店 2007 年版。

贺麟:《文化与人生》,商务印书馆 2016 年版。

贺雪峰:《新乡土中国》,北京大学出版社 2013 年版。

洪大用:《关于适度消费的若干思考》,《社会科学研究》1999 年第 6 期。

花明、陈润羊、华启和:《新农村建设:环境保护的挑战与对策》,中国环境出版社 2014 年版。

华启和:《解读马克思的生态农业思想》,《前沿》2009 年第 9 期。

黄滨:《近代中国乡村社会的家庭伦理生活》,《伦理学研究》2009 年第 3 期。

黄楠森等主编:《有中国特色社会主义文化研究》,山东人民出版社 1999 年版。

I

[苏]IO. A. 什科连科:《哲学 · 生态学 · 宇航学》,范习新译,辽宁人民出版社 1988 年版。

J

JB. Callicott, Animal Liberation: A Triangular Affair, Environmental Ethics, 1980.

John Passmore, Man's Responsibility for Nature, London: Duck worth, 1974.

蒋高明:《中国生态环境危急》,海南出版社 2011 年版。

K

[美]卡罗琳 · 麦茜特:《自然之死——女性、生态与科学革命》,吴国盛等译,吉林人民出版社 1999 年版。

[德]康德:《道德形而上学原理》,苗力田译,上海人民出版社 1986 年版。

[德]康德:《康德的道德哲学》,牟宗三译,西北大学出版社 2008 年版。

[德]康德:《实践理性批判》,邓晓芒译,人民出版社 2003 年版。

[美]康芒纳:《封闭圈:自然、人和技术》,侯文蕙译,甘肃科学技术出版社 1990 年版。

L

[美]蕾切尔 · 卡逊:《寂静的春天》,吕瑞兰译,科学出版社 1979 年版。

[美]刘易斯・芒福德:《城市文化》,宋俊岭等译,中国建筑工业出版社2009年版。

[奥]路德维希・冯・米瑟斯:《自由与繁荣的国度》,韩光明等译,中国社会科学出版社1994年版。

[美]罗伯特・芮德菲尔德:《农民社会与文化》,王莹译,中国社会科学出版社2013年版。

[美]罗尔斯:《正义论》,何怀宏、何包钢、廖申白译,中国社会科学出版社1988年版。

[美]罗尔斯:《政治自由主义》,万俊人译,译林出版社2000年版。

[美]罗尔斯:《作为公平的正义——正义新论》,姚大志译,中国社会科学出版社2011年版。

[英]洛克:《政府论》下册,叶启芳、瞿菊农译,商务印书馆1996年版。

雷毅:《深层生态学思想研究》,清华大学出版社2001年版。

李繁荣:《马克思主义农业生态思想及其当代价值研究》,中国社会科学出版社2014年版。

李建军、任继周:《美丽乡村建设的伦理基础和新道德》,《兰州大学学报》(社会科学版)2018年第4期。

李建军:《关于现代农业发展的伦理反思》,《兰州大学学报》(社会科学版)2016年第5期。

李兰芬、倪黎:《财富、幸福与德性——读亚里士多德〈尼各马可伦理学〉》,《哲学动态》2006年第10期。

李明建:《乡村经济伦理的转型与发展》,《道德与文明》2017年第5期。

李培超:《自然的伦理尊严》,江西人民出版社2001年版。

李培林:《我国"特殊逆城镇化"现象正大量产生》,《北京日报》2017年4月10日。

李秋零主编:《康德著作全集》第4卷,中国人民大学出版社2005年版。

李秋零主编:《康德著作全集》第6卷,中国人民大学出版社2007年版。

李秀林等:《辩证唯物主义和历史唯物主义原理》,中国人民大学出版社2004年版。

李晔:《道德"意义世界"之养成与构筑——制度伦理视域下的德育本体性自觉实践》,《学术探索》2015 年第 2 期。

李志祥:《现代化进程中我国农民经济理性的扩张、困境与出路》,《伦理学研究》2017 年第 3 期。

厉以宁:《超越市场与超越政府:论道德力量在经济中的作用》,经济科学出版社 2010 年版。

练新颜:《食我所爱:城市发展和农业工业化的哲学反思》,中国政法大学出版社 2018 年版。

梁漱溟:《乡村建设理论》,商务印书馆 2015 年版。

廖申白:《西方正义概念:嬗变中的综合》,《哲学研究》2002 年第 11 期。

林卿、张俊飚:《生态文明视域中的农业绿色发展》,中国财政经济出版社 2012 年版。

刘昂、王露璐:《乡村治理目标的伦理缺失与理性重建》,《伦理学研究》2018 年第 2 期。

刘海霞:《环境正义视阈下的环境弱势群体研究》,中国社会科学出版社 2015 年版。

卢风、刘湘溶:《现代发展观与环境伦理》,河北大学出版社 2004 年版。

陆益龙:《后乡土中国》,商务印书馆 2017 年版。

陆益龙:《农民中国——后乡土社会与新农村建设研究》,中国人民大学出版社 2003 年版。

路日亮:《天人和谐论》,中国商业出版社 2010 年版。

罗国杰、宋希仁编著:《西方伦理思想史》(上卷),中国人民大学出版社 1985 年版。

M

[美]马文·哈里斯:《人·文化·生境》,许苏明编译,山西人民出版社 1989 年版。

[德]马克斯·韦伯:《新教伦理与资本主义精神》,马奇炎、陈婧译,北京大学出版社 2012 年版。

[美]麦金太尔:《伦理学简史》,龚群译,商务印书馆 2003 年版。

［美］麦金太尔：《谁之正义？何种合理性？》，万俊人等译，当代中国出版社1996年版。

［美］梅萨罗维克、［德］佩斯特尔：《人类处于转折点：给罗马俱乐部的第二个报告》，梅艳译，三联书店1987年版。

［法］孟德拉斯：《农民的终结》，李培林译，社会科学文献出版社2005年版。

［美］默里·布克金、郇庆治、卢文娟：《走向一种生态社会》，《马克思主义与现实》2007年第5期。

［美］莫森·莫斯塔法维、加雷斯·多尔蒂：《生态都市主义》，俞孔坚等译，江苏科学技术出版社2014年版。

毛寿龙：《政治社会学》，中国社会科学出版社2001年版。

苗力田主编：《亚里士多德全集》第8卷，中国人民大学出版社1992年版。

苗力田主编：《亚里士多德全集》第9卷，中国人民大学出版社1994年版。

N

［日］鸟越皓之：《环境社会学——站在生活者的角度思考》，宋金文译，中国环境科学出版社2009年。

P

Paul. W. Talor, Respect for Nature: A Theory of Environmental Ethics, Princeton: Princeton University Press, 1986.

Peter Singer, "Not for Human Only: The Place of Nonhunman in Environmental Issues", Manuel Velasquez and Cynthia Rostankowski edited: Ethics, Theory and Practice, Prentice-Hall, 1985.

潘家恩、温铁军：《三个"百年"：中国乡村建设的脉络与展开》，《开放时代》，2016年第4期。

庞智强：《美丽乡村建设的康县模式》，中国经济出版社2016年版。

Q

［俄］恰亚诺夫：《农民经济组织》，萧正洪译，中央编译出版社1996年版。

齐文涛：《"守候与照料"的农业伦理观》，《伦理学研究》2015年第1期。

秦晖、金雁：《田园诗与狂想曲——关中模式与前近代社会的再认识》，语文出版社 2010 年版。

R

任继周、方锡良、胥刚、林慧龙:《“地”的农业伦理学诠释》,《兰州大学学报》(社会科学版)2017 年第 6 期。

任继周:《“时”的农业伦理学诠释》,《兰州大学学报》(社会科学版)2016 年第 4 期。

任平:《当代视野中的马克思》,江苏人民出版社 2003 年版。

日本学术会议特别委员会:《农林水产业的多重功能》,农林统计协会 2006 年版。

S

[法]萨伊:《政治经济学概论》,陈福生、陈振骅译,商务印书馆 1997 年版。

[美]施里达斯·拉尔夫:《我们的家园——地球》,夏堃堡译,中国环境科学出版社 1993 年版。

佘正荣:《生命共同体:生态伦理学的基础范畴》,《南京林业大学学报》(人文社会科学版)2006 年第 1 期。

佘正荣:《中国生态伦理传统的诠释与重建》,人民出版社 2002 年版。

申端锋、王孝琦:《城市化振兴乡村的逻辑缺陷——兼与唐亚林教授等商榷》,《探索与争鸣》2018 年第 12 期。

《生态补偿,让“担当者”有“获得感”》,《中国民族报》2016 年 4 月 8 日。

史军、吴琰:《低碳旅游的伦理研究》,科学出版社 2016 年版。

宋林飞:《现代社会学》,上海人民出版社 1987 年版。

宋希仁主编:《伦理学大辞典》,吉林人民出版社 1989 年版。

宋祖良:《拯救地球和人类未来——海德格尔的后期思想》,中国社会科学出版社 1993 年版。

宋家泰、金其铭主编:《人文地理学词典》,湖北教育出版社 1990 年版。

孙道进:《生态文化普及读本》,西南师范大学出版社 2016 年版。

孙丽欣等:《农村生态环境建设的政策和制度研究——以河北为例》,经济科学出版社 2017 年版。

孙月红、高洁:《马克思生态农业思想的启示》,《人民论坛》2017 年第

13 期。

T

T. Regan, The Case For Animal Rights, California: University of California Press, 1985.

谭见安主编:《地理辞典》,化学工业出版社 2007 年版。

唐凯麟:《伦理学》,安徽文艺出版社 2017 年版。

陶德麟:《当代哲学前沿问题专题研究》,武汉大学出版社 1998 年版。

W

W. H. Murdy, Anthropocentrism: A Modern version. Science, 1975.

White L., The Historical Root of Our Ecological Crisis, Environmental Ethics, Reading in Theory and Application. Wadsworth, 2001.

万俊人:《道德之维》,广大人民出版社 2000 年版。

王春光:《超越城乡——资源、机会一体化配置》,社会科学文献出版社 2016 年版。

王国聘:《论"循环经济"中的环境哲学理念》,《南京林业大学学报》(人文社会科学版)2006 年第 2 期。

王君柏:《乡土与现代之间》,知识产权出版社 2018 年版。

王露璐:《谁之乡村?何种发展?——以农民为本的乡村发展伦理探究》,《哲学动态》2018 年第 2 期。

王露璐:《新乡土伦理——社会转型期的中国乡村伦理问题研究》,人民出版社 2016 年版。

王露璐:《中国乡村经济伦理之历史考辨与价值理解》,《道德与文明》2007 年第 6 期。

王露璐:《中国乡村伦理研究论纲》,《湖南师范大学社会科学学报》2017 年第 3 期。

王韬洋:《环境正义的双重维度:分配与承认》,华东师范大学出版社 2015 年版。

王小锡:《道德资本论》,译林出版社 2016 年版。

王兴国:《激发乡村的原生活力》,《大众日报》2018 年 5 月 30 日。

王秀红:《伦理视域下的美丽乡村生态治理研究》,武汉大学出版社2019年版。

温铁军、邱建生、车海生:《改革开放40年"三农"问题的演进与乡村振兴战略的提出》,《理论探讨》2018年第5期。

温铁军、杨海霞等:《对话温铁军:三农问题与中国道路》,《中国投资》2013年第11期。

温铁军:《"三农"问题与制度变迁》,中国经济出版社2009年版。

温铁军:《中国农村基本经济制度研究》,中国经济出版社2000年版。

吴向东:《制度与人的全面发展》,《哲学研究》2004年第8期。

吴增基:《现代社会学》,上海人民出版社1997年版。

X

[美]西奥多·舒尔茨:《改造传统农业》,梁小民译,商务印书馆1987年版。

[美]小约翰·柯布:《发展生态文明的中国优势》,《人民日报》2015年8月21日。

肖前、李淮春、杨耕:《实践唯物主义研究》,中国人民大学出版社1996年版。

解保军:《马克思生态思想研究》,中央编译出版社2019年版。

谢丽华:《农村伦理的理论与现实》,中国农业出版社2010年版。

熊培云:《一个村庄里的中国》,新星出版社2011年版。

徐赣丽:《文化遗产在当代中国——来自田野的民俗学研究》,中国社会科学出版社2014年版。

徐海红:《生态文明的历史定位——论生态文明是人类真文明》,《道德与文明》2011年第2期。

Y

[法]雅克·卢梭:《爱弥儿·论教育》,李平沤译,商务印书馆1996年版。

[法]雅克·卢梭:《论人类不平等的起源和基础》,李常山译,商务印书馆1994年版。

[法]雅克·卢梭:《社会契约论》,何兆武译,商务印书馆1980年版。

[古希腊]亚里士多德:《尼各马科伦理学》,苗力田译,中国社会科学出版社 1990 年版。

[古希腊]亚里士多德:《尼各马可伦理学》,廖申白译注,商务印书馆 2003 年版。

[日]岩佐茂:《环境的思想——环境保护与马克思主义的结合处》,韩立新等译,中央编译出版社 2006 年版。

[荷]扬·杜威·范德普勒格:《新小农阶级:帝国和全球化时代为了自主性和可持续性的斗争》,潘璐、叶敬忠译,社会科学文献出版社 2013 年版。

[苏]伊·谢·科恩:《自我论》,佟景韩等译,生活·读书·新知三联书店 1986 年版。

[美]英格尔斯:《人的现代化》,殷陆君译,四川人民出版社 1985 年版。

[美]约翰·贝拉米·福斯特:《马克思的生态学——唯物主义与自然》,刘仁胜、肖峰译,高等教育出版社 2006 年版。

[美]约翰·贝拉米·福斯特:《生态危机与资本主义》,耿建新、宋兴无译,译文出版社 2016 年版。

严火其:《传统文明 传统科学 传统农业》,江苏人民出版社 2016 年版。

严火其:《东西方传统农业伦理思想初探》,《伦理学研究》2015 年第 1 期。

严瑞珍、龚道广等:《中国工农业产品价格剪刀差的现状、发展趋势及对策》,《经济研究》1990 年第 2 期。

杨菊平:《非正式制度与乡村治理研究》,上海交通大学出版社 2016 年版。

杨通进:《生态公民:生态文明的主体基础》,《光明日报》2008 年 11 月 11 日。

杨祖陶:《德国古典哲学逻辑进程》,人民出版社 2016 年版。

仰和芝:《社会主义新农村生态伦理建设思考》,《江西社会科学》2008 年第 10 期。

易法健:《道德场论》,湖南教育出版社 2001 年版。

尹岩:《现代社会个体生活主体性批判》,上海人民出版社 2009 年版。

余谋昌:《生态文化是一种新文化》,《长白学刊》2005 年第 1 期。

余谋昌:《走出人类中心主义》,《自然辩证法研究》1994 年第 7 期。

Z

[美]詹姆斯·C.斯科特:《农民的道义经济学:东南亚的反叛与生存》,程立显等译,译林出版社 2001 年版。

[日]祖田修:《农学原论》,张玉林等译,中国人民大学出版社 2003 年版。

张翠莲、李桂梅:《试论当代乡村家庭伦理制度化建设》,《道德与文明》2017 年第 5 期。

张腊娥、朱淀等:《城镇化与城乡融合》,黑龙江人民出版社 2011 年版。

张佩国:《近代江南乡村的族产分配与家庭伦理》,《江苏社会科学》2002 年第 2 期。

张思:《近代华北农村的农家生产条件·农耕结合·村落共同体》,《中国农史》2003 年第 3 期。

张孝德、张文明:《农业现代化的反思与中国小农经济生命力》,《福建农林大学学报(哲学社会科学版)》2016 年第 3 期。

张孝德:《2016 中国生态主义思潮新趋势》,《人民论坛》2017 年第 1 期。

张孝德:《古代农业文明对人类文明的四大贡献》,《中国经济时报》2009 年 11 月 23 日。

张孝德:《生态文明视野下中国乡村文明发展命运反思》,《行政管理改革》2013 年第 3 期。

张孝德:《中国乡村文明研究报告——生态文明时代中国乡村文明的复兴与使命》,《经济研究参考》2013 年第 22 期。

张燕:《传统乡村伦理文化的式微与转型——基于乡村治理的视角》,《伦理学研究》2017 年第 3 期。

张月昕:《农村生态文明建设主体的价值满足缺失及伦理对策》,《伦理学研究》2017 年第 3 期。

章建刚:《环境伦理学中一种“人类中心主义”的观点》,《哲学研究》1997 年第 11 期。

赵佩霞、唐志强:《中国农业文化精粹》,中国农业科学技术出版社 2015 年版。

赵祥云、赵晓峰:《资本下乡真的能促进“三农”发展吗?》,《西北农林科技大学学报》(社会科学版),2016 年第 4 期。

赵旭东:《乡村成为问题与成为问题的中国乡村研究——围绕"晏阳初模式"的知识社会学反思》,《中国社会科学》,2008 年第 3 期。

郑杭生主编:《社会学概论新修》,中国人民大学出版社 1998 年版。

《中国大百科全书》(哲学卷),中国大百科全书出版社 1987 年版。

《中国大百科全书·哲学Ⅱ》,中国大百科全书出版社 1987 年版。

周国文:《生态和谐社会伦理范式阐释研究》,中央编译出版社 2019 年版。

周立:《乡村振兴战略与中国的百年乡村振兴实践》,《人民论坛·学术前沿》,2018 年第 3 期。

朱启臻、赵晨鸣、龚春明:《留住美丽乡村——乡村存在的价值》,北京大学出版社 2014 年版。

朱启臻、赵晨鸣:《农民为什么离开土地》,人民日报出版社 2011 年版。

朱启臻:《从生态文明视角发现乡村价值》,《中国生态文明》2016 年第 1 期。

朱贻庭:《伦理学大辞典》,上海辞书出版社 2002 年版。

后　记

本书是国家社会科学基金重大项目“中国乡村伦理研究”子课题“中国乡村生态伦理研究”和国家出版基金项目“《中国乡村伦理研究》(全七卷)”成果。

在本书即将付梓之际，回首过往将近七年的研究过程，我不禁心生无限感慨。“勤以成文，德以成人。”这是我写完博士毕业论文最后一个字时最为深刻的体会和感悟。2016 年 9 月，我进入南京师范大学哲学系攻读博士研究生，师从曹孟勤教授研究乡村生态伦理。攻博的三年，我几乎每一天都在围绕着这个主题进行思考、阅读和写作，这本伦理学的书稿的写作过程也是我修学修业、做人做事的成长过程，它见证了我学业的进步，也见证了我心智的成熟。2019 年 6 月，我成功通过了博士毕业论文答辩，获得了哲学博士学位。此后，我又围绕乡村生态伦理问题进行了系统且深入的研究，不断修改完善博士毕业论文，最终形成此书。这七年一路走来，充满了酸甜苦辣，却也收获颇丰，有幸获得诸多老师和亲人的大力支持和尽心协助，让我在不断攀登学术高峰的道路上勇毅前行。

在此我要感谢我的博士导师，南京师范大学马克思主义学院曹孟勤教授。“借得大江千斛水，研为翰墨颂师恩”，曹老师就像春蚕吐丝那样竭心力，像蜡炬成灰那样发光发热，像和风细雨那样润心田，像孺子牛那样做人梯，我至今记得刚读博的时候导师对我的谆谆教诲，耳提面命。在本书写作和修改的过程中，曹老师不知疲倦地多次跟我沟通，给我答疑解惑。曹孟勤教授治学严谨，学识渊博，对待专业有着深刻的思考和洞察，对待学术一丝不苟。在我的求学和成长过程中，无不浸透着曹教授的滴滴汗水与满腔心血。我还要感激我的师母韩秀景教授，多年来师母在学业上、生活上、做人上给予了我无微不至的关怀与厚爱。在此，我还要对王露璐教授所主持的国家社科基金重大项目“中国乡村伦理研究”课题组表达深深的谢意，我的博士毕业论文和本书正是依托此课题撰写完成。同时我也要对南京师范大学公共管理学院和马克思主义学院的王小锡教授、李志祥教授、徐强教授、张燕教授和刘昂副教授等表达深深的感谢。

感念我的硕士导师，北京师范大学原哲学与社会学学院副院长朱红文教授。在我完成博士毕业论文的冲刺环节，我的硕士导师朱红文教授不幸与世长辞。朱先生诲人不倦，为人师表，在哲学社会科学领域取得显著成就，也对我的学业给予过很多指导和帮助。愿恩师天堂安好，您的学生永远谨记您的教诲，一定勤学苦读，奋发有为。同时在此对北京师范大学社会学院表达深深的谢意。

感谢在我博士毕业论文写作以及本书修改完善期间给予我帮助和指导的张庭国教授、李志江教授、华启和教授、解保军教授、赵孟营教授、李传柱教授等，感谢华宏村、西岭村、赵家湾村、辘辘村、下聂村、林屋村、王杰村为本书撰写提供问卷调研和访谈。

我的工作单位——中国农业大学马克思主义学院的领导及诸多同事们也对我的研究和本书的修改完善提出了很多宝贵意见，在此一并感谢。

感恩我的家人。家庭是人心灵的港湾，你们的帮助、支持和鼓励，让我战胜了诸多艰难险阻。家人对我生活和学习上的关心可谓无微不至，让我可以在而立之年依然能够全心投入到我所热爱的科研事业之中。

同时我还要感谢南京师范大学出版社的董蕙敏编辑对本书的精心审阅，并提出了很多富有建设性的修改意见。

最后，感谢七年来始终坚持读书、学习、研究的自己。感谢自己在一百次想要放弃的时候，一百零一次选择了坚持。希望在今后的生活中，我可以带着这份坚韧不拔的勇气面对前进道路上的千难万险，愈挫愈勇。

作为学界的后生，我深知本书的研究还有许多地方需要提升和完善，挂一漏万之处还望学界同人多提宝贵意见。本书的句号，仅仅是今后科研生涯的逗号。我必当在今后的科研道路上敏于求知、勤于钻研、敢于创新、勇于实践，不断完善自己的研究，努力成为一名有大爱大德大情怀大学问的学者，为生态文明建设与乡村振兴贡献自己的微薄之力。

“中国乡村生态伦理研究”子课题组

张月昕

2023 年 4 月